2021
浙江科技统计年鉴

浙江省科学技术厅
浙 江 省 统 计 局 编

ZHEJIANG UNIVERSITY PRESS
浙江大学出版社

图书在版编目（CIP）数据

2021浙江科技统计年鉴 / 浙江省科学技术厅，浙江省统计局编. -- 杭州 : 浙江大学出版社，2021.12
ISBN 978-7-308-22121-4

Ⅰ. ①2… Ⅱ. ①浙… ②浙… Ⅲ. ①科技统计－浙江－2021－年鉴 Ⅳ. ①G322.755-66

中国版本图书馆CIP数据核字（2021）第258757号

2021浙江科技统计年鉴

浙江省科学技术厅
浙 江 省 统 计 局 编

责任编辑 范洪法 樊晓燕
责任校对 王 波
装帧设计 刘依群
出版发行 浙江大学出版社
（杭州市天目山路148号 邮政编码 310007）
（网址：http://www.zjupress.com）
排 版 浙江时代出版服务有限公司
印 刷 杭州杭新印务有限公司
开 本 889mm×1194mm 1/16
印 张 22.5
字 数 599千
版 印 次 2021年12月第1版 2021年12月第1次印刷
书 号 ISBN 978-7-308-22121-4
定 价 180.00元

《2021 浙江科技统计年鉴》编辑委员会

编辑说明

为反映浙江科技进步状况和区域创新能力，满足宏观管理部门制定科技发展规划和调整科技政策的需要，浙江省科技厅、省统计局在征询有关部门意见的基础上，共同整理编辑了这本科技统计资料书。

本书收集了浙江各类科技活动的投入产出等方面统计数据，较为全面、系统地描述了浙江区域科技活动的规模、水平、布局、构成与发展，是有关管理部门和社会各界了解、研究和分析浙江科技政策以及科技活动情况的主要工具书。

本书共分六个部分。第一部分为全社会科技活动的综合统计资料，主要有科技活动人员构成与投入情况、科技活动经费构成与投入情况、地方财政科技拨款情况、科技成果产出及获奖、技术市场成交等指标的综合资料；第二、三、四、五部分则依次为研究与开发机构、规模以上工业企业、大中型工业企业、高等院校的科技活动统计资料，主要有机构情况、科技活动人员情况、科技活动经费筹集与支出情况、科技项目（课题）情况、成果和知识产权等科技产出情况的内容；第六部分为浙江高技术产业发展状况的综合资料。本书的最后还附了主要指标解释，便于读者了解科技统计数据资料的统计定义、口径范围和统计方法。

目　录

一、综　合

1–1　各市土地面积和行政区划（2020）…… 3
1–2　全省生产总值（1978—2020）…… 4
1–3　历年总户数和总人口数（1978—2020，年底数）…… 5
1–4　按三次产业分的就业人员总数（1985—2020，年底数）…… 6
1–5　地方财政科技拨款情况 (1990—2020) …… 7
1–6　省本级财政科技拨款情况 (1999—2020) …… 8
1–7　R&D 人员投入情况（1990—2020）…… 9
1–8　R&D 经费投入情况（1990—2020）…… 10
1–9　R&D 经费支出情况（1990—2020）…… 11
1–10　按行业分的事业单位专业技术人员数（2020）…… 12
1–11　按行业分的企业单位专业技术人员数（2020）…… 13
1–12　技术市场成交合同数量与成交金额（1990—2020）…… 15
1–13　科协系统科技活动情况（2019—2020）…… 16
1–14　科协系统省级学会情况（2013—2020）…… 17
1–15　专利申请量和授权量（1990—2020）…… 18
1–16　测绘部门主要指标完成情况（2011—2020）…… 19
1–17　标准计量、特种设备和质量监督情况（2018—2020）…… 19
1–18　高新技术产品进出口贸易情况（2018—2020）…… 20
1–19　分地区工业制成品、高新技术产品进出口情况（2018—2020）…… 21
1–20　全省科技成果获奖情况（1990—2020）…… 22

二、研究与开发机构

2–1　科学研究和技术服务业事业单位机构、人员和经费概况（2020）…… 25
2–2　科学研究和技术服务业事业单位人员概况（2020）…… 29
2–3　科学研究和技术服务业事业单位从业人员按工作性质分（2020）…… 33
2–4　科学研究和技术服务业事业单位科技活动人员按学历和职称分（2020）…… 37
2–5　科学研究和技术服务业事业单位经费收入（2020）…… 41
2–6　科学研究和技术服务业事业单位经费支出（2020）…… 45
2–7　科学研究和技术服务业事业单位科研基建与固定资产（2020）…… 55
2–8　科学研究和技术服务业事业单位科学仪器设备（2020）…… 59
2–9　科学研究和技术服务业事业单位课题概况（2020）…… 63

2–10　科学研究和技术服务业事业单位课题经费内部支出按活动类型分（2020）…………………… 71
2–11　科学研究和技术服务业事业单位课题人员折合全时工作量按活动类型分（2020）……………… 79
2–12　科学研究和技术服务业事业单位 R&D 人员（2020）………………………………………………… 87
2–13　科学研究和技术服务业事业单位 R&D 人员折合全时工作量（2020）……………………………… 91
2–14　科学研究和技术服务业事业单位 R&D 经费内部支出按活动类型和经费来源分（2020）…… 95
2–15　科学研究和技术服务业事业单位 R&D 经费内部支出按经费类别分（2020）…………………… 99
2–16　科学研究和技术服务业事业单位 R&D 经费外部支出（2020）……………………………………… 103
2–17　科学研究和技术服务业事业单位 R&D 日常性支出（2020）………………………………………… 105
2–18　科学研究和技术服务业事业单位专利（2020）………………………………………………………… 109
2–19　科学研究和技术服务业事业单位论文、著作及其他科技产出（2020）……………………………… 113
2–20　科学研究和技术服务业事业单位对外科技服务（2020）……………………………………………… 117
2–21　转制为企业的研究机构机构、人员和经费概况（2020）……………………………………………… 121
2–22　转制为企业的研究机构技术性收入情况（2020）……………………………………………………… 124
2–23　转制为企业的研究机构科技活动经费支出与固定资产情况（2020）………………………………… 127
2–24　转制为企业的研究机构科技项目概况（2020）………………………………………………………… 130
2–25　转制为企业的研究机构科技项目经费内部支出按活动类型分类（2020）…………………………… 135
2–26　转制为企业的研究机构科技项目投入人员全时工作量按活动类型分（2020）……………………… 140
2–27　转制为企业的研究机构 R&D 人员（2020）……………………………………………………………… 145
2–28　转制为企业的研究机构 R&D 经费支出（2020）………………………………………………………… 148
2–29　转制为企业的研究机构 R&D 经费内部支出按经费类型分（2020）…………………………………… 151
2–30　转制为企业的研究机构 R&D 经费内部支出按活动类型分（2020）…………………………………… 154
2–31　转制为企业的研究机构专利（2020）……………………………………………………………………… 157
2–32　转制为企业的研究机构论文、著作及其他科技产出（2020）…………………………………………… 160

三、规模以上工业企业

3–1　规模以上工业企业研发活动情况（2018—2020）…………………………………………………………… 165
3–2　规模以上工业企业基本情况（2020）……………………………………………………………………… 166
3–3　规模以上工业企业 R&D 人员情况（2020）……………………………………………………………… 172
3–4　规模以上工业企业 R&D 经费情况（2020）……………………………………………………………… 178
3–5　规模以上工业企业全部 R&D 项目情况 (2020)…………………………………………………………… 190
3–6　规模以上工业企业办研发机构情况（2020）……………………………………………………………… 193
3–7　规模以上工业企业自主知识产权保护情况（2020）……………………………………………………… 196
3–8　规模以上工业企业新产品开发、生产及销售情况（2020）……………………………………………… 202
3–9　规模以上工业企业政府相关政策落实情况（2020）……………………………………………………… 205
3–10　规模以上工业企业技术获取和技术改造情况（2020）…………………………………………………… 208

四、大中型工业企业

4-1　大中型工业企业研发活动情况（2018—2020）…… 213
4-2　大中型工业企业基本情况（2020）…… 214
4-3　大中型工业企业 R&D 人员情况（2020）…… 220
4-4　大中型工业企业 R&D 经费情况（2020）…… 226
4-5　大中型工业企业全部 R&D 项目情况 (2020) …… 238
4-6　大中型工业企业办研发机构情况（2020）…… 241
4-7　大中型工业企业自主知识产权保护情况（2020）…… 244
4-8　大中型工业企业新产品开发、生产及销售情况（2020）…… 250
4-9　大中型工业企业政府相关政策落实情况（2020）…… 253
4-10　大中型工业企业技术获取和技术改造情况（2020）…… 256

五、高等院校

5-1　高等学校基本情况（1978—2020）…… 261
5-2　普通高等教育分类情况（2020）…… 262
5-3　高等学校科技活动情况（1986—2020）…… 263
5-4　高等院校自然科学领域科技人力资源情况（一）（2020）…… 264
5-5　高等院校自然科学领域科技人力资源情况（二）（2020）…… 265
5-6　高等院校自然科学领域科技人力资源情况（三）（2020）…… 266
5-7　高等院校自然科学领域科技活动经费情况（2020）…… 267
5-8　高等院校自然科学领域科技活动机构情况（一）（2020）…… 269
5-9　高等院校自然科学领域科技活动机构情况（二）（2020）…… 269
5-10　高等院校自然科学领域科技项目情况（一）（2020）…… 270
5-11　高等院校自然科学领域科技项目情况（二）（2020）…… 271
5-12　高等院校自然科学领域交流情况（2020）…… 272
5-13　高等院校自然科学领域技术转让与知识产权情况（一）（2020）…… 272
5-14　高等院校自然科学领域技术转让与知识产权情况（二）（2020）…… 272
5-15　高等院校自然科学领域科技成果情况（2020）…… 273

六、高技术产业

6-1　高技术产业基本情况（2020）…… 277
6-2　高技术产业 R&D 人员情况（2020）…… 281
6-3　高技术产业 R&D 经费情况（2020）…… 285
6-4　高技术产业企业办研发机构情况（2020）…… 289
6-5　高技术产业企业专利情况（2020）…… 293
6-6　高技术产业企业新产品开发、生产及销售情况（2020）…… 297

6-7　高技术产业企业技术获取和技术改造情况（2020）………………………………………… 301
6-8　医药制造业产业基本情况（2020）……………………………………………………………… 304
6-9　医药制造业产业 R&D 人员情况（2020）………………………………………………………… 305
6-10　医药制造业产业 R&D 经费情况（2020）……………………………………………………… 306
6-11　医药制造业企业办研发机构情况（2020）……………………………………………………… 307
6-12　医药制造业企业专利情况（2020）……………………………………………………………… 308
6-13　医药制造业企业新产品开发、生产及销售情况（2020）……………………………………… 309
6-14　医药制造业企业技术获取和技术改造情况（2020）…………………………………………… 310
6-15　航空、航天器及设备制造业基本情况（2020）………………………………………………… 311
6-16　航空、航天器及设备制造业 R&D 人员情况（2020）………………………………………… 311
6-17　航空、航天器及设备制造业 R&D 经费情况（2020）………………………………………… 312
6-18　航空、航天器及设备制造业企业办研发机构情况（2020）…………………………………… 312
6-19　航空、航天器及设备制造业企业专利情况（2020）…………………………………………… 313
6-20　航空、航天器及设备制造业企业新产品开发、生产及销售情况（2020）…………………… 313
6-21　航空、航天器及设备制造业企业技术获取和技术改造情况（2020）………………………… 314
6-22　电子及通信设备制造业基本情况（2020）……………………………………………………… 314
6-23　电子及通信设备制造业产业 R&D 人员情况（2020）………………………………………… 316
6-24　电子及通信设备制造业 R&D 经费情况（2020）……………………………………………… 318
6-25　电子及通信设备制造业企业办研发机构情况（2020）………………………………………… 320
6-26　电子及通信设备制造业企业专利情况（2020）………………………………………………… 322
6-27　电子及通信设备制造业企业新产品开发、生产及销售情况（2020）………………………… 324
6-28　电子及通信设备制造业企业技术获取和技术改造情况（2020）……………………………… 326
6-29　计算机及办公设备制造业基本情况（2020）…………………………………………………… 328
6-30　计算机及办公设备制造业 R&D 人员情况（2020）…………………………………………… 329
6-31　计算机及办公设备制造业 R&D 经费情况（2020）…………………………………………… 330
6-32　计算机及办公设备制造业企业办研发机构情况（2020）……………………………………… 331
6-33　计算机及办公设备制造业企业专利情况（2020）……………………………………………… 332
6-34　计算机及办公设备制造业企业新产品开发、生产及销售情况（2020）……………………… 333
6-35　计算机及办公设备制造业企业技术获取和技术改造情况（2020）…………………………… 334
6-36　医疗仪器设备及仪器仪表制造业基本情况（2020）…………………………………………… 335
6-37　医疗仪器设备及仪器仪表制造业 R&D 人员情况（2020）…………………………………… 336
6-38　医疗仪器设备及仪器仪表制造业 R&D 经费情况（2020）…………………………………… 337
6-39　医疗仪器设备及仪器仪表制造业企业办研发机构情况（2020）……………………………… 338
6-40　医疗仪器设备及仪器仪表制造业企业专利情况（2020）……………………………………… 339
6-41　医疗仪器设备及仪器仪表制造业企业新产品开发、生产及销售情况（2020）……………… 340
6-42　医疗仪器设备及仪器仪表制造业企业技术获取和技术改造情况（2020）…………………… 341
6-43　信息化学品制造业基本情况（2020）…………………………………………………………… 342

6–44　信息化学品制造业 R&D 人员情况（2020）…………………………………………………………… 342
6–45　信息化学品制造业 R&D 经费情况（2020）…………………………………………………………… 343
6–46　信息化学品制造业企业办研发机构情况（2020）…………………………………………………… 343
6–47　信息化学品制造业企业专利情况（2020）…………………………………………………………… 344
6–48　信息化学品制造业企业新产品开发、生产及销售情况（2020）…………………………………… 344
6–49　信息化学品制造业企业技术获取和技术改造情况（2020）………………………………………… 345

主要指标解释……………………………………………………………………………………………… 346

一、综　合

1-1 各市土地面积和行政区划（2020）

城市	土地面积（平方公里）	市辖区（个）	县（县级市）（个）	建制镇（个）	乡（个）	村（个）
杭州市	16850	10	3	75	23	1922
宁波市	9816	6	4	73	10	2169
温州市	12144	4	8	92	26	2951
嘉兴市	4223	2	5	42		744
湖州市	5820	2	3	38	6	916
绍兴市	8279	3	3	49	7	1587
金华市	10942	2	7	74	30	2841
衢州市	8845	2	4	43	39	1482
舟山市	1459	2	2	17	5	280
台州市	10050	3	6	61	24	3024
丽水市	17275	1	8	54	88	1890

1–2 全省生产总值（1978—2020）

年份	全省生产总值（亿元）	第一产业（亿元）	第二产业（亿元）	第三产业（亿元）	工业产值（亿元）	人均生产总值（元）
1978	123.72	47.09	53.52	23.11	46.97	332
1979	157.75	67.56	64.07	26.12	55.59	418
1980	179.92	64.61	84.07	31.24	73.71	472
1981	204.86	69.06	94.68	41.12	84.08	532
1982	234.01	84.88	98.44	50.69	87.21	600
1983	257.09	82.89	113.12	61.08	102.55	652
1984	323.25	104.40	141.48	77.37	127.91	813
1985	429.16	123.88	198.91	106.37	178.68	1070
1986	502.47	136.29	230.89	135.29	206.63	1241
1987	606.99	159.41	281.47	166.11	249.69	1482
1988	770.25	195.68	354.39	220.18	315.36	1858
1989	849.44	210.95	386.25	252.24	346.50	2028
1990	904.69	225.04	408.18	271.47	363.74	2143
1991	1089.33	245.22	494.11	350.00	438.36	2564
1992	1375.70	262.67	652.26	460.77	581.73	3209
1993	1925.91	315.97	982.19	627.75	876.26	4459
1994	2689.28	438.65	1395.61	855.02	1243.37	6183
1995	3563.90	549.95	1856.32	1157.63	1650.60	8144
1996	4195.76	594.93	2233.98	1366.85	1989.68	9534
1997	4695.93	618.90	2557.87	1519.16	2293.10	10615
1998	5065.50	609.30	2772.28	1683.92	2495.25	11395
1999	5461.27	606.32	2983.27	1871.68	2693.52	12229
2000	6164.79	630.97	3287.10	2246.72	2964.69	13467
2001	6927.70	659.78	3590.07	2677.85	3205.39	14726
2002	8040.66	685.20	4112.87	3242.59	3670.38	16918
2003	9753.37	717.85	5126.27	3909.25	4501.61	20249
2004	11482.11	803.83	6160.40	4517.87	5428.69	23476
2005	13028.33	881.47	6953.67	5193.19	6177.64	26277
2006	15302.68	913.16	8295.66	6093.87	7418.99	30415
2007	18639.95	969.27	10122.74	7547.94	9093.98	36453
2008	21284.58	1073.30	11512.68	8698.60	10317.04	41061
2009	22833.74	1134.68	11882.36	9816.70	10491.27	43543
2010	27399.85	1322.85	14140.90	11936.10	12432.05	51110
2011	31854.80	1535.20	16271.04	14048.56	14277.77	57828
2012	34382.39	1610.81	17040.53	15731.05	14853.27	61097
2013	37334.64	1718.74	18162.78	17453.12	15835.77	65105
2014	40023.48	1726.57	19580.72	18716.19	16955.25	68569
2015	43507.72	1771.36	20606.55	21129.81	17803.30	73276
2016	47254.04	1890.43	21571.25	23792.36	18661.48	78384
2017	52403.13	1933.92	23246.72	27222.48	20038.67	85612
2018	58002.84	1975.89	25308.13	30718.83	21621.19	93230
2019	62462.00	2086.70	26299.51	34075.77	22520.94	98770
2020	64613.34	2169.23	26412.95	36031.16	22654.39	100620

注：1. 本表按当年价格计算。2000 年以后人均生产总值均按常住人口计算。
2. 2004 年起第一产业包括农林牧渔服务业。
3. 2013 年起三次产业分类依据国家统计局 2012 年制定的《三次产业划分规定》，后表同。
4. 2016 年起研发支出计入地区生产总值，后表同。

1–3　历年总户数和总人口数（1978—2020，年底数）

年份	总户数（万户）	总人口数（万人）	按性别分（万人）	
			男性	女性
1978	897.62	3750.96	1948.29	1802.67
1979	905.32	3792.33	1967.40	1824.93
1980	923.58	3826.58	1985.59	1840.99
1981	965.92	3871.51	2007.55	1863.96
1982	990.66	3924.32	2034.98	1889.34
1983	1014.03	3963.10	2056.06	1907.04
1984	1038.85	3993.09	2071.46	1921.63
1985	1081.20	4029.56	2090.69	1938.87
1986	1122.09	4070.07	2112.05	1958.02
1987	1167.30	4121.19	2137.38	1983.81
1988	1211.08	4169.85	2161.26	2008.59
1989	1240.41	4208.88	2180.83	2028.05
1990	1259.49	4234.91	2193.71	2041.20
1991	1276.80	4261.37	2206.65	2054.72
1992	1297.81	4285.91	2218.72	2067.19
1993	1311.07	4313.30	2232.72	2080.58
1994	1321.54	4341.20	2246.57	2094.63
1995	1339.82	4369.63	2259.54	2110.09
1996	1353.99	4400.09	2273.54	2126.55
1997	1369.79	4422.28	2282.85	2139.43
1998	1389.44	4446.86	2293.29	2153.57
1999	1410.25	4467.46	2302.64	2164.82
2000	1440.40	4501.22	2316.54	2184.68
2001	1447.67	4519.84	2323.87	2195.97
2002	1466.19	4535.98	2330.30	2205.68
2003	1485.72	4551.58	2335.61	2215.97
2004	1509.29	4577.22	2345.26	2231.96
2005	1534.16	4602.11	2354.19	2247.91
2006	1556.53	4629.43	2364.97	2264.46
2007	1578.85	4659.34	2377.12	2282.22
2008	1595.70	4687.85	2388.98	2298.87
2009	1604.17	4716.18	2400.16	2316.02
2010	1607.86	4747.95	2413.13	2334.83
2011	1618.04	4781.31	2426.93	2354.38
2012	1616.25	4799.34	2433.68	2365.66
2013	1622.44	4826.89	2445.04	2381.86
2014	1630.49	4859.18	2458.69	2400.49
2015	1642.42	4873.34	2462.76	2410.58
2016	1652.99	4910.85	2479.23	2431.62
2017	1672.00	4957.63	2499.50	2458.13
2018	1694.80	4999.84	2517.95	2481.89
2019	1715.29	5038.91	2535.05	2503.86
2020	1741.09	5069.00	2547.06	2521.94

注：本表资料为公安年报数。

1-4 按三次产业分的就业人员总数（1985—2020，年底数）

年份	就业人员总数（万人）				构成（以合计为 100）		
		第一产业	第二产业	第三产业	第一产业	第二产业	第三产业
1985	2318.56	1273.25	735.22	310.09	54.9	31.7	13.4
1986	2386.42	1275.22	765.13	346.07	53.4	32.1	14.5
1987	2444.73	1272.01	802.04	370.68	52.0	32.8	15.2
1988	2502.73	1282.16	803.67	416.90	51.2	32.1	16.7
1989	2522.86	1330.74	770.12	422.00	52.8	30.5	16.7
1990	2554.46	1358.28	762.48	433.70	53.2	29.8	17.0
1991	2579.36	1366.99	770.86	441.51	53.0	29.9	17.1
1992	2600.38	1359.49	770.81	470.08	52.3	29.6	18.1
1993	2615.89	1248.22	886.90	480.77	47.7	33.9	18.4
1994	2640.51	1193.56	917.87	529.08	45.2	34.8	20.0
1995	2621.47	1152.15	882.82	586.50	44.0	33.7	22.3
1996	2625.06	1129.34	886.02	609.70	43.0	33.8	23.2
1997	2619.66	1113.27	881.42	624.97	42.5	33.6	23.9
1998	2612.54	1108.81	854.14	649.59	42.4	32.7	24.9
1999	2625.17	1078.16	784.29	762.73	41.0	29.9	29.1
2000	2726.09	969.97	966.30	789.82	35.5	35.5	29.0
2001	2796.65	935.24	1009.55	851.86	33.4	36.1	30.5
2002	2858.56	885.29	1070.13	903.14	31.0	37.4	31.6
2003	2918.74	826.03	1201.30	891.41	28.3	41.2	30.5
2004	2991.95	779.65	1304.94	907.36	26.1	43.6	30.3
2005	3100.76	759.53	1397.69	943.54	24.5	45.1	30.4
2006	3172.38	717.81	1452.29	1002.28	22.6	45.8	31.6
2007	3220.29	680.23	1465.91	1074.15	21.1	45.5	33.4
2008	3252.35	645.02	1480.50	1126.83	19.8	45.5	34.7
2009	3288.29	610.32	1492.13	1185.84	18.5	45.4	36.1
2010	3352.00	573.83	1508.77	1269.40	17.1	45.0	37.9
2011	3385.00	535.77	1523.40	1325.83	15.8	45.0	39.2
2012	3407.00	498.99	1539.02	1368.99	14.6	45.2	40.2
2013	3436.00	460.98	1553.63	1421.39	13.4	45.2	41.4
2014	3459.00	425.50	1569.26	1464.24	12.3	45.4	42.3
2015	3505.00	387.66	1588.73	1528.61	11.1	45.3	43.6
2016	3552.00	351.64	1609.18	1591.18	9.9	45.3	44.8
2017	3613.00	319.22	1629.66	1664.12	8.8	45.1	46.1
2018	3691.00	278.13	1649.05	1763.82	7.5	44.7	47.8
2019	3771.00	244.41	1673.08	1853.51	6.5	44.4	49.1
2020	3857.00	208.00	1692.00	1957.00	5.4	43.9	50.7

注：2011 年起就业人口数据按照人口普查和住户失业率调查数据测算。

1–5　地方财政科技拨款情况 (1990—2020)

年份	地方财政科技拨款（亿元）			财政科技拨款占财政支出比重（%）
		科技三项费	科学事业费	
1990	1.50	0.77	0.73	1.87
1991	1.73	0.91	0.81	2.03
1992	1.93	0.96	0.95	2.03
1993	2.26	1.11	1.11	1.80
1994	2.78	1.32	1.37	1.82
1995	3.49	1.78	1.63	1.94
1996	4.42	2.04	2.19	2.07
1997	5.57	2.94	2.41	2.32
1998	7.30	4.08	2.98	2.55
1999	9.46	5.59	3.39	2.80
2000	13.98	9.18	3.95	3.24
2001	18.55	12.05	5.12	3.10
2002	24.94	16.05	6.12	3.33
2003	29.41	19.52	7.17	3.28
2004	38.35	25.18	9.15	3.61
2005	50.01	34.10	10.56	3.95
2006	62.88	41.52	12.81	4.29
2007	72.88			4.03
2008	88.19			3.99
2009	99.30			3.74
2010	121.40			3.78
2011	143.90			3.74
2012	165.98			3.99
2013	191.87			4.06
2014	207.99			4.03
2015	250.79			3.77
2016	269.04			3.86
2017	303.50			4.03
2018	379.66			4.40
2019	516.06			5.13
2020	472.13			4.68

1-6 省本级财政科技拨款情况(1999—2020)

年份	省本级地方财政科技拨款(亿元)				占本级财政支出比重(%)
		科技三项费	科学事业费	科技基建费	
1999	3.32	1.37	1.93	0.02	5.94
2000	3.97	1.76	2.20	0.01	5.99
2001	5.13	2.23	2.89	0.01	5.71
2002	6.52	3.33	3.12	0.07	6.19
2003	7.52	3.87	3.58	0.06	6.52
2004	10.01	5.53	4.48	0.01	7.29
2005	12.96	7.90	4.79	0.01	8.10
2006	16.48	9.09	5.58	0.01	9.04
2007	16.99				8.50
2008	18.86				7.50
2009	20.42				6.27
2010	22.02				6.29
2011	24.16				6.04
2012	27.00				6.27
2013	30.34				6.30
2014	23.77				4.94
2015	25.47				3.08
2016	24.40				4.79
2017	24.77				2.38
2018	28.42				4.93
2019	33.67				5.26
2020	31.68				4.68

1–7 R&D 人员投入情况（1990—2020）

单位：万人年

年份	R&D 人员	按执行部门分			
		研究机构	高等院校	工业企业	其他部门
1990	1.23				
1991	1.30				
1992	1.39				
1993	1.49				
1994	1.56				
1995	1.63				
1996	1.71				
1997	1.76				
1998	2.31				
1999	2.74				
2000	2.86	0.29	0.53	1.62	0.43
2001	3.92	0.27	0.57	2.43	0.65
2002	4.46	0.28	0.77	2.66	0.74
2003	4.96	0.29	0.82	3.13	0.72
2004	5.85	0.28	1.03	3.98	0.56
2005	8.01	0.32	1.06	6.11	0.52
2006	10.81	0.34	1.05	8.80	0.63
2007	13.05	0.45	1.08	10.55	0.96
2008	16.03	0.41	1.13	13.03	1.46
2009	18.51	0.40	1.20	15.09	1.81
2010	22.35	0.42	1.30	18.57	2.05
2011	26.29	0.46	1.29	21.71	2.82
2012	27.81	0.54	1.34	22.86	3.07
2013	31.10	0.51	1.42	26.35	2.82
2014	33.84	0.56	1.41	29.03	2.84
2015	36.47	0.71	1.61	31.67	2.48
2016	37.66	0.71	1.77	32.18	2.99
2017	39.81	0.78	2.00	33.36	3.66
2018	45.80	0.89	2.07	39.41	3.43
2019	53.47	0.88	2.68	45.18	4.73
2020	58.30	0.98	2.89	48.05	6.38

1-8　R&D 经费投入情况（1990—2020）

年份	R&D 活动经费（亿元）	占 GDP 比重（%）
1990	2.04	0.23
1991	2.27	0.21
1992	3.46	0.25
1993	4.43	0.23
1994	7.88	0.30
1995	9.14	0.26
1996	10.5	0.25
1997	15.19	0.33
1998	19.7	0.39
1999	27.05	0.50
2000	36.59	0.59
2001	44.74	0.65
2002	57.65	0.72
2003	77.76	0.80
2004	115.55	0.99
2005	163.29	1.25
2006	224.03	1.43
2007	286.32	1.53
2008	345.76	1.61
2009	398.84	1.73
2010	494.23	1.80
2011	612.93	1.90
2012	722.59	2.08
2013	817.27	2.18
2014	907.85	2.26
2015	1011.18	2.32
2016	1130.63	2.39
2017	1266.34	2.42
2018	1445.69	2.49
2019	1669.80	2.67
2020	1859.90	2.88

注：2016 年起研发支出计入地区生产总值。

1–9 R&D 经费支出情况（1990—2020）

单位：亿元

年份	R&D经费支出	按执行部门分				按经费来源分			
		研究机构	高等院校	工业企业	其他部门	政府资金	企业资金	国外资金	其他资金
1990	2.04	0.96	0.51	0.52	0.05				
1991	2.27	0.87	0.69	0.64	0.06				
1992	3.46	1.21	1.25	0.90	0.09				
1993	4.43	1.48	1.77	1.04	0.13				
1994	7.88	1.33	1.82	4.52	0.21				
1995	9.14	1.85	2.42	4.63	0.24				
1996	10.50	2.23	2.43	5.56	0.29				
1997	15.19	2.96	3.04	7.85	1.34				
1998	19.70	3.10	3.00	11.80	1.80				
1999	27.05	3.04	3.71	17.80	2.50				
2000	36.59	3.21	3.33	26.54	3.51	5.73	26.93	0.53	3.40
2001	44.74	3.32	5.09	32.04	4.29	6.59	32.73	0.64	4.78
2002	57.65	2.97	6.58	42.58	5.52	6.77	42.20	0.17	8.51
2003	77.76	4.35	7.88	59.62	5.91	9.46	57.70	0.32	10.28
2004	115.55	4.62	13.33	91.10	6.50	13.78	97.42	0.63	3.72
2005	163.29	11.58	13.90	130.41	7.40	24.12	134.74	0.55	3.88
2006	224.03	12.38	15.99	183.39	12.27	28.00	190.28	1.12	4.63
2007	286.32	13.63	18.18	235.55	18.96	30.94	246.39	2.50	6.49
2008	345.76	13.89	19.15	283.73	28.99	37.08	296.46	4.39	7.83
2009	398.84	12.85	23.91	330.10	31.98	36.63	354.22	2.48	5.51
2010	494.23	15.36	34.55	407.43	36.89	48.00	435.45	3.27	7.53
2011	612.93	18.07	40.81	501.87	52.18	53.56	539.41	9.51	10.45
2012	722.59	21.83	44.72	588.61	67.43	60.41	644.37	3.13	14.68
2013	817.27	24.17	47.28	684.36	61.46	66.16	733.62	2.38	15.12
2014	907.85	27.12	49.76	768.15	62.83	70.65	817.35	2.58	17.27
2015	1011.18	30.28	56.14	853.57	71.19	75.29	911.30	2.00	22.60
2016	1130.63	35.03	54.65	935.79	105.16	78.72	1033.25	2.10	16.56
2017	1266.34	36.24	62.19	1030.14	137.77	91.58	1151.55	1.56	21.66
2018	1445.69	47.41	72.36	1147.39	178.53	113.89	1302.68	2.18	26.94
2019	1669.80	55.22	93.00	1274.23	247.35	136.33	1506.98	0.34	26.15
2020	1859.90	56.02	103.60	1395.90	304.38	164.95	1676.28	1.57	17.09

1-10 按行业分的事业单位专业技术人员数（2020）

单位：人

行　业	合计	按职务分		
		高级	中级	初级
总计	**950635**	**192374**	**402982**	**355279**
教育	524912	115315	242422	167175
科研	5412	2103	2373	936
文化	11141	2470	4838	3833
卫生	291500	56238	105470	129792
体育	1438	241	598	599
新闻出版	2007	556	918	533
广播电视	9989	1419	4364	4206
社会福利	2149	94	948	1107
救助减灾	194	9	73	112
统计调查	613	37	222	354
技术推广与实验	8543	1732	3835	2976
公共设施与管理	22428	4007	9365	9056
物资仓储	68	7	24	37
监测	2108	564	921	623
勘探与勘察	2203	750	1213	240
测绘	806	263	404	139
检验检测与鉴定	2004	453	830	721
法律服务	509	14	141	354
资源管理事务	3632	532	1690	1410
质量技术监督事务	2850	768	1198	884
经济监管事务	1611	171	686	754
知识产权事务	171	25	70	76
公证与认证	382	49	147	186
信息与咨询	1725	277	727	721
人才交流	241	29	90	122
机关后勤服务	1556	94	639	823
其他服务	50443	4157	18776	27510

1-11 按行业分的企业单位专业技术人员数（2020）

单位：人

项目	合计	按职务分				
		高级	#正高级	中级	初级	未聘任专业技术职务
总计	**191761**	**17358**	**1078**	**49408**	**60183**	**64812**
农、林、牧、渔业	1289	93	5	393	681	122
采矿业	399	55	1	161	153	30
制造业	17551	1945	131	5536	5472	4598
电力、热力、燃气及水生产和供应业	18528	1548	40	5400	7930	3650
建筑业	28060	3386	207	8125	9015	7534
批发和零售业	22527	695	16	3079	5221	13532
交通运输、仓储和邮政业	41227	4122	261	10590	14649	11866
住宿和餐饮业	1066	81	1	166	261	558
信息传输、软件和信息技术服务业	3971	120	3	365	491	2995
金融业	14785	408	12	3536	4328	6513
房地产业	5630	768	10	2259	1813	790
租赁和商务服务业	7583	442	5	1505	1682	3954
科学研究和技术服务业	6849	1579	116	2502	1519	1249
水利、环境和公共设施管理业	7862	1034	64	2565	2937	1326
居民服务、修理和其他服务业	3190	183	4	969	1376	662
教育	449	32	7	154	119	144
卫生和社会工作	1569	203	39	561	745	60
文化、体育与娱乐业	9226	664	156	1542	1791	5229

注：#表示其中主要项，后表同。

1-11 续表 单位：人

项 目	按专业分					
	# 工程技术人员	# 农业技术人员	# 科学技术人员	# 卫生技术人员	# 教学人员	# 其他专技人员
总计	**93812**	**1032**	**625**	**5560**	**923**	**89809**
农、林、牧、渔业	481	243	4	2	3	556
采矿业	191			11		197
制造业	11440	205	408	26	147	5325
电力、热力、燃气及水生产和供应业	11709	7	8	18	4	6782
建筑业	23774	4	1		6	4275
批发和零售业	884	372	1	3781	5	17484
交通运输、仓储和邮政业	21550	96	3	109	163	19306
住宿和餐饮业	144				156	766
信息传输、软件和信息技术服务业	2330		78		3	1560
金融业	779		4	5	19	13978
房地产业	3220	3		6	9	2392
租赁和商务服务业	1693	40	9	120	15	5706
科学研究和技术服务业	6206		104	13	5	521
水利、环境和公共设施管理业	5831	11	4		7	2009
居民服务、修理和其他服务业	1249	25		31	4	1881
教育	38			8	325	78
卫生和社会工作	71			1429		69
文化、体育与娱乐业	2222	26	1	1	52	6924

注：# 表示其中主要项，后表同。

1-12 技术市场成交合同数量与成交金额（1990—2020）

年份	合同数量（项）	技术开发	技术转让	技术咨询	技术服务	成交金额（亿元）	技术开发	技术转让	技术咨询	技术服务
1990	8336	1375	526	1436	4999	1.36	0.40	0.13	0.10	0.74
1991	9200	1014	538	1502	6146	1.62	0.41	0.28	0.16	0.78
1992	12670	1788	671	2188	8023	3.08	0.55	0.41	0.42	1.71
1993	15769	876	437	3824	10632	7.15	0.75	0.44	1.22	4.74
1994	14436	550	458	4387	9041	7.20	0.69	0.53	1.85	4.13
1995	17954	467	491	5206	11790	9.78	1.05	1.04	2.22	5.47
1996	19031	759	360	4554	13358	10.73	1.22	0.48	2.25	6.78
1997	19808	849	378	5296	13285	13.32	1.40	0.85	2.79	8.28
1998	21774	1094	314	5294	15072	16.23	2.14	0.70	3.45	9.93
1999	25479	1713	542	6435	16789	18.85	3.57	1.21	4.24	9.63
2000	31218	4391	395	11163	15269	27.63	7.38	1.34	6.94	11.97
2001	33728	4014	510	10328	18876	31.67	8.85	1.21	8.40	13.20
2002	38400	4143	458	13975	19824	38.94	9.14	1.75	12.48	15.58
2003	50861	5886	489	21046	23440	53.04	12.06	2.41	20.77	17.79
2004	39974	6862	562	18825	13725	58.15	17.02	2.74	23.39	15.00
2005	20628	6788	816	8361	4663	38.70	19.75	3.47	8.74	6.74
2006	17734	6900	682	6908	3244	39.96	24.17	2.70	7.37	5.73
2007	16400	6508	830	5711	3351	45.42	28.24	3.86	6.96	6.36
2008	17391	6313	739	7048	3291	58.92	39.31	6.41	9.23	3.97
2009	12786	6221	717	3871	1977	56.51	43.41	5.83	4.43	2.83
2010	12826	7135	536	3223	1932	60.35	45.32	8.02	3.71	3.30
2011	13857	8761	335	2746	2015	68.30	57.53	4.17	2.58	4.01
2012	13551	9594	285	1995	1677	81.31	66.46	9.17	2.16	3.52
2013	12095	8360	312	1737	1686	81.41	55.70	9.85	1.92	13.94
2014	11955	8189	376	1871	1519	89.16	61.75	16.05	2.60	8.75
2015	11283	8176	530	1070	1507	99.29	64.81	24.44	2.17	7.87
2016	14826	8191	548	1251	4836	198.37	132.90	28.15	4.35	32.98
2017	13704	9154	625	910	3015	324.73	214.45	49.19	5.09	56.00
2018	16142	10544	715	939	3944	539.39	413.93	43.34	16.58	65.55
2019	18996	11869	913	1302	4912	888.01	519.53	94.55	24.43	249.50
2020	25724	14333	1159	1304	8928	1403.32	757.11	94.30	103.81	448.11

注：本表数据为技术输出口径。

1-13 科协系统科技活动情况（2019—2020）

项　目	单位	科协合计		省科协		市科协		县级科协	
		2019	2020	2019	2020	2019	2020	2019	2020
机构数	个	**101**	**101**	**1**	**1**	**11**	**11**	**89**	**89**
人员数	人	**1614**	**1575**	**217**	**228**	**540**	**564**	**857**	**783**
学术活动									
学术会议									
次数	次	215	360	5	5	151	276	59	79
参加人数	人	50883	77529	370	1620	40721	63452	9792	12457
干部教育培训									
办培训班	个	120	100	20	16	10	20	90	64
培训人数	人次	8807	9211	1775	2357	786	1658	6246	5196
科普活动									
宣讲活动	次	4095	12490	136	175	584	4867	3375	7448
受众	人次	8256229	311454851	2181477	300014350	3348124	8066596	2726628	3373905
出版									
编著科技图书	种	47	66		2	15	22	32	42
年发行总量	册	231810	298265		20000	97000	152230	134810	126035

1–14　科协系统省级学会情况（2013—2020）

项　目	单位	2013	2014	2015	2016	2017	2018	2019	2020
机构数	个	**165**	**169**	**170**	**173**	**173**	**175**	**176**	**175**
会员数	人	**197578**	**219027**	**231067**	**220897**	**235037**	**274195**	**276952**	**241186**
学术活动									
学术会议									
次数	次	771	927	1105	1058	780	829	852	610
参加人数	人	100846	127614	173171	182818	223252	223508	264382	575103
交流论文数	篇	14873	33283	35226	39773	26284	24887	34355	16067
科技培训									
继续教育	个	253	344	443	334	326	239	456	436
培训人数	人次	35343	51386	82564	59965	76936	73540	70106	86157
科普活动									
宣讲活动	次	937	1455	1967	1254	452	342	2183	1897
受众人数	人次	265364	323308	352079	1984109	1863481	3561227	5307130	18351392
青少年科技竞赛次数	次	61	39	48	49	26	30	33	50
出版									
主办科技期刊	.	58	54	56	53	60	54	35	42
年发行总数	册	981607	2144011	2109891	995120	1862500	1929077	887280	485589
编著科技图书	种	44	51	51	70	34	37	49	46
年发行总量	册	167000	291400	306300	362232	362730	318750	242700	144551

1-15　专利申请量和授权量（1990—2020）

单位：件

年份	申请量合计	发明	实用新型	外观设计	授权量合计	发明	实用新型	外观设计
1990	2243	256	1754	233	989	43	882	64
1991	2571	300	1965	306	1217	49	1006	162
1992	3194	377	2382	435	1577	63	1343	171
1993	3343	423	2353	567	2946	129	2404	413
1994	3495	389	2373	733	2028	62	1612	354
1995	4042	357	2323	1362	2131	54	1455	622
1996	5162	403	2845	1914	2410	45	1377	988
1997	6262	493	3062	2707	3167	64	1487	1616
1998	7074	571	3309	3194	4470	47	1967	2456
1999	8177	587	3465	4125	7071	108	3524	3439
2000	10316	859	4439	5018	7495	184	3439	3872
2001	12828	1093	5216	6519	8312	174	3549	4589
2002	17265	1843	6390	9032	10479	188	3860	6431
2003	21463	2750	7758	10955	14402	398	4928	9076
2004	25294	3578	9021	12695	15249	785	5492	8972
2005	43221	6776	12723	23722	19056	1110	6778	11168
2006	52980	8333	15940	28707	30968	1424	10503	19041
2007	68933	9532	19270	40131	42069	2213	16108	23748
2008	89965	12063	25168	52734	52955	3269	20002	29684
2009	108563	15655	40436	52472	79945	4818	25295	49832
2010	120783	18027	50249	52507	114643	6410	47617	60616
2011	177081	24745	75875	76461	130190	9135	56030	65025
2012	249373	33265	108599	107509	188431	11459	84897	92075
2013	294014	42744	127122	124148	202350	11139	106238	84973
2014	261434	52405	116011	93018	188544	13372	99508	75664
2015	307263	67674	150172	89417	234983	23345	124465	87173
2016	393147	93254	199244	100649	221456	26576	123744	71136
2017	377115	98975	191372	86768	213805	28742	114311	70752
2018	455526	143064	219176	93286	284592	32550	172435	79607
2019	435824	112974	218590	104260	285325	33963	168331	83031
2020					391700	49888	231693	110119

注：2020 年数据来源于《浙江省市场监督管理局关于印发 2020 年全省专利授权量等统计数据的通知》。其中，2020 年度专利申请量相关数据未公布。

1–16 测绘部门主要指标完成情况（2011—2020）

项　目	单位	2011	2012	2013	2014	2015	2016	2017	2018	2019	2020
测绘资质单位数	家							723	799	837	845
测绘服务总值	亿元	25.10	27.95	32.39	33.64	37.43	50.40	54.13	66.18	81.41	85.20
年末测绘人数	人	10774	11742	12488	14587	16061	18576	20011	21939	23332	22529
1∶10000 地形图测制与更新	幅	1473	1657	1639	1502	1446	1446	1446	4336	1504	4336
1∶2000 地形图测制与更新	幅							22076	12262	50200	105000

1–17 标准计量、特种设备和质量监督情况（2018—2020）

项　目	单位	2018	2019	2020
国家质检中心	家	49	50	52
省级质检中心	家	104	105	107
各级政府质量奖获奖企业数	家	2371	2683	3172
现行有效地方标准数	项	789	829	855
企业产品标准自我声明公开数	项	136372	169677	207331
依法设置的计量检定机构数	所	76	75	75
省级检定机构数	所	1	1	1
市级检定机构数	所	12	12	12
县（市、区）级检定机构数	所	63	62	62
依法授权的计量检定机构数	个	84	70	78
省级授权机构数	个	9	8	10
市级授权机构数	个	75	62	68
全省最高等级社会公用计量标准数	个	321	335	351
全省其他等级社会公用计量标准数	个	3039	3298	3346
强制检定计量器具实际检出数	万台件	728.02	925.04	928
全省检验检测机构数	个	2062	2128	2224
产品质量监督抽查批次数	批次	17239	17522	37217
特种设备综合检验机构数	个	18	19	19
省特种设备检验机构数	个	1	1	1
市特种设备检验机构数	个	11	11	11
行业特种设备检验机构数	个	6	7	7
固定资产总值	万元	109303	121252	137491
打击假冒伪劣案件立案数	个	7750	9380	9402

注：2019 年打击假冒伪劣案件立案数为结案数。

1-18　高新技术产品进出口贸易情况（2018—2020）

单位：万美元

项　目	出口			进口			进出口		
	2018	2019	2020	2018	2019	2020	2018	2019	2020
高新技术产品	**2135516**	**2328339**	**2933576**	**1188756**	**1296468**	**1323656**	**3324272**	**3624807**	**4257232**
生物技术	20945	23243	26571	1054	363	233	21998	23606	26804
生命科学技术	540148	586138	814163	208365	232675	191682	748514	818813	1005846
光电技术	106235	111770	134149	137501	128965	142013	243735	240736	276163
计算机与通信技术	740872	710607	993622	122493	163836	288084	863365	874443	1281706
电子技术	433708	564974	582701	471626	547550	513109	905334	1112524	1095810
计算机集成制造技术	227519	255376	296957	205608	180716	156480	433127	436092	453437
材料技术	50089	59091	62262	9145	13518	15800	59235	72609	78062
航空航天技术	9151	10614	15458	32546	28219	15533	41697	38834	30991
其他技术	6849	6525	7693	417	625	721	7266	7151	8414

1-19　分地区工业制成品、高新技术产品进出口情况（2018—2020）

单位：万美元

地区	出口								
	2018			2019			2020		
	总值	工业制成品	高新技术产品	总值	工业制成品	高新技术产品	总值	工业制成品	高新技术产品
合计	**32103885**	**31091511**	**2135354**	**33451323**	**32493618**	**2328339**	**38288535**	**35354959**	**2933576**
杭州地区	5182140	5045182	785645	5238273	5103956	825371	6138882	5200739	938144
宁波地区	8415018	8255065	540263	8660343	2412781	660079	9790238	9092316	697922
温州地区	1971789	1947073	57751	2439834	2959578	77472	2761430	2673628	87803
嘉兴地区	3058467	2951035	223209	3055807	1178521	246033	3729036	3229776	499260
湖州地区	1168275	1122178	36685	1215954	3216521	49266	1562201	1458631	103570
绍兴地区	3105172	3042259	57675	3262222	5826967	64772	3487003	3392307	94696
金华地区	5549506	5525360	135673	5848392	332969	159950	6820921	6615494	205427
衢州地区	350320	335080	15099	345514	332614	15383	376110	357112	18997
舟山地区	642663	246832	2779	727238	374069	3409	400221	396426	3795
台州地区	2320380	2292848	275530	2270394	2244626	218499	668037	396426	271611
丽水地区	340119	328599	5046	387339	8511003	8105	428836	416485	12351

地区	进口								
	2018			2019			2020		
	总值	工业制成品	高新技术产品	总值	工业制成品	高新技术产品	总值	工业制成品	高新技术产品
合计	**11132125**	**7081804**	**1188136**	**11262348**	**6859940**	**1296468**	**8540916**	**7217260**	**1323656**
杭州地区	2775229	1599550	501308	2877126	1664239	567937	2422723	1916503	506220
宁波地区	4592800	3401860	488404	4647296	205988	519739	3676773	3164639	512134
温州地区	312695	208630	4202	315264	751756	2741	348972	345217	3755
嘉兴地区	1218698	868798	105217	1053689	103902	96366	1091028	878981	212047
湖州地区	173018	121154	7107	147495	267791	13395	122467	112160	10307
绍兴地区	294070	260249	17197	301873	120705	27634	248742	226199	22543
金华地区	166537	107778	14864	267518	42293	15073	182578	165742	16837
衢州地区	180787	54636	4076	157424	186120	11249	50683	48695	1988
舟山地区	1074218	161059	16407	1258531	13748	16695	196801	188599	8202
台州地区	311890	278816	27963	196140	175459	25060	216921	188599	28322
丽水地区	32183	19275	1391	39993	3327938	580	28818	27516	1302

1-20　全省科技成果获奖情况（1990—2020）

单位：项

年份	国家自然科学奖	国家技术发明奖	国家科技进步奖	省科技进步奖	浙江科技大奖
1990	—	3	16	297	—
1991	2	7	14	299	—
1992	—	4	6	297	—
1993	1	4	24	300	—
1994	—	—	—	299	—
1995	5	5	19	—	—
1996	—	3	12	300	—
1997	2	6	22	300	—
1998	—	1	16	299	—
1999	1	0	11	299	—
2000	0	0	13	300	—
2001	0	1	8	300	—
2002	2	0	4	279	—
2003	0	1	8	280	3
2004	0	2	13	280	—
2005	3	0	11	280	2
2006	1	2	9	280	—
2007	2	6	21	273	3
2008	0	6	17	279	—
2009	0	8	31	277	3
2010	1	2	15	279	—
2011	—	2	28	280	3
2012	2	6	21	277	—
2013	4	8	14	281	3
2014	2	5	27	291	—
2015	1	0	7	291	3
2016	2	4	6	280	—
2017	0	2	8	252	3
2018	0	3	4	259	—
2019	—	2	9	240	2
2020	2	5	12	240	1

注：2019年度开始省重大科技贡献奖更名为浙江科技大奖。

二、研究与开发机构

2–1 科学研究和技术服务业事业单位机构、人员和经费概况（2020）

指标名称	机构数（个）	从业人员（人）	#科技活动人员（不含外聘的流动学者和在读研究生）	#本科及以上学历	经费收入总额（万元）	#科技活动收入	经费内部支出总额（万元）	#科技经费内部支出
总计	**252**	**24263**	**20802**	**18183**	**1541818**	**1383691**	**1483428**	**1312688**
按机构所属地域分组								
杭州市	62	11753	9912	8713	765638	665643	768638	663851
宁波市	37	3959	3621	3254	367201	353893	315339	300962
温州市	43	2569	2086	1899	138517	125348	151432	132871
嘉兴市	14	1456	1168	1000	77978	62567	67598	57355
湖州市	11	545	457	391	28216	26859	24796	23147
绍兴市	13	725	694	580	28608	22204	26420	22428
金华市	11	486	423	339	17426	17326	17267	16527
衢州市	18	715	672	577	34310	30718	28984	23137
舟山市	13	727	661	516	33088	32617	29688	25599
台州市	10	515	421	346	22280	19403	23692	19794
丽水市	20	813	687	568	28556	27114	29574	27018
按机构所属隶属关系分组								
中央部门属	12	3032	2694	2450	293911	270579	275077	260560
中国科学院	1	948	948	899	129504	126891	96826	96826
地方部门属	240	21231	18108	15733	1247907	1113112	1208351	1052128
省级部门属	32	6287	5521	5039	402445	371253	419326	366997
副省级城市属	21	1805	1586	1397	177379	164637	152795	137397
地市级部门属	29	1959	1793	1576	87078	80961	100691	86037
按机构从事的国民经济行业分组								
科学研究和技术服务业	252	24263	20802	18183	1541818	1383691	1483428	1312688
研究和试验发展	125	14461	12676	11524	979792	908446	981916	881958
专业技术服务业	63	7726	6316	5095	386529	316148	352729	292512
科技推广和应用服务业	64	2076	1810	1564	175497	159097	148784	138219
按机构服务的国民经济行业分组								
农、林、牧、渔业	44	4658	3941	3493	274140	252254	299246	252521
农业	24	2202	1810	1606	119408	110947	140624	125369
林业	6	459	368	288	21194	17979	20070	18624
渔业	6	439	399	353	33688	32651	31691	27708
农、林、牧、渔专业及辅助性活动	8	1558	1364	1246	99850	90678	106861	80820

2-1 续表 1

指标名称	机构数（个）	从业人员（人）	# 科技活动人员（不含外聘的流动学者和在读研究生）	# 本科及以上学历	经费收入总额（万元）	# 科技活动收入	经费内部支出总额（万元）	# 科技经费内部支出
制造业	42	1921	1684	1501	120097	115208	101460	92232
农副食品加工业	3	108	107	94	3825	3788	3653	3502
食品制造业	2	19	16	13	1112	1032	1151	1131
酒、饮料和精制茶制造业	1	62	54	51	3059	1813	2768	2239
皮革、毛皮、羽毛及其制品和制鞋业	4	220	159	142	8849	8809	9209	7216
文教、工美、体育和娱乐用品制造业	1	10	10	5	198	198	245	244
化学原料和化学制品制造业	4	131	121	97	13249	12093	9559	9141
医药制造业	5	135	121	120	19150	19072	3765	2183
非金属矿物制品业	1	17	17	7	287	287	287	287
通用设备制造业	6	285	242	211	10900	10302	20690	18972
专用设备制造业	3	215	211	184	13217	12894	14104	14038
汽车制造业	2	28	24	24	2034	1674	1436	1275
铁路、船舶、航空航天和其他运输设备制造业	1	7	7	7	231	231	107	107
计算机、通信和其他电子设备制造业	6	333	285	263	18870	18832	11479	9472
仪器仪表制造业	1	288	271	249	21467	20858	18510	18346
其他制造业	2	63	39	34	3650	3325	4498	4078
电力、热力、燃气及水生产和供应业	1	123	103	98	5423	5117	5192	4525
电力、热力生产和供应业	1	123	103	98	5423	5117	5192	4525
批发和零售业	1	74	74	55	3589	3589	2974	2974
批发业	1	74	74	55	3589	3589	2974	2974
交通运输、仓储和邮政业	1	230	209	197	17275	17191	14728	14250
道路运输业	1	230	209	197	17275	17191	14728	14250
信息传输、软件和信息技术服务业	13	545	511	471	30694	30353	36837	33200
软件和信息技术服务业	13	545	511	471	30694	30353	36837	33200
租赁和商务服务业	1	68	39	33	3765	1092	3333	1721
商务服务业	1	68	39	33	3765	1092	3333	1721
科学研究和技术服务业	126	14432	12544	10805	940089	839350	888775	803363
研究和试验发展	40	5625	5253	4814	465668	455098	471008	459391
专业技术服务业	54	6967	5770	4637	356099	292653	319868	258671
科技推广和应用服务业	32	1840	1521	1354	118322	91598	97898	85301
水利、环境和公共设施管理业	16	1898	1415	1286	126852	99828	104171	85699
水利管理业	3	770	571	527	54185	44505	40030	37781

2-1 续表 2

指标名称	机构数（个）	从业人员（人）	#科技活动人员（不含外聘的流动学者和在读研究生）	#本科及以上学历	经费收入总额（万元）	#科技活动收入	经费内部支出总额（万元）	#科技经费内部支出
生态保护和环境治理业	13	1128	844	759	72667	55323	64141	47918
卫生和社会工作	4	268	240	203	18012	17880	24984	20508
卫生	4	268	240	203	18012	17880	24984	20508
文化、体育和娱乐业	2	33	29	29	1246	1236	1220	1187
文化艺术业	1	9	7	7	187	187	187	173
体育	1	24	22	22	1059	1049	1033	1013
公共管理、社会保障和社会组织	1	13	13	12	638	594	509	509
国家机构	1	13	13	12	638	594	509	509
按机构所属学科分组								
自然科学领域	36	3315	2907	2628	162094	132245	207698	179521
数学	1	56	45	41	2477	2477	2118	2062
信息科学与系统科学	11	1347	1213	1178	32707	28642	83827	79829
力学	3	128	124	109	6279	6275	4989	4939
化学	6	373	340	292	23461	22981	21120	19949
地球科学	11	1368	1148	980	95731	70638	94220	71399
生物学	4	43	37	28	1440	1232	1425	1343
农业科学领域	51	5448	4576	4044	315863	286801	341610	285056
农学	31	4051	3499	3139	239061	219078	266960	221147
林学	10	839	569	469	38683	30723	38458	31897
水产学	10	558	508	436	38120	37001	36191	32013
医学科学领域	12	940	897	817	112168	111012	91128	88043
基础医学	4	303	295	275	48010	47355	37761	37521
临床医学	3	160	160	135	17641	17641	19456	19448
预防医学与公共卫生学	1	15	15	13	3189	3180	3051	3043
药学	3	338	325	301	30417	30012	16935	15185
中医学与中药学	1	124	102	93	12912	12824	13924	12847
工程科学与技术领域	135	13522	11463	9943	883881	794640	775990	702189
工程与技术科学基础学科	20	1560	1227	1057	83922	71498	77282	68350
信息与系统科学相关工程与技术	3	917	743	664	41576	26862	39832	33839
自然科学相关工程与技术	4	165	150	145	8103	7912	9715	9424
测绘科学技术	2	1308	1299	821	93828	92621	78701	75642
材料科学	13	1813	1618	1492	198933	191330	155616	149517
机械工程	19	1532	1292	1146	69981	64648	78050	67680

2-1 续表 3

指标名称	机构数（个）	从业人员（人）	#科技活动人员（不含外聘的流动学者和在读研究生）	#本科及以上学历	经费收入总额（万元）	#科技活动收入	经费内部支出总额（万元）	#科技经费内部支出
动力与电气工程	3	595	245	230	28126	9032	26606	12420
能源科学技术	1	27	21	20	1111	1031	1019	869
电子与通信技术	10	444	384	361	16578	15995	15375	12734
计算机科学技术	8	226	216	202	13774	13562	13315	12919
化学工程	7	168	160	131	19063	18310	10383	10204
产品应用相关工程与技术	7	1314	1156	1001	75382	72708	73243	66874
纺织科学技术	2	204	185	161	11911	11374	9104	8924
食品科学技术	6	508	465	419	13017	11480	13002	11568
土木建筑工程	2	96	90	61	3125	2946	2018	1863
水利工程	3	880	661	613	58992	49028	44629	41735
交通运输工程	2	237	216	204	17505	17422	14835	14356
航空、航天科学技术	2	171	140	136	50554	50472	38206	37746
环境科学技术及资源科学技术	15	951	798	728	59760	48895	58689	49475
安全科学技术	2	278	272	233	12440	11718	11157	11127
管理学	4	128	125	118	6200	5797	5217	4923
社会、人文科学领域	18	1038	959	751	67812	58993	67003	57879
马克思主义	1	147	142	97	6970	6914	8168	7168
艺术学	1	10	10	5	198	198	245	244
考古学	2	200	198	85	10623	10532	11540	10732
经济学	3	163	133	125	19359	16164	13859	12228
社会学	3	160	134	131	11123	6072	9471	8235
图书馆、情报与文献学	7	334	320	286	18480	18064	22687	18259
体育科学	1	24	22	22	1059	1049	1033	1013
按机构从业人员规模分组								
≥ 1000 人	2	2403	2303	1747	163035	153269	156029	130528
500 ～ 999 人	6	4283	3778	3609	295608	271469	292243	278163
300 ～ 499 人	6	2556	1831	1657	135223	109460	148551	122131
200 ～ 299 人	12	2866	2306	2088	153166	138911	149274	132219
100 ～ 199 人	38	5457	4692	3933	360431	311847	339001	286620
50 ～ 99 人	53	3849	3353	2909	202235	179797	210960	187998
30 ～ 49 人	37	1459	1278	1171	145146	135808	111948	102738
20 ～ 29 人	22	536	466	400	31064	29383	30611	28682
10 ～ 19 人	49	674	637	537	49545	48069	39271	38550
0 ～ 9 人	27	180	158	132	6366	5678	5542	5060

2–2　科学研究和技术服务业事业单位人员概况（2020）

单位：人

指标名称	从业人员（人）	#科技活动人员（不含外聘的流动学者和在读研究生）		外聘的流动学者	非本单位在读研究生	离退休人员
			# 女性			
总计	**24263**	**20802**	**7191**	**2680**	**2387**	**7399**
按机构所属地域分组						
杭州市	11753	9912	3659	1238	610	4858
宁波市	3959	3621	1140	547	961	460
温州市	2569	2086	780	390	384	607
嘉兴市	1456	1168	284	97	63	66
湖州市	545	457	156	69	17	92
绍兴市	725	694	227	76	26	90
金华市	486	423	138	25	35	166
衢州市	715	672	190	102	226	361
舟山市	727	661	195	23	27	285
台州市	515	421	146	107	38	162
丽水市	813	687	276	6		252
按机构所属隶属关系分组						
中央部门属	3032	2694	903	382	799	1178
中国科学院	948	948	319	254	577	6
地方部门属	21231	18108	6288	2298	1588	6221
省级部门属	6287	5521	2149	1123	277	2460
副省级城市属	1805	1586	573	91	225	1164
地市级部门属	1959	1793	698	149	104	937
按机构从事的国民经济行业分组						
科学研究和技术服务业	24263	20802	7191	2680	2387	7399
研究和试验发展	14461	12676	4616	2198	1965	5208
专业技术服务业	7726	6316	2002	58	39	1874
科技推广和应用服务业	2076	1810	573	424	383	317
按机构服务的国民经济行业分组						
农、林、牧、渔业	4658	3941	1684	114	264	2402
农业	2202	1810	767	78		1047
林业	459	368	155	8	100	212
渔业	439	399	129	8	17	232
农、林、牧、渔专业及辅助性活动	1558	1364	633	20	147	911

2-2　续表 1　　单位：人

指标名称	从业人员（人）	#科技活动人员（不含外聘的流动学者和在读研究生）		外聘的流动学者	非本单位在读研究生	离退休人员
			# 女性			
制造业	1921	1684	610	465	307	456
农副食品加工业	108	107	43	22		26
食品制造业	19	16	8			
酒、饮料和精制茶制造业	62	54	23	2		37
皮革、毛皮、羽毛及其制品和制鞋业	220	159	66	10	5	3
文教、工美、体育和娱乐用品制造业	10	10	1			26
化学原料和化学制品制造业	131	121	30	68	152	139
医药制造业	135	121	57	15	12	
非金属矿物制品业	17	17	4			67
通用设备制造业	285	242	94	82	83	1
专用设备制造业	215	211	109	20		18
汽车制造业	28	24	6	80	16	
铁路、船舶、航空航天和其他运输设备制造业	7	7	3			
计算机、通信和其他电子设备制造业	333	285	45	86	32	1
仪器仪表制造业	288	271	102		7	138
其他制造业	63	39	19	80		
电力、热力、燃气及水生产和供应业	123	103	16			59
电力、热力生产和供应业	123	103	16			59
批发和零售业	74	74	28			12
批发业	74	74	28			12
交通运输、仓储和邮政业	230	209	63	8		15
道路运输业	230	209	63	8		15
信息传输、软件和信息技术服务业	545	511	149	49	76	7
软件和信息技术服务业	545	511	149	49	76	7
租赁和商务服务业	68	39	16			22
商务服务业	68	39	16			22
科学研究和技术服务业	14432	12544	4014	1969	1614	3279
研究和试验发展	5625	5253	1710	1669	1374	1110
专业技术服务业	6967	5770	1883	18	2	2024
科技推广和应用服务业	1840	1521	421	282	238	145
水利、环境和公共设施管理业	1898	1415	453	69	81	989
水利管理业	770	571	120			290
生态保护和环境治理业	1128	844	333	69	81	699

指标名称	从业人员（人）	#科技活动人员(不含外聘的流动学者和在读研究生)	# 女性	外聘的流动学者	非本单位在读研究生	离退休人员
卫生和社会工作	268	240	140	6	45	151
卫生	268	240	140	6	45	151
文化、体育和娱乐业	33	29	14			6
文化艺术业	9	7	3			
体育	24	22	11			6
公共管理、社会保障和社会组织	13	13	4			1
国家机构	13	13	4			1
按机构所属学科分组						
自然科学领域	3315	2907	934	1228	201	1341
数学	56	45	12			
信息科学与系统科学	1347	1213	351	967	76	39
力学	128	124	52	74		21
化学	373	340	112	64	9	14
地球科学	1368	1148	393	113	116	1267
生物学	43	37	14	10		
农业科学领域	5448	4576	1937	120	281	3190
农学	4051	3499	1534	100	152	2260
林学	839	569	247	8	108	667
水产学	558	508	156	12	21	263
医学科学领域	940	897	464	31	157	251
基础医学	303	295	149	13	71	28
临床医学	160	160	75	18	35	9
预防医学与公共卫生学	15	15	5			6
药学	338	325	179		12	89
中医学与中药学	124	102	56		39	119
工程科学与技术领域	13522	11463	3459	1296	1748	2117
工程与技术科学基础学科	1560	1227	436	51	200	262
信息与系统科学相关工程与技术	917	743	103	36	115	3
自然科学相关工程与技术	165	150	71	9		67
测绘科学技术	1308	1299	374			514
材料科学	1813	1618	523	412	698	76
机械工程	1532	1292	265	365	249	30
动力与电气工程	595	245	36	18		15
能源科学技术	27	21	11			14

2–2 续表 3

单位：人

指标名称	从业人员（人）	#科技活动人员（不含外聘的流动学者和在读研究生）		外聘的流动学者	非本单位在读研究生	离退休人员
			#女性			
电子与通信技术	444	384	68	69	9	98
计算机科学技术	226	216	68	21	85	1
化学工程	168	160	54	74	152	12
产品应用相关工程与技术	1314	1156	452	94	30	170
纺织科学技术	204	185	92			41
食品科学技术	508	465	209	22		26
土木建筑工程	96	90	21			7
水利工程	880	661	131			339
交通运输工程	237	216	66	8		15
航空、航天科学技术	171	140	12	37	102	
环境科学技术及资源科学技术	951	798	344	80	108	399
安全科学技术	278	272	59			20
管理学	128	125	64			8
社会、人文科学领域	1038	959	397	5		500
马克思主义	147	142	56	3		80
艺术学	10	10	1			26
考古学	200	198	59			24
经济学	163	133	49			71
社会学	160	134	62	2		32
图书馆、情报与文献学	334	320	159			261
体育科学	24	22	11			6
按机构从业人员规模分组						
≥ 1000 人	2403	2303	882	16	135	1250
500 ～ 999 人	4283	3778	1205	1350	687	765
300 ～ 499 人	2556	1831	604	72	1	205
200 ～ 299 人	2866	2306	865	42	286	707
100 ～ 199 人	5457	4692	1573	76	417	2239
50 ～ 99 人	3849	3353	1159	214	63	1442
30 ～ 49 人	1459	1278	478	257	306	374
20 ～ 29 人	536	466	153	201	141	89
10 ～ 19 人	674	637	213	364	323	233
0 ～ 9 人	180	158	59	88	28	95

2-3 ` 科学研究和技术服务业事业单位从业人员按工作性质分(2020)

单位：人

指标名称	从业人员	科技活动人员（不含外聘的流动学者和在读研究生）	科技管理人员	课题活动人员	科技服务人员	生产经营活动人员	其他人员
总计	**24263**	**20802**	**3161**	**12388**	**5253**	**1470**	**1991**
按机构所属地域分组							
杭州市	11753	9912	1344	6007	2561	800	1041
宁波市	3959	3621	499	2004	1118	16	322
温州市	2569	2086	414	1332	340	321	162
嘉兴市	1456	1168	193	660	315	184	104
湖州市	545	457	94	310	53	47	41
绍兴市	725	694	121	455	118	26	5
金华市	486	423	42	251	130	24	39
衢州市	715	672	146	343	183		43
舟山市	727	661	102	429	130	8	58
台州市	515	421	70	242	109	23	71
丽水市	813	687	136	355	196	21	105
按机构所属隶属关系分组							
中央部门属	3032	2694	313	1815	566	81	257
中国科学院	948	948	77	719	152		
地方部门属	21231	18108	2848	10573	4687	1389	1734
省级部门属	6287	5521	795	3919	807	79	687
副省级城市属	1805	1586	264	905	417	122	97
地市级部门属	1959	1793	285	1251	257	26	140
按机构从事的国民经济行业分组							
科学研究和技术服务业	24263	20802	3161	12388	5253	1470	1991
研究和试验发展	14461	12676	1928	8750	1998	400	1385
专业技术服务业	7726	6316	792	2697	2827	963	447
科技推广和应用服务业	2076	1810	441	941	428	107	159
按机构服务的国民经济行业分组							
农、林、牧、渔业	4658	3941	517	2997	427	129	588
农业	2202	1810	242	1364	204	95	297
林业	459	368	63	242	63	19	72
渔业	439	399	65	310	24	14	26

2-3　续表 1　　单位：人

指标名称	从业人员	科技活动人员（不含外聘的流动学者和在读研究生）				生产经营活动人员	其他人员
			科技管理人员	课题活动人员	科技服务人员		
农、林、牧、渔专业及辅助性活动	1558	1364	147	1081	136	1	193
制造业	1921	1684	373	922	389	88	149
农副食品加工业	108	107	14	61	32		1
食品制造业	19	16	5	10	1	1	2
酒、饮料和精制茶制造业	62	54	11	22	21	4	4
皮革、毛皮、羽毛及其制品和制鞋业	220	159	36	61	62	33	28
文教、工美、体育和娱乐用品制造业	10	10	1	8	1		
化学原料和化学制品制造业	131	121	44	63	14	1	9
医药制造业	135	121	29	43	49	2	12
非金属矿物制品业	17	17	4	5	8		
通用设备制造业	285	242	48	141	53	8	35
专用设备制造业	215	211	31	95	85		4
汽车制造业	28	24	9	10	5	2	2
铁路、船舶、航空航天和其他运输设备制造业	7	7	1	6			
计算机、通信和其他电子设备制造业	333	285	78	173	34	13	35
仪器仪表制造业	288	271	57	200	14		17
其他制造业	63	39	5	24	10	24	
电力、热力、燃气及水生产和供应业	123	103	13	17	73		20
电力、热力生产和供应业	123	103	13	17	73		20
批发和零售业	74	74	6	11	57		
批发业	74	74	6	11	57		
交通运输、仓储和邮政业	230	209	29	91	89		21
道路运输业	230	209	29	91	89		21
信息传输、软件和信息技术服务业	545	511	128	317	66	1	33
软件和信息技术服务业	545	511	128	317	66	1	33
租赁和商务服务业	68	39	8	15	16	29	
商务服务业	68	39	8	15	16	29	
科学研究和技术服务业	14432	12544	1794	6815	3935	1020	868
研究和试验发展	5625	5253	773	3667	813	43	329
专业技术服务业	6967	5770	677	2325	2768	771	426
科技推广和应用服务业	1840	1521	344	823	354	206	113
水利、环境和公共设施管理业	1898	1415	245	1038	132	203	280
水利管理业	770	571	84	459	28	7	192

2-3 续表 2　　单位：人

指标名称	从业人员	科技活动人员（不含外聘的流动学者和在读研究生）				生产经营活动人员	其他人员
			科技管理人员	课题活动人员	科技服务人员		
生态保护和环境治理业	1128	844	161	579	104	196	88
卫生和社会工作	268	240	38	134	68		28
卫生	268	240	38	134	68		28
文化、体育和娱乐业	33	29	6	22	1		4
文化艺术业	9	7	3	3	1		2
体育	24	22	3	19			2
公共管理、社会保障和社会组织	13	13	4	9			
国家机构	13	13	4	9			
按机构所属学科分组							
自然科学领域	3315	2907	463	1974	470	178	230
数学	56	45	6	10	29		11
信息科学与系统科学	1347	1213	241	877	95	20	114
力学	128	124	18	90	16		4
化学	373	340	55	165	120		33
地球科学	1368	1148	125	821	202	157	63
生物学	43	37	18	11	8	1	5
农业科学领域	5448	4576	604	3415	557	213	659
农学	4051	3499	424	2649	426	99	453
林学	839	569	97	384	88	100	170
水产学	558	508	83	382	43	14	36
医学科学领域	940	897	172	464	261	3	40
基础医学	303	295	36	135	124	3	5
临床医学	160	160	39	64	57		
预防医学与公共卫生学	15	15	15				
药学	338	325	75	187	63		13
中医学与中药学	124	102	7	78	17		22
工程科学与技术领域	13522	11463	1705	6138	3620	1031	1028
工程与技术科学基础学科	1560	1227	277	691	259	250	83
信息与系统科学相关工程与技术	917	743	122	483	138	162	12
自然科学相关工程与技术	165	150	34	107	9		15
测绘科学技术	1308	1299	64	179	1056		9
材料科学	1813	1618	193	1166	259	59	136
机械工程	1532	1292	185	566	541	89	151
动力与电气工程	595	245	39	130	76	292	58

2-3 续表 3

单位：人

指标名称	从业人员	科技活动人员（不含外聘的流动学者和在读研究生）	科技管理人员	课题活动人员	科技服务人员	生产经营活动人员	其他人员
能源科学技术	27	21	8	12	1		6
电子与通信技术	444	384	74	252	58	12	48
计算机科学技术	226	216	68	135	13	3	7
化学工程	168	160	43	49	68		8
产品应用相关工程与技术	1314	1156	152	639	365		158
纺织科学技术	204	185	16	59	110	1	18
食品科学技术	508	465	23	224	218	40	3
土木建筑工程	96	90	29	9	52		6
水利工程	880	661	95	470	96	7	212
交通运输工程	237	216	30	97	89		21
航空、航天科学技术	171	140	23	58	59	21	10
环境科学技术及资源科学技术	951	798	163	544	91	95	58
安全科学技术	278	272	44	202	26		6
管理学	128	125	23	66	36		3
社会、人文科学领域	1038	959	217	397	345	45	34
马克思主义	147	142	38	79	25		5
艺术学	10	10	1	8	1		
考古学	200	198	24	54	120		2
经济学	163	133	35	82	16	29	1
社会学	160	134	46	78	10	16	10
图书馆、情报与文献学	334	320	70	77	173		14
体育科学	24	22	3	19			2
按机构从业人员规模分组							
≥ 1000 人	2403	2303	141	1036	1126		100
500 ～ 999 人	4283	3778	481	2891	406	162	343
300 ～ 499 人	2556	1831	149	950	732	380	345
200 ～ 299 人	2866	2306	327	1440	539	262	298
100 ～ 199 人	5457	4692	777	2796	1119	392	373
50 ～ 99 人	3849	3353	634	1951	768	190	306
30 ～ 49 人	1459	1278	296	723	259	55	126
20 ～ 29 人	536	466	120	227	119	12	58
10 ～ 19 人	674	637	193	305	139	8	29
0 ～ 9 人	180	158	43	69	46	9	13

2-4 科学研究和技术服务业事业单位科技活动人员按学历和职称分（2020）

单位：人

指标名称	科技活动人员（不含外聘的流动学者和在读研究生）	学历					职称			
		博士	硕士	本科	大专	其他	高级职称	中级职称	初级职称	其他
总计	**20802**	**3638**	**6370**	**8175**	**1748**	**871**	**5802**	**6554**	**3100**	**5346**
按机构所属地域分组										
杭州市	9912	1985	3286	3442	722	477	3135	3004	963	2810
宁波市	3621	786	1095	1373	260	107	1060	1147	743	671
温州市	2086	365	687	847	150	37	540	749	378	419
嘉兴市	1168	246	346	408	109	59	253	263	231	421
湖州市	457	58	136	197	50	16	93	123	27	214
绍兴市	694	43	173	364	60	54	138	246	131	179
金华市	423	15	77	247	65	19	81	128	116	98
衢州市	672	50	155	372	60	35	118	230	108	216
舟山市	661	37	173	306	120	25	130	266	136	129
台州市	421	48	120	178	47	28	90	105	76	150
丽水市	687	5	122	441	105	14	164	293	191	39
按机构所属隶属关系分组										
中央部门属	2694	1031	818	601	161	83	1161	948	350	235
中国科学院	948	450	294	155	24	25	339	395	186	28
地方部门属	18108	2607	5552	7574	1587	788	4641	5606	2750	5111
省级部门属	5521	1134	2147	1758	265	217	1613	1674	482	1752
副省级城市属	1586	162	571	664	135	54	488	502	259	337
地市级部门属	1793	118	675	783	142	75	477	647	269	400
按机构从事的国民经济行业分组										
科学研究和技术服务业	20802	3638	6370	8175	1748	871	5802	6554	3100	5346
研究和试验发展	12676	3059	4433	4032	709	443	3993	4005	1536	3142
专业技术服务业	6316	319	1425	3351	848	373	1424	2043	1284	1565
科技推广和应用服务业	1810	260	512	792	191	55	385	506	280	639
按机构服务的国民经济行业分组										
农、林、牧、渔业	3941	874	1203	1416	275	173	1365	1491	457	628
农业	1810	262	690	654	113	91	626	709	228	247
林业	368	101	77	110	56	24	119	160	62	27
渔业	399	51	147	155	17	29	123	168	56	52

2-4 续表 1

单位：人

指标名称	科技活动人员（不含外聘的流动学者和在读研究生）	学历					职称			
		博士	硕士	本科	大专	其他	高级职称	中级职称	初级职称	其他
农、林、牧、渔专业及辅助性活动	1364	460	289	497	89	29	497	454	111	302
制造业	1684	256	537	708	145	38	416	476	229	563
农副食品加工业	107	1	27	66	9	4	24	50	22	11
食品制造业	16	2	6	5	3		4	6	5	1
酒、饮料和精制茶制造业	54	3	28	20	2	1	23	20	6	5
皮革、毛皮、羽毛及其制品和制鞋业	159	12	25	105	17		36	58	25	40
文教、工美、体育和娱乐用品制造业	10			5	4	1	1	5	1	3
化学原料和化学制品制造业	121	5	36	56	13	11	33	49	16	23
医药制造业	121	30	59	31	1		15	27	8	71
非金属矿物制品业	17			7	4	6		3	2	12
通用设备制造业	242	43	74	94	31		31	50	41	120
专用设备制造业	211	4	60	120	26	1	25	44	16	126
汽车制造业	24	3	6	15			5	10	6	3
铁路、船舶、航空航天和其他运输设备制造业	7		2	5			2	2	1	2
计算机、通信和其他电子设备制造业	285	131	69	63	17	5	113	33	52	87
仪器仪表制造业	271	19	133	97	14	8	99	110	13	49
其他制造业	39	3	12	19	4	1	5	9	15	10
电力、热力、燃气及水生产和供应业	103	2	41	55	5		47	33	23	
电力、热力生产和供应业	103	2	41	55	5		47	33	23	
批发和零售业	74	1	4	50	19		15	26	26	7
批发业	74	1	4	50	19		15	26	26	7
交通运输、仓储和邮政业	209	8	94	95	12		42	63	59	45
道路运输业	209	8	94	95	12		42	63	59	45
信息传输、软件和信息技术服务业	511	97	116	258	29	11	75	49	53	334
软件和信息技术服务业	511	97	116	258	29	11	75	49	53	334
租赁和商务服务业	39	6	15	12	3	3	12	20	2	5
商务服务业	39	6	15	12	3	3	12	20	2	5
科学研究和技术服务业	12544	2243	3713	4849	1126	613	3217	3901	2011	3415
研究和试验发展	5253	1808	1883	1123	220	219	1518	1593	617	1525
专业技术服务业	5770	183	1317	3137	759	374	1322	1880	1099	1469
科技推广和应用服务业	1521	252	513	589	147	20	377	428	295	421
水利、环境和公共设施管理业	1415	117	553	616	115	14	531	437	195	252
水利管理业	571	40	250	237	39	5	269	200	69	33

2-4 续表 2

单位：人

指标名称	科技活动人员（不含外聘的流动学者和在读研究生）	学历					职称			
		博士	硕士	本科	大专	其他	高级职称	中级职称	初级职称	其他
生态保护和环境治理业	844	77	303	379	76	9	262	237	126	219
卫生和社会工作	240	31	75	97	18	19	74	42	38	86
卫生	240	31	75	97	18	19	74	42	38	86
文化、体育和娱乐业	29	1	11	17			3	13	6	7
文化艺术业	7		1	6				2	3	2
体育	22	1	10	11			3	11	3	5
公共管理、社会保障和社会组织	13	2	8	2	1		5	3	1	4
国家机构	13	2	8	2	1		5	3	1	4
按机构所属学科分组										
自然科学领域	2907	694	1054	880	207	72	794	697	304	1112
数学	45		11	30	4		16	23	2	4
信息科学与系统科学	1213	315	594	269	27	8	145	231	41	796
力学	124	7	21	81	8	7	23	42	29	30
化学	340	64	84	144	35	13	155	75	44	66
地球科学	1148	304	339	337	125	43	447	312	180	209
生物学	37	4	5	19	8	1	8	14	8	7
农业科学领域	4576	962	1404	1678	335	197	1616	1737	521	702
农学	3499	756	1087	1296	226	134	1270	1281	354	594
林学	569	146	138	185	71	29	200	248	84	37
水产学	508	60	179	197	38	34	146	208	83	71
医学科学领域	897	138	367	312	51	29	199	215	180	303
基础医学	295	44	103	128	20		34	72	14	175
临床医学	160	36	50	49	12	13	42	30	43	45
预防医学与公共卫生学	15		3	10	2		3	7	5	
药学	325	35	161	105	14	10	70	91	103	61
中医学与中药学	102	23	50	20	3	6	50	15	15	22
工程科学与技术领域	11463	1754	3201	4988	1074	446	2916	3627	1977	2943
工程与技术科学基础学科	1227	151	258	648	122	48	264	474	272	217
信息与系统科学相关工程与技术	743	280	176	208	69	10	199	243	139	162
自然科学相关工程与技术	150	11	82	52	2	3	24	64	47	15
测绘科学技术	1299	12	195	614	255	223	205	285	50	759
材料科学	1618	629	469	394	77	49	555	551	304	208
机械工程	1292	146	279	721	136	10	281	429	267	315
动力与电气工程	245	31	56	143	13	2	97	111	16	21

2-4 续表 3

单位：人

指标名称	科技活动人员（不含外聘的流动学者和在读研究生）	学历					职称			
		博士	硕士	本科	大专	其他	高级职称	中级职称	初级职称	其他
能源科学技术	21		8	12	1		9	9	2	1
电子与通信技术	384	81	151	129	17	6	89	112	66	117
计算机科学技术	216	59	67	76	11	3	30	11	30	145
化学工程	160	13	35	83	27	2	32	57	44	27
产品应用相关工程与技术	1156	121	378	502	111	44	242	312	160	442
纺织科学技术	185	4	50	107	20	4	28	55	44	58
食品科学技术	465	21	109	289	42	4	82	195	176	12
土木建筑工程	90		11	50	23	6	11	31	16	32
水利工程	661	42	290	281	43	5	314	230	90	27
交通运输工程	216	8	96	100	12		44	65	60	47
航空、航天科学技术	140	59	36	41	4		59	24	15	42
环境科学技术及资源科学技术	798	80	303	345	62	8	253	215	123	207
安全科学技术	272	3	84	146	20	19	74	111	41	46
管理学	125	3	68	47	7		24	43	15	43
社会、人文科学领域	959	90	344	317	81	127	277	278	118	286
马克思主义	142	44	39	14	3	42	37	34	27	44
艺术学	10			5	4	1	1	5	1	3
考古学	198	4	34	47	37	76	33	23	21	121
经济学	133	19	69	37	5	3	79	42	3	9
社会学	134	14	58	59	2	1	47	46	5	36
图书馆、情报与文献学	320	8	134	144	30	4	77	117	58	68
体育科学	22	1	10	11			3	11	3	5
按机构从业人员规模分组										
≥ 1000 人	2303	419	371	957	315	241	562	586	116	1039
500 ～ 999 人	3778	1132	1630	847	127	42	1209	1257	455	857
300 ～ 499 人	1831	266	461	930	136	38	494	582	365	390
200 ～ 299 人	2306	477	811	800	149	69	750	825	362	369
100 ～ 199 人	4692	595	1306	2032	506	253	1325	1455	728	1184
50 ～ 99 人	3353	381	1042	1486	300	144	879	1094	616	764
30 ～ 49 人	1278	222	417	532	78	29	330	380	188	380
20 ～ 29 人	466	44	147	209	41	25	94	120	91	161
10 ～ 19 人	637	84	143	310	82	18	122	189	149	177
0 ～ 9 人	158	18	42	72	14	12	37	66	30	25

2–5　科学研究和技术服务业事业单位经费收入（2020）

单位：万元

指标名称	经费收入总额	科技活动收入	政府资金	财政拨款	承担政府科研项目收入	其他	非政府资金	#技术性收入	#国外资金	生产经营活动收入	其他收入
总计	**1541818**	**1383691**	**986317**	**758589**	**202958**	**24770**	**397374**	**316003**	**215**	**103172**	**54955**
按机构所属地域分组											
杭州市	765638	665643	418876	321649	87636	9591	246767	180648	56	64183	35812
宁波市	367201	353893	265539	181059	75268	9212	88354	80854		4307	9002
温州市	138517	125348	117037	106794	9139	1105	8311	7572		11015	2154
嘉兴市	77978	62567	51283	42144	8914	226	11283	9893	105	15150	262
湖州市	28216	26859	22213	15799	6404	11	4646	4495		715	642
绍兴市	28608	22204	9006	5227	2936	843	13198	12322		4750	1654
金华市	17426	17326	14877	12100	2686	91	2448	2438			100
衢州市	34310	30718	26817	24944	1347	527	3900	2162		388	3204
舟山市	33088	32617	25069	17943	4590	2537	7548	7543	5	136	335
台州市	22280	19403	12298	10135	1535	628	7105	6881	50	2172	705
丽水市	28556	27114	23300	20796	2504		3815	1195		356	1085
按机构所属隶属关系分组											
中央部门属	293911	270579	206209	123673	77232	5304	64370	60303	32	9189	14144
中国科学院	129504	126891	113282	51018	58327	3936	13609	11409			2613
地方部门属	1247907	1113112	780108	634916	125726	19466	333004	255701	184	93983	40812
省级部门属	402445	371253	237298	168092	62356	6850	133956	116401	130	11250	19942
副省级城市属	177379	164637	148237	128549	16046	3641	16401	12959		7938	4804
地市级部门属	87078	80961	68107	57726	8636	1745	12855	11199	50	1993	4124
按机构从事的国民经济行业分组											
科学研究和技术服务业	1541818	1383691	986317	758589	202958	24770	397374	316003	215	103172	54955
研究和试验发展	979792	908446	693520	507201	169255	17064	214926	191116	215	31211	40135
专业技术服务业	386529	316148	141090	110005	25496	5589	175058	119071		58779	11602
科技推广和应用服务业	175497	159097	151707	141384	8207	2116	7391	5816		13182	3218
按机构服务的国民经济行业分组											
农、林、牧、渔业	274140	252254	216046	146454	59843	9748	36209	26174	61	1673	20212
农业	119408	110947	102850	79553	20452	2845	8097	6338		945	7516
林业	21194	17979	17570	12181	4049	1339	409	373	36	121	3094
渔业	33688	32651	27715	12925	12548	2241	4937	4384		607	431
农、林、牧、渔专业及辅助性活动	99850	90678	67912	41795	22794	3323	22766	15079	25		9172

指标名称	经费收入总额	科技活动收入	政府资金	财政拨款	承担政府科研项目收入	其他	非政府资金	# 技术性收入	# 国外资金	生产经营活动收入	其他收入
制造业	120097	115208	86013	77296	7483	1234	29195	28918		1818	3072
农副食品加工业	3825	3788	3555	3428	127		233	233			37
食品制造业	1112	1032	729	707	12	11	303	303		80	
酒、饮料和精制茶制造业	3059	1813	586	379	178	29	1228	1228		344	902
皮革、毛皮、羽毛及其制品和制鞋业	8849	8809	8773	8773			36	36		14	26
文教、工美、体育和娱乐用品制造业	198	198	147	147			51				
化学原料和化学制品制造业	13249	12093	11002	9885	1036	81	1092	885		443	712
医药制造业	19150	19072	18602	17787	14	801	470	467			79
非金属矿物制品业	287	287	287	287							
通用设备制造业	10900	10302	5825	4838	675	312	4478	4478		250	348
专用设备制造业	13217	12894	5145	4667	477	1	7749	7749			323
汽车制造业	2034	1674	1633	1633			41	41		356	4
铁路、船舶、航空航天和其他运输设备制造业	231	231	231	231							
计算机、通信和其他电子设备制造业	18870	18832	17236	14519	2717		1597	1580		27	11
仪器仪表制造业	21467	20858	9360	7113	2248		11497	11497			609
其他制造业	3650	3325	2903	2903			422	422		303	22
电力、热力、燃气及水生产和供应业	5423	5117	1291	1194	97		3826	3826		130	176
电力、热力生产和供应业	5423	5117	1291	1194	97		3826	3826		130	176
批发和零售业	3589	3589	3589	3589							
批发业	3589	3589	3589	3589							
交通运输、仓储和邮政业	17275	17191	6557	5596	961		10634	10634			83
道路运输业	17275	17191	6557	5596	961		10634	10634			83
信息传输、软件和信息技术服务业	30694	30353	27177	24494	2530	153	3176	3151		44	298
软件和信息技术服务业	30694	30353	27177	24494	2530	153	3176	3151		44	298
租赁和商务服务业	3765	1092	768	716	52		325	325		2644	29
商务服务业	3765	1092	768	716	52		325	325		2644	29
科学研究和技术服务业	940089	839350	574760	437024	125689	12047	264590	194642	105	74655	26084
研究和试验发展	465668	455098	387216	283542	96882	6793	67882	55459	105	174	10396
专业技术服务业	356099	292653	103865	83122	17491	3252	188789	133053		50463	12983
科技推广和应用服务业	118322	91598	83679	70360	11316	2003	7919	6129		24019	2705
水利、环境和公共设施管理业	126852	99828	52320	46160	4583	1577	47508	47458	50	22210	4814
水利管理业	54185	44505	10425	8547	1878		34079	34079		8044	1636

2–5 续表 2

单位：万元

指标名称	经费收入总额	科技活动收入	政府资金	财政拨款	承担政府科研项目收入	其他	非政府资金	# 技术性收入	# 国外资金	生产经营活动收入	其他收入
生态保护和环境治理业	72667	55323	41895	37613	2705	1577	13429	13379	50	14166	3178
卫生和社会工作	18012	17880	16042	14823	1219		1837	801			133
卫生	18012	17880	16042	14823	1219		1837	801			133
文化、体育和娱乐业	1246	1236	1236	1016	209	11					10
文化艺术业	187	187	187	187							
体育	1059	1049	1049	830	209	11					10
公共管理、社会保障和社会组织	638	594	519	225	294		75	75			44
国家机构	638	594	519	225	294		75	75			44
按机构所属学科领域分组											
自然科学领域	162094	132245	88160	65903	20747	1511	44085	40656		20063	9786
数学	2477	2477	2477	2477							
信息科学与系统科学	32707	28642	24391	12156	10859	1375	4251	4251		39	4026
力学	6279	6275	6275	3485	2790						4
化学	23461	22981	7613	6608	1005		15368	15368			480
地球科学	95731	70638	46987	40782	6080	125	23652	20223		19944	5148
生物学	1440	1232	418	395	12	11	814	814		80	128
农业科学领域	315863	286801	241777	164533	67466	9777	45025	33154	61	5582	23480
农学	239061	219078	182490	129631	46858	6001	36587	25305	25	1289	18694
林学	38683	30723	27299	18463	7496	1339	3424	3388	36	3686	4274
水产学	38120	37001	31988	16439	13111	2437	5014	4461		607	512
医学科学领域	112168	111012	90053	86404	1907	1741	20959	11930		11	1146
基础医学	48010	47355	32113	30984	328	801	15242	7265		11	644
临床医学	17641	17641	16832	16546	287		808	801			
预防医学与公共卫生学	3189	3180	3167	3167			13	1			9
药学	30417	30012	26145	25053	152	941	3867	3863			405
中医学与中药学	12912	12824	11796	10654	1142		1029				88
工程科学与技术领域	883881	794640	519232	413108	94394	11730	275409	218417	155	70974	18267
工程与技术科学基础学科	83922	71498	49455	45524	3095	836	22043	21180		10083	2341
信息与系统科学相关工程与技术	41576	26862	25122	15173	8526	1424	1740	1489		14532	182
自然科学相关工程与技术	8103	7912	7203	5455	1748		708	708			192
测绘科学技术	93828	92621	24142	24122	20		68478	20920			1208
材料科学	198933	191330	175941	108020	63212	4709	15388	12908		4699	2904
机械工程	69981	64648	24385	23080	622	683	40264	37916	50	3796	1537
动力与电气工程	28126	9032	5084	3252	492	1340	3949	2417		18520	573

单位：万元

指标名称	经费收入总额	科技活动收入	政府资金	财政拨款	承担政府科研项目收入	其他	非政府资金	# 技术性收入	# 国外资金	生产经营活动收入	其他收入
能源科学技术	1111	1031	1031	1031							80
电子与通信技术	16578	15995	11282	10089	914	279	4713	4713		1	583
计算机科学技术	13774	13562	12127	11923	198	5	1436	1406		70	141
化学工程	19063	18310	17700	16243	1116	341	609	403		388	365
产品应用相关工程与技术	75382	72708	43626	38001	5541	85	29082	28314	105		2674
纺织科学技术	11911	11374	923	156	767		10450	10450		14	523
食品科学技术	13017	11480	6273	5687	587		5206	5206		1500	37
土木建筑工程	3125	2946					2946	2946			179
水利工程	58992	49028	11123	9148	1975		37905	37905		8174	1789
交通运输工程	17505	17422	6788	5827	961		10634	10634			83
航空、航天科学技术	50554	50472	50236	48427	1423	386	236	236		80	3
环境科学技术及资源科学技术	59760	48895	40589	36734	2900	955	8306	8306		8821	2044
安全科学技术	12440	11718	1654	1602	52		10064	10064			721
管理学	6200	5797	4546	3612	247	686	1251	294		295	109
社会、人文科学领域	67812	58993	47096	28641	18444	11	11897	11846		6542	2277
马克思主义	6970	6914	6914	6914							56
艺术学	198	198	147	147			51				
考古学	10623	10532	5221	1764	3458		5310	5310			92
经济学	19359	16164	12654	1803	10851		3511	3511		2644	552
社会学	11123	6072	5965	5847	118		107	107		3899	1152
图书馆、情报与文献学	18480	18064	15146	11337	3809		2919	2919			416
体育科学	1059	1049	1049	830	209	11					10
按机构从业人员规模分组											
≥ 1000 人	163035	153269	79998	58072	18799	3127	73271	18025	25		9766
500 ～ 999 人	295608	271469	207613	120879	81392	5342	63856	61405		14532	9607
300 ～ 499 人	135223	109460	64505	50486	12680	1340	44955	44809	105	20570	5193
200 ～ 299 人	153166	138911	72799	53868	15286	3645	66111	63996		9527	4728
100 ～ 199 人	360431	311847	217764	177123	33760	6881	94083	88711	50	38845	9739
50 ～ 99 人	202235	179797	146891	115720	28430	2741	32906	27246	32	11193	11245
30 ～ 49 人	145146	135808	120960	115216	5272	472	14848	5736		6004	3334
20 ～ 29 人	31064	29383	25942	21503	3869	570	3441	2471		1110	572
10 ～ 19 人	49545	48069	45015	41643	3078	294	3054	2763	5	843	633
0 ～ 9 人	6366	5678	4829	4079	390	359	849	842		548	140

2–6　科学研究和技术服务业事业单位经费支出（2020）

单位：万元

指标名称	经费内部支出总额	科技经费内部支出	日常性支出	人员劳务费	其他日常性支出	资产性支出	仪器与设备支出	非基建的科学仪器与设备支出	基建的仪器与设备支出
总计	**1483428**	**1312688**	**880656**	**456291**	**424365**	**432032**	**240032**	**203196**	**36836**
按机构所属地域分组									
杭州市	768638	663851	486494	231266	255228	177357	137135	131231	5905
宁波市	315339	300962	173617	86987	86630	127345	49749	44139	5610
温州市	151432	132871	71518	43318	28200	61352	16433	5510	10922
嘉兴市	67598	57355	30895	18882	12013	26461	6853	3736	3117
湖州市	24796	23147	17001	9196	7804	6147	5512	2984	2528
绍兴市	26420	22428	18189	10724	7466	4238	3668	3211	457
金华市	17267	16527	11973	8243	3730	4554	2921	1002	1919
衢州市	28984	23137	16459	10782	5677	6678	6238	6050	188
舟山市	29688	25599	21810	15366	6444	3789	3466	1373	2093
台州市	23692	19794	14053	8345	5707	5741	2718	2648	70
丽水市	29574	27018	18649	13184	5465	8369	5341	1313	4028
按机构所属隶属关系分组									
中央部门属	275077	260560	169395	85046	84349	91165	51086	48455	2631
中国科学院	96826	96826	50462	29683	20779	46364	14032	14032	
地方部门属	1208351	1052128	711261	371245	340016	340867	188947	154741	34205
省级部门属	419326	366997	250770	135129	115641	116227	72454	68009	4445
副省级城市属	152795	137397	73197	34313	38885	64199	27356	23604	3752
地市级部门属	100691	86037	71700	42992	28708	14336	6300	3184	3116
按机构从事的国民经济行业分组									
科学研究和技术服务业	1483428	1312688	880656	456291	424365	432032	240032	203196	36836
研究和试验发展	981916	881958	583653	309616	274037	298304	170908	155066	15841
专业技术服务业	352729	292512	237806	116015	121791	54706	45469	30614	14855

指标名称	经费内部支出总额	科技经费内部支出	日常性支出	人员劳务费	其他日常性支出	资产性支出	仪器与设备支出	非基建的科学仪器与设备支出	基建的仪器与设备支出
科技推广和应用服务业	148784	138219	59197	30660	28537	79022	23656	17516	6140
按机构服务的国民经济行业分组									
农、林、牧、渔业	299246	252521	193905	110337	83569	58615	38884	32884	6000
农业	140624	125369	88512	49220	39292	36857	25839	24482	1357
林业	20070	18624	14991	9697	5295	3633	1681	622	1059
渔业	31691	27708	21200	11865	9335	6508	6488	3855	2633
农、林、牧、渔专业及辅助性活动	106861	80820	69202	39555	29647	11618	4877	3926	952
制造业	101460	92232	51511	28641	22869	40722	28234	20805	7429
农副食品加工业	3653	3502	3051	2302	749	451	451	1	450
食品制造业	1151	1131	573	428	146	558	554	39	515
酒、饮料和精制茶制造业	2768	2239	2194	1385	808	45	45	45	
皮革、毛皮、羽毛及其制品和制鞋业	9209	7216	3645	2580	1065	3571	1478	13	1465
文教、工美、体育和娱乐用品制造业	245	244	244	110	135				
化学原料和化学制品制造业	9559	9141	4785	3246	1539	4356	4356	4356	
医药制造业	3765	2183	1655	1167	487	528	528	165	363
非金属矿物制品业	287	287	287	272	14				
通用设备制造业	20690	18972	9741	3594	6147	9231	5682	1561	4120
专用设备制造业	14104	14038	6871	4013	2858	7167	7133	7133	
汽车制造业	1436	1275	754	377	377	521	361	361	
铁路、船舶、航空航天和其他运输设备制造业	107	107	107	85	22				
计算机、通信和其他电子设备制造业	11479	9472	4298	2695	1604	5174	3322	2836	486
仪器仪表制造业	18510	18346	11860	5418	6441	6487	3170	3170	
其他制造业	4498	4078	1447	970	477	2631	1154	1125	30
电力、热力、燃气及水生产和供应业	5192	4525	4469	2928	1541	56	56	56	
电力、热力生产和供应业	5192	4525	4469	2928	1541	56	56	56	
批发和零售业	2974	2974	2359	2106	253	615	615		615

单位：万元

指标名称	经费内部支出总额	科技经费内部支出	日常性支出	人员劳务费	其他日常性支出	资产性支出	仪器与设备支出	非基建的科学仪器与设备支出	基建的仪器与设备支出
批发业	2974	2974	2359	2106	253	615	615		615
交通运输、仓储和邮政业	14728	14250	11452	5212	6240	2798	2639	2639	
道路运输业	14728	14250	11452	5212	6240	2798	2639	2639	
信息传输、软件和信息技术服务业	36837	33200	18076	7788	10288	15124	7796	4796	3000
软件和信息技术服务业	36837	33200	18076	7788	10288	15124	7796	4796	3000
租赁和商务服务业	3333	1721	1721	1575	146				
商务服务业	3333	1721	1721	1575	146				
科学研究和技术服务业	888775	803363	515150	260710	254441	288212	149400	129608	19792
研究和试验发展	471008	459391	253313	132573	120740	206078	94056	88575	5481
专业技术服务业	319868	258671	214682	102443	112239	43989	34879	24842	10037
科技推广和应用服务业	97898	85301	47155	25693	21462	38146	20465	16191	4274
水利、环境和公共设施管理业	104171	85699	72451	30646	41805	13248	9933	9933	
水利管理业	40030	37781	31837	15444	16394	5944	4154	4154	
生态保护和环境治理业	64141	47918	40614	15202	25412	7304	5779	5779	
卫生和社会工作	24984	20508	8146	5379	2767	12362	2296	2296	
卫生	24984	20508	8146	5379	2767	12362	2296	2296	
文化、体育和娱乐业	1220	1187	906	559	348	280	180	180	
文化艺术业	187	173	73	47	27	100			
体育	1033	1013	833	512	321	180	180	180	
公共管理、社会保障和社会组织	509	509	509	410	99				
国家机构	509	509	509	410	99				
按机构所属学科领域分组									
自然科学领域	207698	179521	134093	67343	66750	45428	34253	32177	2076
数学	2118	2062	1703	1322	381	359	359		359
信息科学与系统科学	83827	79829	53771	27871	25900	26058	17643	17474	169
力学	4989	4939	3540	2724	816	1400	1374	1374	
化学	21120	19949	16199	7769	8430	3750	3688	3637	51

单位：万元

指标名称	经费内部支出总额	科技经费内部支出	日常性支出	人员劳务费	其他日常性支出	资产性支出	仪器与设备支出	非基建的科学仪器与设备支出	基建的仪器与设备支出
地球科学	94220	71399	57792	26819	30973	13607	10983	9641	1342
生物学	1425	1343	1088	838	250	255	206	51	155
农业科学领域	341610	285056	220143	128756	91387	64914	44122	37404	6718
农学	266960	221147	169224	99340	69884	51923	34907	32157	2750
林学	38458	31897	25945	14696	11249	5951	2460	1299	1161
水产学	36191	32013	24973	14720	10254	7040	6755	3948	2807
医学科学领域	91128	88043	29835	16483	13351	58208	34372	32483	1889
基础医学	37761	37521	10248	7058	3189	27274	27240	27240	
临床医学	19456	19448	3864	3149	715	15584	1238	1238	
预防医学与公共卫生学	3051	3043	1154	406	748	1889	1889		1889
药学	16935	15185	10940	3731	7208	4245	2947	2947	
中医学与中药学	13924	12847	3630	2140	1490	9217	1059	1059	
工程科学与技术领域	775990	702189	442445	217801	224644	259744	125860	99714	26146
工程与技术科学基础学科	77282	68350	35648	23041	12607	32703	10997	5705	5292
信息与系统科学相关工程与技术	39832	33839	20431	13352	7079	13408	12345	10179	2166
自然科学相关工程与技术	9715	9424	5243	2715	2528	4181	3121	3121	
测绘科学技术	78701	75642	71283	23391	47892	4359	3205	3205	
材料科学	155616	149517	71783	38431	33352	77734	32095	30475	1619
机械工程	78050	67680	44459	18768	25691	23221	14775	5627	9148
动力与电气工程	26606	12420	7022	4076	2946	5398	5192	5192	
能源科学技术	1019	869	869	456	413				
电子与通信技术	15375	12734	9791	7068	2723	2943	2007	828	1178
计算机科学技术	13315	12919	6536	3221	3315	6383	5596	4910	686
化学工程	10383	10204	4878	3451	1427	5325	4973	4334	639
产品应用相关工程与技术	73243	66874	38090	19823	18267	28784	7101	5394	1707
纺织科学技术	9104	8924	8451	1928	6523	474	474	294	180
食品科学技术	13002	11568	9181	6983	2198	2387	2382	773	1609

2–6 续表 4

单位：万元

指标名称	经费内部支出总额	科技经费内部支出	日常性支出	人员劳务费	其他日常性支出	资产性支出	仪器与设备支出	非基建的科学仪器与设备支出	基建的仪器与设备支出
土木建筑工程	2018	1863	1858	1070	788	5			
水利工程	44629	41735	35924	18059	17866	5811	4209	4209	
交通运输工程	14835	14356	11559	5296	6262	2798	2639	2639	
航空、航天科学技术	38206	37746	5558	2508	3050	32189	5371	5371	
环境科学技术及资源科学技术	58689	49475	39401	15350	24051	10075	8478	6556	1922
安全科学技术	11157	11127	9626	6388	3238	1501	836	836	
管理学	5217	4923	4857	2427	2430	66	66	66	
社会、人文科学领域	67003	57879	54141	25909	28233	3738	1425	1418	7
马克思主义	8168	7168	6846	3062	3784	322	322	322	
艺术学	245	244	244	110	135				
考古学	11540	10732	10261	2151	8110	471	371	371	
经济学	13859	12228	12163	7663	4500	65	47	47	
社会学	9471	8235	8215	3427	4787	20	19	12	7
图书馆、情报与文献学	22687	18259	15579	8984	6595	2680	487	487	
体育科学	1033	1013	833	512	321	180	180	180	
按机构从业人员规模分组									
≥ 1000 人	156029	130528	117710	50142	67568	12818	6841	6159	682
500 ～ 999 人	292243	278163	192229	105733	86496	85933	48098	45063	3035
300 ～ 499 人	148551	122131	67290	32432	34859	54840	31840	29224	2616
200 ～ 299 人	149274	132219	97140	46510	50630	35078	26001	23971	2030
100 ～ 199 人	339001	286620	185956	95080	90876	100665	45092	36253	8839
50 ～ 99 人	210960	187998	134891	77233	57658	53107	21465	15758	5707
30 ～ 49 人	111948	102738	46311	26661	19650	56427	42031	37102	4929
20 ～ 29 人	30611	28682	13874	8259	5615	14808	4320	955	3365
10 ～ 19 人	39271	38550	21103	11590	9513	17447	13582	8328	5253
0 ～ 9 人	5542	5060	4152	2651	1500	909	764	383	381

2-6　续表 5　　单位：万元

指标名称	经费内部支出总额			生产经营支出	其他支出
	资产性支出				
	土建费	资本化的计算机软件支出	专利和专有技术支出		
总计	**178536**	**9474**	**3989**	**78101**	**92639**
按机构所属地域分组					
杭州市	32152	6326	1744	47050	57737
宁波市	76646	678	272	3968	10409
温州市	42723	1188	1009	12331	6231
嘉兴市	18473	300	835	6783	3459
湖州市	614	16	5	817	832
绍兴市	557	2	12	3860	133
金华市	1634			322	419
衢州市	352	79	10	36	5811
舟山市	248	39	37	121	3967
台州市	2953	22	48	2400	1498
丽水市	2185	825	18	413	2143
按机构所属隶属关系分组					
中央部门属	39261	546	272	1015	13503
中国科学院	32236	94	3		
地方部门属	139275	8928	3718	77087	79137
省级部门属	40912	2785	76	10921	41409
副省级城市属	36759	68	16	10412	4986
地市级部门属	6053	1000	984	4502	10152
按机构从事的国民经济行业分组					
科学研究和技术服务业	178536	9474	3989	78101	92639
研究和试验发展	117399	6362	3637	29824	70134
专业技术服务业	6027	2917	293	40917	19300
科技推广和应用服务业	55110	195	60	7360	3205
按机构服务的国民经济行业分组					
农、林、牧、渔业	19121	214	396	2813	43911

2–6 续表 6

单位：万元

指标名称	经费内部支出总额			生产经营支出	其他支出
	资产性支出				
	土建费	资本化的计算机软件支出	专利和专有技术支出		
农业	10590	46	383	1933	13322
林业	1943	9		286	1160
渔业	20			425	3558
农、林、牧、渔专业及辅助性活动	6568	160	13	170	25871
制造业	9485	1070	1932	4518	4710
农副食品加工业					151
食品制造业	3	2		9	10
酒、饮料和精制茶制造业				320	209
皮革、毛皮、羽毛及其制品和制鞋业	2050	44		1302	691
文教、工美、体育和娱乐用品制造业					1
化学原料和化学制品制造业				45	373
医药制造业				141	1441
非金属矿物制品业					
通用设备制造业	2729	3	818	1316	403
专用设备制造业		34			66
汽车制造业	160			50	111
铁路、船舶、航空航天和其他运输设备制造业					
计算机、通信和其他电子设备制造业	646	92	1115	915	1091
仪器仪表制造业	3317				163
其他制造业	581	896		420	
电力、热力、燃气及水生产和供应业					667
电力、热力生产和供应业					667
批发和零售业					
批发业					
交通运输、仓储和邮政业		159		290	189
道路运输业		159		290	189

2-6 续表 7 单位：万元

指标名称	经费内部支出总额			生产经营支出	其他支出
	资产性支出				
	土建费	资本化的计算机软件支出	专利和专有技术支出		
信息传输、软件和信息技术服务业	6800	132	396	18	3618
软件和信息技术服务业	6800	132	396	18	3618
租赁和商务服务业				1551	61
商务服务业				1551	61
科学研究和技术服务业	131001	6589	1223	54643	30769
研究和试验发展	108471	2892	658	641	10977
专业技术服务业	5983	3032	94	43052	18146
科技推广和应用服务业	16547	664	470	10951	1647
水利、环境和公共设施管理业	2924	349	43	14267	4205
水利管理业	1709	82		428	1821
生态保护和环境治理业	1215	267	43	13839	2384
卫生和社会工作	9105	961			4476
卫生	9105	961			4476
文化、体育和娱乐业	100			1	33
文化艺术业	100			1	13
体育					20
公共管理、社会保障和社会组织					
国家机构					
按机构所属学科领域分组					
自然科学领域	10217	903	55	17772	10406
数学					56
信息科学与系统科学	8004	412		4	3995
力学		19	7		50
化学	24		37		1171
地球科学	2145	473	6	17752	5069
生物学	44		5	16	66

2-6　续表 8

单位：万元

指标名称	经费内部支出总额			生产经营支出	其他支出
	资产性支出				
	土建费	资本化的计算机软件支出	专利和专有技术支出		
农业科学领域	20163	231	397	7107	49447
农学	16434	198	384	2407	43406
林学	3482	9		4275	2287
水产学	248	25	13	425	3753
医学科学领域	23561	275		149	2936
基础医学		34		143	96
临床医学	14346				8
预防医学与公共卫生学					9
药学	1057	241		5	1746
中医学与中药学	8159				1078
工程科学与技术领域	124494	5852	3538	50525	23276
工程与技术科学基础学科	21623	52	31	7900	1032
信息与系统科学相关工程与技术	63	438	562	5775	217
自然科学相关工程与技术	1052	5	4		291
测绘科学技术		1154			3059
材料科学	43678	571	1391	5159	939
机械工程	5401	1974	1072	7368	3002
动力与电气工程		207		12582	1604
能源科学技术					150
电子与通信技术		540	397	802	1839
计算机科学技术	646	137	5	163	233
化学工程	347	5		36	144
产品应用相关工程与技术	21452	160	71	444	5925
纺织科学技术				62	118
食品科学技术	3	2		1273	161
土木建筑工程			5		155

2-6　续表 9　　单位：万元

指标名称	经费内部支出总额			生产经营支出	其他支出
	资产性支出				
	土建费	资本化的计算机软件支出	专利和专有技术支出		
水利工程	1520	82		428	2465
交通运输工程		159		290	189
航空、航天科学技术	26771	46	1	323	136
环境科学技术及资源科学技术	1335	262		7762	1451
安全科学技术	604	61			30
管理学				157	136
社会、人文科学领域	100	2212		2549	6575
马克思主义					1000
艺术学					1
考古学	100			1	808
经济学		18		1551	80
社会学		1		998	238
图书馆、情报与文献学		2193			4428
体育科学					20
按机构从业人员规模分组					
≥ 1000 人	4802	1176		158	25343
500 ～ 999 人	36466	1180	189	6922	7158
300 ～ 499 人	22313	371	316	14231	12190
200 ～ 299 人	7950	742	387	10794	6261
100 ～ 199 人	51666	1923	1984	31613	20768
50 ～ 99 人	27992	3032	619	8411	14550
30 ～ 49 人	13421	958	18	4830	4381
20 ～ 29 人	10419	46	23	810	1119
10 ～ 19 人	3371	48	447	196	525
0 ～ 9 人	138		7	137	345

2-7 科学研究和技术服务业事业单位科研基建与固定资产（2020）

单位：万元

指标名称	科研基建	按经费来源分				年末固定资产原价	科研房屋建筑物	科研仪器设备	
		政府资金	企业资金	事业单位资金	其他资金				#进口
总计	**215372**	**183614**	**4254**	**25992**	**1512**	**1938482**	**622492**	**977792**	**264222**
按机构所属地域分组									
杭州市	38056	25108		12949		944244	270395	537136	172530
宁波市	82256	74476	1015	6510	254	405339	142732	200658	53407
温州市	53646	49343		3863	440	189021	62708	78310	13889
嘉兴市	21590	19564	1996		30	110718	67439	39834	3354
湖州市	3142	2207	22	126	787	30481	17168	9178	484
绍兴市	1014	395	92	524	2	83015	3973	21713	3069
金华市	3553	2589	623	341		24146	6113	15307	3796
衢州市	540	540				26805	8332	15742	4808
舟山市	2340	2340				60708	21410	26731	5903
台州市	3023	2077		946		26612	12556	11909	1431
丽水市	6213	4975	505	733		37391	9664	21274	1551
按机构所属隶属关系分组									
中央部门属	41892	40848		1044		445251	139707	253280	79721
中国科学院	32236	32236				142803	60003	73969	34690
地方部门属	173480	142766	4254	24948	1512	1493231	482785	724513	184501
省级部门属	45357	34747		9913	697	462043	202005	215931	72282
副省级城市属	40511	38925		1586		139990	24981	59953	8217
地市级部门属	9169	6072		2858	240	106638	23174	32109	836
按机构从事的国民经济行业分组									
科学研究和技术服务业	215372	183614	4254	25992	1512	1938482	622492	977792	264222
研究和试验发展	133240	115010	22	17069	1139	1167072	406058	567519	176461
专业技术服务业	20882	15198	2518	3166		684454	186495	373603	85091
科技推广和应用服务业	61250	53406	1713	5758	373	86956	29939	36671	2669
按机构服务的国民经济行业分组									
农、林、牧、渔业	25122	19875		4549	697	402204	155250	146426	25171
农业	11947	11535		412		179821	56987	56935	3190
林业	3002	2962		40		41128	12859	16739	7749
渔业	2653	1955			697	51412	26905	21716	5321

2–7 续表 1

单位：万元

指标名称	科研基建	按经费来源分				年末固定资产原价	科研房屋建筑物	科研仪器设备	
		政府资金	企业资金	事业单位资金	其他资金				# 进口
农、林、牧、渔专业及辅助性活动	7520	3422		4098		129844	58499	51037	8911
制造业	16914	9604	528	6543	240	125857	25579	92576	35753
农副食品加工业	450	450				7701	1119	5732	1509
食品制造业	518	518				1886	4	1510	450
酒、饮料和精制茶制造业						6594	5385	1018	628
皮革、毛皮、羽毛及其制品和制鞋业	3515	3050		465		14534		13960	5803
文教、工美、体育和娱乐用品制造业						464	373	3	
化学原料和化学制品制造业						8450	1791	5958	2273
医药制造业	363	363				1975		1594	706
非金属矿物制品业						461	430	31	
通用设备制造业	6849	3373	505	2732	240	13928	6484	7328	
专用设备制造业						30212	9439	19747	9636
汽车制造业	160	160				1498	259	1117	
铁路、船舶、航空航天和其他运输设备制造业						500	186		
计算机、通信和其他电子设备制造业	1132	1110	22			4172		3499	2057
仪器仪表制造业	3317			3317		30262	110	28470	12692
其他制造业	611	581		30		3220		2612	
电力、热力、燃气及水生产和供应业						2224	1450	622	
电力、热力生产和供应业						2224	1450	622	
批发和零售业	615	615				5992		4918	350
批发业	615	615				5992		4918	350
交通运输、仓储和邮政业						29682	15856	10486	3340
道路运输业						29682	15856	10486	3340
信息传输、软件和信息技术服务业	9800	3831	680	5200	89	23032	8815	5728	
软件和信息技术服务业	9800	3831	680	5200	89	23032	8815	5728	
租赁和商务服务业						297		5	
商务服务业						297		5	
科学研究和技术服务业	150793	140281	3007	7029	477	1186638	390151	622680	181789
研究和试验发展	113952	112614		1136	202	499013	183065	260318	95374
专业技术服务业	16020	11232		4769	20	560390	153102	296964	83741
科技推广和应用服务业	20820	16436	3007	1124	254	127234	53984	65398	2675
水利、环境和公共设施管理业	2924	1150	40	1725	10	145767	23467	80821	15252

2-7　续表 2　　单位：万元

指标名称	科研基建	按经费来源分				年末固定资产原价	科研房屋建筑物	科研仪器设备	
		政府资金	企业资金	事业单位资金	其他资金				# 进口
水利管理业	1709	188		1520		42490	17129	20221	7784
生态保护和环境治理业	1215	961	40	204	10	103277	6338	60600	7468
卫生和社会工作	9105	8158		946		13237	1691	10723	
卫生	9105	8158		946		13237	1691	10723	
文化、体育和娱乐业	100	100				3259		2770	2566
文化艺术业	100	100				24		24	
体育						3235		2746	2566
公共管理、社会保障和社会组织						293	233	37	
国家机构						293	233	37	
按机构所属学科分组									
自然科学领域	12293	6095		6110	89	260846	52434	158108	38161
数学	359	359				5051		5051	
信息科学与系统科学	8173	2973		5200		22302	8065	10310	1439
力学						9682	3813	5777	472
化学	76	76				48877	10128	33014	1460
地球科学	3487	2488		910	89	172704	30308	102375	34521
生物学	199	199				2230	120	1580	269
农业科学领域	26881	21635		4549	697	465633	173899	171303	26028
农学	19184	14968		4216		332717	127798	123218	10816
林学	4643	4343		300		70686	17742	22031	9804
水产学	3055	2323		34	697	62229	28358	26054	5407
医学科学领域	25450	24270		1180		132756	52613	69803	46421
基础医学						42026	9439	31650	21750
临床医学	14346	13173		1173		26322	22132	4191	
预防医学与公共卫生学	1889	1889				8035		1889	
药学	1057	1050		7		49297	20377	25886	24671
中医学与中药学	8159	8158				7076	665	6188	
工程科学与技术领域	150641	131507	4254	14154	726	1021659	316009	564756	150978
工程与技术科学基础学科	26915	26182		733		171382	38414	63079	17630
信息与系统科学相关工程与技术	2229	273	1956			71872	27778	42643	1890
自然科学相关工程与技术	1052	1052				6846	1195	5537	2068
测绘科学技术						47752	501	43908	1897
材料科学	45297	44794	35	465	2	192841	64947	117620	47221
机械工程	14549	7213	505	6391	440	71863	27072	39913	4240

2-7　续表 3　　　　单位：万元

指标名称	科研基建	按经费来源分：政府资金	企业资金	事业单位资金	其他资金	年末固定资产原价	科研房屋建筑物	科研仪器设备	# 进口
动力与电气工程						59636	30590	24750	7145
能源科学技术						246	98	55	
电子与通信技术	1178	479	680		20	14310	5746	7497	4141
计算机科学技术	1332	1310	22			4060		3102	
化学工程	986	986				13396	470	11211	3387
产品应用相关工程与技术	23159	18573	1015	3317	254	116035	48733	62780	19195
纺织科学技术	180	80		100		15982	2	15934	9281
食品科学技术	1612	1313		299		30493	7122	21719	12139
土木建筑工程						2667	120	144	
水利工程	1520			1520		44667	18579	20825	7784
交通运输工程						30182	16042	10486	3340
航空、航天科学技术	26771	26771				2769	290	1930	129
环境科学技术及资源科学技术	3256	2478	40	729	10	102234	17181	62393	8449
安全科学技术	604	5		599		20379	9973	8535	1044
管理学						2047	1156	694	
社会、人文科学领域	107	107				57587	27538	13824	2635
马克思主义						894		894	
艺术学						464	373	3	
考古学	100	100				4716	1174	287	69
经济学						9575	7126	325	
社会学	7	7				6792		2773	
图书馆、情报与文献学						31912	18865	6796	
体育科学						3235		2746	2566
按机构从业人员规模分组									
≥ 1000 人	5483	1679		3804		148185	52773	82774	6769
500 ～ 999 人	39502	35115	1956	2430		432656	118680	227437	75646
300 ～ 499 人	24929	23225		1704		205980	103132	95926	23089
200 ～ 299 人	9980	4506		5474		240805	72492	148785	68393
100 ～ 199 人	60505	55431		4137	937	408575	100260	209733	39170
50 ～ 99 人	33698	26016		7480	202	328874	114836	121866	24092
30 ～ 49 人	18350	15433	1673	900	343	88854	26399	53600	17752
20 ～ 29 人	13784	13229	545		10	34204	16543	15667	5296
10 ～ 19 人	8624	8461	79	64	20	39920	14324	16751	2684
0 ～ 9 人	519	519				10429	3054	5255	1330

2–8 科学研究和技术服务业事业单位科学仪器设备（2020）

指标名称	科学仪器设备数量（台/套）		科学仪器设备原值（万元）	
		单台原值≥ 100 万元		单台原值≥ 100 万元
总计	**155350**	**1353**	**977792**	**278402**
按机构所属地域分组				
杭州市	71410	729	537136	151158
宁波市	30152	387	200658	85254
温州市	24864	66	78310	11450
嘉兴市	1932	21	39834	3965
湖州市	2398	7	9178	1052
绍兴市	4195	22	21713	3792
金华市	2585	18	15307	2557
衢州市	3231	25	15742	5502
舟山市	7862	25	26731	4295
台州市	2390	14	11909	3010
丽水市	4331	39	21274	6367
按机构所属隶属关系分组				
中央部门属	34147	413	253280	94252
中国科学院	10398	132	73969	29520
地方部门属	121203	940	724513	184149
省级部门属	35052	258	215931	49628
副省级城市属	9919	95	59953	24228
地市级部门属	16703	16	32109	3008
按机构从事的国民经济行业分组				
科学研究和技术服务业	155350	1353	977792	278402
研究和试验发展	100788	761	567519	162004
专业技术服务业	46610	543	373603	101353
科技推广和应用服务业	7952	49	36671	15045
按机构服务的国民经济行业分组				
农、林、牧、渔业	43023	113	146426	21940
农业	25235	43	56935	8829
林业	3819	10	16739	1397
渔业	3295	21	21716	3502
农、林、牧、渔专业及辅助性活动	10674	39	51037	8212

2-8　续表 1

指标名称	科学仪器设备数量（台 / 套）		科学仪器设备原值（万元）	
		单台原值≥ 100 万元		单台原值≥ 100 万元
制造业	14102	140	92576	27274
农副食品加工业	1016	11	5732	2069
食品制造业	298	4	1510	430
酒、饮料和精制茶制造业	466	3	1018	628
皮革、毛皮、羽毛及其制品和制鞋业	3747	17	13960	3707
文教、工美、体育和娱乐用品制造业	5		3	
化学原料和化学制品制造业	788	8	5958	2080
医药制造业	640	1	1594	197
非金属矿物制品业	1		31	
通用设备制造业	529	11	7328	1725
专用设备制造业	1966	32	19747	6379
汽车制造业	175		1117	
计算机、通信和其他电子设备制造业	387	7	3499	1058
仪器仪表制造业	3699	39	28470	7672
其他制造业	385	7	2612	1329
电力、热力、燃气及水生产和供应业	317		622	
电力、热力生产和供应业	317		622	
批发和零售业	572	1	4918	129
批发业	572	1	4918	129
交通运输、仓储和邮政业	1469	9	10486	2027
道路运输业	1469	9	10486	2027
信息传输、软件和信息技术服务业	1273	4	5728	2727
软件和信息技术服务业	1273	4	5728	2727
租赁和商务服务业	2		5	
商务服务业	2		5	
科学研究和技术服务业	83794	968	622680	201290
研究和试验发展	34302	404	260318	90510
专业技术服务业	43278	490	296964	91487
科技推广和应用服务业	6214	74	65398	19293
水利、环境和公共设施管理业	9553	96	80821	19232
水利管理业	4157	34	20221	6194
生态保护和环境治理业	5396	62	60600	13038
卫生和社会工作	1051	19	10723	3434

2-8 续表 2

指标名称	科学仪器设备数量（台 / 套）	单台原值≥ 100 万元	科学仪器设备原值（万元）	单台原值≥ 100 万元
卫生	1051	19	10723	3434
文化、体育和娱乐业	155	3	2770	350
文化艺术业	4		24	
体育	151	3	2746	350
公共管理、社会保障和社会组织	39		37	
国家机构	39		37	
按机构所属学科分组				
自然科学领域	18333	246	158108	57029
数学	1407	2	5051	251
信息科学与系统科学	3287	2	10310	296
力学	1094	12	5777	2444
化学	5612	74	33014	14657
地球科学	6269	156	102375	39381
生物学	664		1580	
农业科学领域	49028	146	171303	29149
农学	38843	111	123218	23644
林学	5715	14	22031	2002
水产学	4470	21	26054	3502
医学科学领域	5281	142	69803	27599
基础医学	2790	75	31650	13086
临床医学	347	10	4191	1948
预防医学与公共卫生学	1	1	1889	1889
药学	1451	46	25886	8910
中医学与中药学	692	10	6188	1766
工程科学与技术领域	79692	814	564756	163942
工程与技术科学基础学科	12367	85	63079	15521
信息与系统科学相关工程与技术	3164	39	42643	8129
自然科学相关工程与技术	1759	2	5537	447
测绘科学技术	3020	32	43908	9758
材料科学	15205	215	117620	51050
机械工程	6170	83	39913	13435
动力与电气工程	4514	38	24750	8406
能源科学技术	15		55	

2-8 续表 3

指标名称	科学仪器设备数量（台/套）		科学仪器设备原值（万元）	
		单台原值≥ 100 万元		单台原值≥ 100 万元
电子与通信技术	1386	11	7497	1591
计算机科学技术	679	3	3102	838
化学工程	1461	9	11211	2187
产品应用相关工程与技术	10534	78	62780	15113
纺织科学技术	2443	14	15934	2486
食品科学技术	2181	82	21719	11199
土木建筑工程	22		144	
水利工程	4468	34	20825	6194
交通运输工程	1469	9	10486	2027
航空、航天科学技术	623	3	1930	388
环境科学技术及资源科学技术	5392	70	62393	13881
安全科学技术	1729	7	8535	1294
管理学	1091		694	
社会、人文科学领域	3016	5	13824	683
马克思主义	163		894	
艺术学	5		3	
考古学	66		287	
经济学	195		325	
社会学	953	1	2773	136
图书馆、情报与文献学	1483	1	6796	198
体育科学	151	3	2746	350
按机构从业人员规模分组				
≥ 1000 人	10676	65	82774	16716
500 ～ 999 人	34080	304	227437	71448
300 ～ 499 人	18360	189	95926	33113
200 ～ 299 人	24653	204	148785	39270
100 ～ 199 人	27035	277	209733	53804
50 ～ 99 人	26739	137	121866	26676
30 ～ 49 人	7362	129	53600	26792
20 ～ 29 人	2028	29	15667	5012
10 ～ 19 人	2883	18	16751	5426
0 ～ 9 人	1534	1	5255	146

2–9 科学研究和技术服务业事业单位课题概况（2020）

指标名称	课题数（个）	#R&D课题	课题经费内部支出（万元）	# 政府资金	#R&D课题经费	课题人员折合全时工作量（人年）	#R&D 课题人员折合全时工作量
总计	**7255**	**5093**	**458748**	**303899**	**350604**	**14137**	**10980**
按地域分组							
杭州市	3129	1924	215491	171456	154206	6051	4577
宁波市	1792	1512	119760	61413	107998	2855	2438
温州市	825	602	29972	15524	26499	1620	1417
嘉兴市	208	96	19262	8368	8575	866	410
湖州市	268	176	8311	6685	5003	260	164
绍兴市	166	106	14764	2275	9088	577	367
金华市	76	64	4716	2400	3805	257	218
衢州市	146	139	5360	3044	4773	501	464
舟山市	290	177	16801	15369	12161	446	350
台州市	213	183	12785	7577	10414	349	291
丽水市	142	114	11526	9786	8083	355	286
按隶属关系分组							
中央部门属	1979	1631	118304	77690	98449	2593	2214
中国科学院	1143	1091	62547	34956	59094	1318	1241
地方部门属	5276	3462	340444	226209	252155	11543	8767
省级部门属	2523	1418	141765	109687	93254	4260	3059
副省级城市属	477	267	27903	26395	22352	833	597
地市级部门属	661	538	30806	16648	26195	1195	1027
按课题来源分组							
国家科技项目	1550	1395	126763	102039	111486	3043	2709
地方科技项目	3450	2339	169629	124994	130906	5842	4514
企业委托科技项目	1354	722	57597	8583	32199	1984	1245
自选科技项目	603	490	75749	56743	66832	2478	2111
国际合作科技项目	12	10	446	336	361	21	17
其他科技项目	286	137	28564	11204	8821	769	384
按课题活动类型分组							
基础研究	891	891	39016	29954	39016	1381	1381
应用研究	1587	1587	108090	79225	108090	3538	3538
试验发展	2615	2615	203498	132244	203498	6061	6061
研究与试验发展成果应用	887		41848	26392		1441	
技术推广与科技服务	1275		66297	36084		1716	
按课题所属学科分组							
自然科学领域	1020	693	77262	53236	61657	1732	1406

2-9 续表 1

指标名称	课题数（个）	#R&D课题	课题经费内部支出（万元）	#政府资金	#R&D课题经费	课题人员折合全时工作量（人年）	#R&D课题人员折合全时工作量
数学	2	2	14	4	14	1	1
信息科学与系统科学	109	77	14037	5586	10919	377	258
力学	10	10	853	588	853	30	30
物理学	33	31	11575	9813	11462	200	196
化学	151	120	6102	2552	5665	200	178
地球科学	546	315	38596	30847	27271	650	496
生物学	169	138	6085	3846	5472	275	247
农业科学领域	2384	1451	87363	78264	60693	3018	2158
农学	1553	962	56105	48855	38761	2031	1460
林学	220	147	10496	10298	8685	418	305
畜牧、兽医科学	148	98	3898	3505	2977	185	140
水产学	463	244	16863	15607	10269	384	253
医学科学领域	281	257	15245	8524	14005	528	489
基础医学	49	48	1872	391	1330	61	59
临床医学	72	71	2803	842	2784	128	127
预防医学与公共卫生学	17	14	579	249	535	29	26
军事医学与特种医学	1	1	39		39	2	2
药学	61	53	4169	3333	3855	175	157
中医学与中药学	81	70	5783	3710	5462	132	119
工程科学与技术领域	3323	2627	262650	151856	203954	8333	6602
工程与技术科学基础学科	55	36	6762	3807	4644	233	183
信息与系统科学相关工程与技术	85	70	24191	20929	23177	419	381
自然科学相关工程与技术	128	111	12730	10833	11931	494	465
测绘科学技术	40	24	3509	1008	1734	131	58
材料科学	1335	1242	82162	44576	75071	2048	1819
机械工程	256	226	18732	5866	16160	724	645
动力与电气工程	58	53	3311	2238	3253	117	112
能源科学技术	52	32	3295	1143	1978	104	73
核科学技术	4	1	20	7	15	3	1
电子与通信技术	97	73	11848	6918	6019	499	388
计算机科学技术	146	110	25245	16388	22443	1133	915
化学工程	92	83	2159	590	2065	266	235
产品应用相关工程与技术	125	106	7681	1683	6178	303	256
纺织科学技术	37	26	2269	906	1761	94	71
食品科学技术	108	84	8898	5464	6901	297	244
土木建筑工程	5	3	121	95	86	5	3
水利工程	137	74	21622	8080	3542	396	107
交通运输工程	55	18	723	556	508	69	27

2-9 续表 2

指标名称	课题数（个）	#R&D课题	课题经费内部支出（万元）	# 政府资金	#R&D课题经费	课题人员折合全时工作量（人年）	#R&D 课题人员折合全时工作量
航空、航天科学技术	8	6	3682	3468	3663	60	59
环境科学技术及资源科学技术	381	201	18504	14647	9235	672	406
安全科学技术	47	33	2771	1288	2033	122	84
管理学	72	15	2416	1368	1556	142	71
社会、人文科学领域	247	65	16228	12018	10295	527	325
马克思主义	7	7	1955	1945	1955	55	55
哲学	1	1	30	30	30	10	10
艺术学	13	9	54	2	48	3	2
历史学	1	1	95	95	95	1	1
考古学	24	12	7494	3952	5798	173	157
经济学	137	9	3682	3445	240	166	52
法学	1	1	129	129	129	5	5
社会学	39	24	2533	2164	1986	87	43
图书馆、情报与文献学	12		145	145		7	
教育学	5	1	20	20	15	13	
体育科学	3		6	6		2	
统计学	4		87	87		5	
按课题的技术领域分组							
非技术领域	199	50	9398	8130	4789	309	137
信息技术	376	281	66688	45662	57158	2134	1748
生物和现代农业技术	2260	1512	84884	72913	63020	3150	2430
新材料技术	1401	1317	82756	46097	77133	2178	1987
能源技术	46	33	3764	1714	2589	124	100
激光技术	50	48	2920	815	2807	163	159
先进制造与自动化技术	399	347	38791	23242	33783	1381	1162
航天技术	11	9	1885	1604	1866	53	51
资源与环境技术	1071	568	60954	47507	37185	1399	903
其他技术领域	1442	928	106707	56213	70273	3248	2304
按课题的社会经济目标分组							
环境保护、生态建设及污染防治	591	324	33828	21610	16270	1094	658
环境一般问题	30	24	1838	790	1157	45	32
环境与资源评估	68	17	1556	1131	933	72	40
环境监测	125	68	5562	2772	2583	204	120
生态建设	113	51	8742	6889	975	232	77
环境污染预防	74	50	3985	2941	2664	164	118
环境治理	162	103	11256	6800	7301	335	241
自然灾害的预防、预报	19	11	889	288	658	42	31
能源生产、分配和合理利用	106	71	8022	2177	5392	281	212

2-9 续表 3

指标名称	课题数（个）	#R&D课题	课题经费内部支出（万元）	# 政府资金	#R&D课题经费	课题人员折合全时工作量（人年）	#R&D 课题人员折合全时工作量
能源一般问题研究	21	12	806	139	455	26	15
能源矿产的勘探技术	1	1	8	4	8	1	1
能源转换技术	3	3	103	52	103	8	8
能源输送、储存与分配技术	11	8	557	71	428	29	25
可再生能源	34	25	2625	1272	1616	78	58
能源设施和设备建造	12	8	1543	125	1106	69	54
能源安全生产管理和技术	9	5	661	91	550	27	23
节约能源的技术	9	6	708	369	585	18	16
能源生产、输送、分配、储存、利用过程中污染的防治与处理	6	3	1011	54	540	26	13
卫生事业发展	389	351	22098	13272	20116	914	838
卫生一般问题	62	61	3008	1327	2465	57	55
诊断与治疗	172	167	7005	3495	6901	460	451
预防医学	5	5	91	4	91	12	12
公共卫生	9	6	122	23	81	10	4
营养和食品卫生	28	19	1403	833	1121	55	46
药物滥用和成瘾	8	4	1637	798	1500	25	14
社会医疗	5	2	585	29	516	7	4
卫生医疗其他研究	100	87	8247	6763	7441	288	253
教育事业发展	4	3	161	142	144	7	7
教育一般问题	2	1	41	22	23	3	2
非学历教育与培训	1	1	95	95	95	4	4
其它教育	1	1	25	25	25		
基础设施以及城市和农村规划	171	82	7740	4539	4646	333	225
交通运输	103	48	3565	1250	2493	160	99
通信	10	8	1556	1511	1311	74	70
广播与电视	1	1	27		27	2	2
城市规划与市政工程	12	10	692	317	603	27	22
农村发展规划与建设	38	11	1719	1343	82	47	9
交通运输、通信、城市与农村发展对环境的影响	7	4	181	118	131	24	23
基础社会发展和社会服务	378	166	30826	19724	17248	1054	667
社会发展和社会服务一般问题	107	22	4564	4209	2016	175	104
社会保障	3	2	169	86	166	12	10
公共安全	83	63	8845	4782	3478	252	159
社会管理	13	6	920	386	477	88	51
就业	1		20	5		4	
法律与司法	3	1	196	141	129	9	5
政府与政治	2	1	455	455	453	7	5

2–9 续表 4

指标名称	课题数（个）	#R&D 课题	课题经费内部支出（万元）	# 政府资金	#R&D 课题经费	课题人员折合全时工作量（人年）	#R&D 课题人员折合全时工作量
遗产保护	27	14	7525	3983	5824	178	161
语言与文化	2		5	5		4	
传媒	1		52	52		2	
科技发展	79	24	4229	2648	1698	213	114
国土资源管理	9	3	513	70	120	27	6
其他社会发展和社会服务	48	30	3334	2903	2887	85	52
地球和大气层的探索与利用	521	334	41533	31790	27083	683	489
地壳、地幔，海底的探测和研究	11	9	201	62	150	13	12
水文地理	44	35	6004	2597	462	129	44
海洋	397	230	31441	25343	23109	415	324
大气	68	60	3807	3708	3361	123	110
地球探测和开发其他研究	1		80	80		3	
民用空间探测及开发	23	18	5625	5011	5384	138	133
飞行器和运载工具研制	7	7	2548	2444	2548	66	66
发射与控制系统	5	5	2454	2172	2454	26	26
卫星服务	10	5	478	395	237	34	29
空间探测和开发其他研究	1	1	145		145	13	13
农林牧渔业发展	2401	1489	90870	80339	63747	3160	2251
农林牧渔业发展一般问题	205	95	6855	5133	4090	291	171
农作物种植及培育	946	678	42704	38098	32199	1475	1143
林业和林产品	150	99	6952	6797	5541	226	159
畜牧业	121	77	3466	3139	2618	178	134
渔业	385	200	13756	12924	8428	303	195
农林牧渔业体系支撑	554	317	15676	12922	9897	632	409
农林牧渔业生产中污染的防治与处理	40	23	1461	1325	976	56	41
工商业发展	2157	1765	141956	61220	117047	4453	3552
促进工商业发展的一般问题	57	20	1902	1100	809	92	38
产业共性技术	886	837	60833	26740	56064	1153	1055
非能源资源矿产的开采	1	1	2	2	2		
食品、饮料和烟草制品业	69	37	2020	611	1495	99	70
纺织业、服装及皮革制品业	29	20	999	129	706	58	42
化学工业	115	104	2613	1004	2214	298	277
非金属与金属制品业	47	42	4404	3645	4348	149	115
机械制造业（不包括电子设备、仪器仪表及办公机械	162	137	11242	3774	8180	436	367
电子设备、仪器仪表及办公机械	94	79	6469	3496	3514	273	183
其他制造业	85	72	4997	1879	4442	225	135
热力、水的生产和供应	4	3	583	8	136	8	4

2–9 续表 5

指标名称	课题数（个）	#R&D课题	课题经费内部支出（万元）	# 政府资金	#R&D课题经费	课题人员折合全时工作量（人年）	#R&D 课题人员折合全时工作量
建筑业	16	12	1455	22	1384	41	34
信息与通信技术（ICT）服务业	46	36	5988	4634	5650	244	198
技术服务业	508	350	35857	13434	26898	1274	985
金融业	3	2	136	42	42	13	11
房地产业	2		27	27		2	
商业及其他服务业	17	5	1140	128	606	48	21
工商业活动中的环境保护、污染防治与处理	16	8	1290	544	556	39	16
非定向研究	326	326	26078	20031	26078	873	873
自然科学领域的非定向研究	283	283	16812	11988	16812	481	481
工程与技术科学领域的非定向研究	24	24	7039	6232	7039	281	281
农业科学领域的非定向研究	1	1	9		9		
医学科学领域的非定向研究	3	3	238	18	238	13	13
社会科学领域的非定向研究	8	8	1659	1649	1659	63	63
人文科学领域的非定向研究	2	2	80	80	80	19	19
其他	5	5	242	64	242	16	16
其他民用目标	177	154	48445	43405	46093	1065	999
国防	11	10	1567	639	1354	81	77
按课题服务的国民经济行业分组							
农、林、牧、渔业	1973	1207	81377	73700	57645	2698	1888
农业	1010	695	46482	41344	33947	1529	1131
林业	153	105	8282	8155	7162	277	205
畜牧业	118	75	3406	3132	2506	165	122
渔业	379	195	11340	10258	7810	310	205
农、林、牧、渔专业及辅助性活动	313	137	11867	10812	6221	417	225
采矿业	6	3	341	35	47	14	11
石油和天然气开采业	5	3	307	35	47	13	11
开采专业及辅助性活动	1		34			1	
制造业	1131	889	80675	43222	67513	2921	2423
农副食品加工业	128	62	2589	2038	1716	104	74
食品制造业	21	13	465	342	366	21	18
酒、饮料和精制茶制造业	52	18	1808	597	957	120	63
纺织业	15	10	761	284	531	35	22
纺织服装、服饰业	3	2	305	301	226	12	11
皮革、毛皮、羽毛及其制品和制鞋业	24	19	666	188	526	46	38
木材加工和木、竹、藤、棕、草制品业	17	11	346	200	249	24	17
家具制造业	4	4	61		61	2	2
造纸和纸制品业	3	2	114	61	76	6	5

2-9 续表 6

指标名称	课题数（个）	#R&D课题	课题经费内部支出（万元）	# 政府资金	#R&D课题经费	课题人员折合全时工作量（人年）	#R&D 课题人员折合全时工作量
印刷和记录媒介复制业	1	1	163	12	163	6	6
文教、工美、体育和娱乐用品制造业	2		8	8		7	
石油、煤炭及其他燃料加工业	3	1	50	14	26	2	1
化学原料和化学制品制造业	111	100	5048	2174	4882	293	284
医药制造业	113	91	7770	4519	6443	247	191
化学纤维制造业	17	12	218	80	134	27	24
橡胶和塑料制品业	26	26	875	477	875	37	37
非金属矿物制品业	38	30	2748	1838	2288	101	66
有色金属冶炼和压延加工业	6	4	835	739	788	8	6
金属制品业	28	24	763	265	640	104	68
通用设备制造业	178	166	10197	4410	9181	453	420
专用设备制造业	82	75	13948	10439	13490	292	276
汽车制造业	20	18	1212	453	988	59	48
铁路、船舶、航空航天和其他运输设备制造业	31	30	4930	3880	4919	209	208
电气机械和器材制造业	48	41	4021	1859	3429	201	176
计算机、通信和其他电子设备制造业	27	15	7172	5591	3851	223	138
仪器仪表制造业	89	79	6529	1104	3951	167	120
其他制造业	40	32	6952	1295	6654	106	95
废弃资源综合利用业	4	3	124	54	103	9	8
电力、热力、燃气及水生产和供应业	66	26	5813	1285	2494	170	93
电力、热力生产和供应业	43	12	4326	928	1493	111	52
燃气生产和供应业	15	11	1003	299	731	45	36
水的生产和供应业	8	3	484	59	270	13	5
建筑业	29	19	2776	590	2198	81	62
土木工程建筑业	23	16	2740	554	2169	71	58
建筑装饰、装修和其他建筑业	6	3	36	36	29	11	4
批发和零售业	4	4	168	3	168	8	8
批发业	2	2	28	1	28	1	1
零售业	2	2	140	2	140	6	6
交通运输、仓储和邮政业	81	36	5346	3912	4385	171	116
铁路运输业	1	1	30	30	30	2	2
道路运输业	68	25	1915	934	1014	111	59
水上运输业	7	5	560	147	499	12	10
航空运输业	4	4	2566	2566	2566	36	36
装卸搬运和仓储业	1	1	275	235	275	10	10
住宿和餐饮业	2		124	124		3	
住宿业	1		103	103		2	

2-9 续表 7

指标名称	课题数（个）	#R&D课题	课题经费内部支出（万元）	# 政府资金	#R&D课题经费	课题人员折合全时工作量（人年）	#R&D 课题人员折合全时工作量
餐饮业	1		20	20		1	
信息传输、软件和信息技术服务业	214	149	47662	42008	41964	1400	1195
电信、广播电视和卫星传输服务	9	6	417	171	346	30	27
互联网和相关服务	27	24	22708	22404	22498	402	394
软件和信息技术服务业	178	119	24538	19432	19120	968	773
金融业	6	4	587	442	93	38	21
资本市场服务	1		400	400		15	
其他金融业	5	4	187	42	93	23	21
租赁和商务服务业	4	1	43	21	3	3	
商务服务业	4	1	43	21	3	3	
科学研究和技术服务业	2839	2236	169687	99844	141478	4633	3912
研究和试验发展	1707	1707	103338	69411	103338	2542	2542
专业技术服务业	920	495	58907	24708	36691	1780	1283
科技推广和应用服务业	212	34	7441	5725	1449	311	87
水利、环境和公共设施管理业	531	285	40828	24010	14095	1128	567
水利管理业	100	52	20296	7775	3280	338	82
生态保护和环境治理业	414	222	19803	15689	10264	767	468
公共设施管理业	16	10	701	542	523	22	15
土地管理业	1	1	28	3	28	2	2
居民服务、修理和其他服务业	2	1	182	16	173	6	5
居民服务业	1	1	173	7	173	5	5
其他服务业	1		9	9			
教育	20	8	1043	879	612	65	23
教育	20	8	1043	879	612	65	23
卫生和社会工作	199	184	8052	4126	7528	351	319
卫生	199	184	8052	4126	7528	351	319
文化、体育和娱乐业	31	15	7760	4057	6077	195	176
文化艺术业	27	14	7494	3791	5818	175	158
体育	3		6	6		2	
娱乐业	1	1	260	260	260	18	18
公共管理、社会保障和社会组织	115	25	6224	5564	4097	252	160
中国共产党机关	17	6	868	868	789	69	48
国家机构	95	19	5331	4690	3308	176	112
社会保障	1		20	5		4	
群众团体、社会团体和其他成员组织	2		5	2		3	
国际组织	2	1	60	60	33	2	2
国际组织	2	1	60	60	33	2	2

2–10 科学研究和技术服务业事业单位课题经费内部支出按活动类型分（2020）

单位：万元

指标名称	课题经费内部支出	基础研究	应用研究	试验发展	R&D 成果应用	科技服务
总计	**458748**	**39016**	**108090**	**203498**	**41848**	**66297**
按机构所属地域分组						
杭州市	215491	27567	50135	76505	17379	43906
宁波市	119760	10129	38103	59766	7955	3808
温州市	29972	791	9062	16646	1471	2002
嘉兴市	19262	10	1047	7518	4969	5719
湖州市	8311	367	493	4143	1168	2140
绍兴市	14764	10	1106	7973	1465	4211
金华市	4716		1122	2683	482	430
衢州市	5360		1655	3118		587
舟山市	16801	102	2919	9139	3618	1023
台州市	12785	41	965	9408	1949	422
丽水市	11526		1483	6600	1394	2049
按机构所属隶属关系分组						
中央部门属	118304	17524	45679	35247	8664	11191
中国科学院	62547	9261	25972	23861	2609	844
地方部门属	340444	21493	62411	168252	33183	55106
省级部门属	141765	19749	29694	43811	13419	35092
副省级城市属	27903	336	7260	14756	2691	2860
地市级部门属	30806	226	5501	20469	2594	2017
按课题来源分组						
国家科技项目	126763	25783	40285	45418	7810	7467
地方科技项目	169629	5351	40352	85203	21619	17104
企业委托科技项目	57597	120	3783	28296	6800	18598
自选科技项目	75749	3854	21219	41758	4000	4917
国际合作科技项目	446		121	240	30	55
其他科技项目	28564	3908	2330	2583	1588	18155
按课题所属学科分组						
自然科学领域	77262	8020	27503	26134	2736	12869
数学	14		14			
信息科学与系统科学	14037	69	1272	9578	1128	1990
力学	853		294	559		
物理学	11575	203	5566	5694	113	
化学	6102	102	1632	3932	181	255

2-10 续表 1

单位：万元

指标名称	课题经费内部支出	基础研究	应用研究	试验发展	R&D 成果应用	科技服务
地球科学	38596	7145	17101	3025	898	10428
生物学	6085	502	1624	3346	416	197
农业科学领域	87363	3339	11531	45823	18696	7975
农学	56105	1861	7745	29156	12929	4414
林学	10496	1001	394	7291	1007	804
畜牧、兽医科学	3898	86	293	2598	734	187
水产学	16863	392	3100	6778	4025	2570
医学科学领域	15245	1783	6187	6035	783	458
基础医学	1872	341	927	62	543	
临床医学	2803	795	1848	142		19
预防医学与公共卫生学	579	19	467	49		44
军事医学与特种医学	39			39		
药学	4169	110	761	2985	73	241
中医学与中药学	5783	519	2184	2759	167	154
工程科学与技术领域	262650	18679	59894	125381	19197	39499
工程与技术科学基础学科	6762	93	1003	3548	1568	550
信息与系统科学相关工程与技术	24191		3214	19963	201	813
自然科学相关工程与技术	12730	381	8557	2993	108	690
测绘科学技术	3509			1734	408	1367
材料科学	82162	9322	28545	37205	4694	2397
机械工程	18732	60	2706	13394	1216	1356
动力与电气工程	3311	39	1898	1316	58	
能源科学技术	3295		453	1525	708	609
核科学技术	20			15		5
电子与通信技术	11848	960	1479	3580	2027	3802
计算机科学技术	25245	7391	2371	12680	1106	1697
化学工程	2159		258	1808	35	59
产品应用相关工程与技术	7681		1723	4455	1102	401
纺织科学技术	2269	10	696	1055	430	78
食品科学技术	8898		1199	5702	1583	413
土木建筑工程	122		3	83	36	
水利工程	21622	180	776	2586	916	17164
交通运输工程	723		355	153		216
航空、航天科学技术	3682			3663		19
环境科学技术及资源科学技术	18504	242	3260	5733	2536	6734
安全科学技术	2771	2	167	1865	174	564
管理学	2416		1232	324	294	567
社会、人文科学领域	16228	7195	2975	126	436	5497
马克思主义	1955	1292	663			

2-10 续表 2 单位：万元

指标名称	课题经费内部支出	基础研究	应用研究	试验发展	R&D 成果应用	科技服务
哲学	30	30				
艺术学	54			48		6
历史学	95		95			
考古学	7494	5798			291	1405
经济学	3682	18	161	60	4	3438
法学	129		129			
社会学	2533	56	1927	4		547
图书馆、情报与文献学	145				141	4
教育学	20			15		5
体育科学	6					6
统计学	87					87
按课题的技术领域分组						
非技术领域	9398	1581	3054	154	361	4248
信息技术	66688	8235	5573	43350	2624	6906
生物和现代农业技术	84884	3754	12721	46545	14829	7035
新材料技术	82756	9359	28978	38796	4395	1228
能源技术	3764	108	458	2023	637	539
激光技术	2920	16	958	1833	113	
先进制造与自动化技术	38791	126	13383	20273	2421	2587
航天技术	1885		110	1757		19
资源与环境技术	60954	7413	20350	9423	5618	18152
其他技术领域	106707	8424	22505	39345	10850	25584
按课题的社会经济目标分组						
环境保护、生态建设及污染防治	33828	702	4527	11042	3767	13790
环境一般问题	1838	125	314	718	7	673
环境与资源评估	1556		292	641	114	510
环境监测	5562	31	580	1971	858	2122
生态建设	8742	93	72	811	816	6951
环境污染预防	3985	130	1336	1198	804	518
环境治理	11256	322	1721	5258	1100	2854
自然灾害的预防、预报	889		213	445	69	163
能源生产、分配和合理利用	8022	44	1407	3941	1318	1311
能源一般问题研究	806			455	293	58
能源矿产的勘探技术	8			8		
能源转换技术	103		103			
能源输送、储存与分配技术	557		8	421	76	52
可再生能源	2625	37	484	1095	516	493
能源设施和设备建造	1543		326	780	69	368
能源安全生产管理和技术	661			550	22	89

2-10 续表 3　　　　单位：万元

指标名称	课题经费内部支出	基础研究	应用研究	试验发展	R&D 成果应用	科技服务
节约能源的技术	708			585	112	10
能源生产、输送、分配、储存、利用过程中污染的防治与处理	1011	7	486	47	230	241
卫生事业发展	22098	2037	10039	8040	1155	827
卫生一般问题	3008	645	1650	171	543	
诊断与治疗	7005	1191	3972	1738	104	
预防医学	91	19	36	36		
公共卫生	122	2	32	48	26	15
营养和食品卫生	1403		628	493	78	204
药物滥用和成瘾	1637		105	1396	137	
社会医疗	585		22	494		69
卫生医疗其他研究	8247	182	3593	3666	267	539
教育事业发展	161		23	120		17
教育一般问题	41		23			17
非学历教育与培训	95			95		
其他教育	25			25		
基础设施以及城市和农村规划	7740	53	944	3650	466	2627
交通运输	3565	33	566	1895	271	801
通信	1556	10	44	1257		245
广播与电视	27			27		
城市规划与市政工程	692		232	371		89
农村发展规划与建设	1719	10	72		156	1482
交通运输、通信、城市与农村发展对环境的影响	181		31	100	40	11
基础社会发展和社会服务	30826	6327	4611	6311	1964	11614
社会发展和社会服务一般问题	4564	3	942	1071		2548
社会保障	169		155	11	3	
公共安全	8845	2	517	2960	684	4684
社会管理	920		375	102	235	208
就业	20					20
法律与司法	196		129			67
政府与政治	455	453				2
遗产保护	7526	5798		26	296	1405
语言与文化	5					5
传媒	52					52
科技发展	4230	71	264	1363	331	2201
国土资源管理	513			120	326	66
其他社会发展和社会服务	3334		2229	658	90	358
地球和大气层的探索与利用	41533	7316	17027	2740	1551	12900

2-10 续表4

单位：万元

指标名称	课题经费内部支出	基础研究	应用研究	试验发展	R&D成果应用	科技服务
地壳、地幔，海底的探测和研究	201	117	32	1		51
水文地理	6005	185	129	148	62	5480
海洋	31441	6767	14999	1343	964	7368
大气	3807	247	1866	1248	446	
地球探测和开发其他研究	80				80	
民用空间探测及开发	5625	3	156	5226	64	177
飞行器和运载工具研制	2548		5	2544		
发射与控制系统	2454			2454		
卫星服务	478	3	151	83	64	177
空间探测和开发其他研究	145			145		
农林牧渔业发展	90870	3576	11410	48762	18153	8970
农林牧渔业发展一般问题	6855	123	475	3491	1402	1364
农作物种植及培育	42704	1771	5478	24950	8954	1552
林业和林产品	6952	689	197	4655	738	673
畜牧业	3467	68	211	2339	585	264
渔业	13757	308	2309	5811	3191	2138
农林牧渔业体系支撑	15676	605	2448	6844	2920	2858
农林牧渔业生产中污染的防治与处理	1461	11	293	672	364	121
工商业发展	141956	7832	28185	81030	12835	12074
促进工商业发展的一般问题	1902		365	445	165	928
产业共性技术	60833	6781	14359	34924	3994	775
非能源资源矿产的开采	2			2		
食品、饮料和烟草制品业	2020		803	691	182	343
纺织业、服装及皮革制品业	999	32	215	459	190	103
化学工业	2613		322	1892	314	85
非金属与金属制品业	4404	63	114	4171	49	7
机械制造业（不包括电子设备、仪器仪表及办公机械	11242	60	2300	5820	731	2331
电子设备、仪器仪表及办公机械	6469		183	3331	1129	1826
其他制造业	4997		241	4202	373	182
热力、水的生产和供应	583		8	128	447	
建筑业	1455		6	1378	69	2
信息与通信技术（ICT）服务业	5988	778	3104	1769	91	247
技术服务业	35857	117	5865	20916	4881	4078
金融业	136		22	20		94
房地产业	27					27
商业及其他服务业	1140			606	71	463
工商业活动中的环境保护、污染防治与处理	1290		279	278	150	584
非定向研究	26078	10301	15778			

2-10 续表 5

单位：万元

指标名称	课题经费内部支出	基础研究	应用研究	试验发展	R&D 成果应用	科技服务
自然科学领域的非定向研究	16812	3150	13662			
工程与技术科学领域的非定向研究	7039	6005	1034			
农业科学领域的非定向研究	9		9			
医学科学领域的非定向研究	238	220	18			
社会科学领域的非定向研究	1659	845	814			
人文科学领域的非定向研究	80	80				
其他	242		242			
其他民用目标	48445	680	13527	31886	576	1776
国防	1567	147	457	750		213
按课题合作形式分组						
独立完成	302321	31403	76845	117061	27822	49191
与境内独立研究机构合作	27217	747	3719	15537	2291	4924
与境内高等学校合作	49421	5923	17814	21292	4072	321
与境内注册其他企业合作	56275	16	6121	39996	4031	6111
与境外机构合作	1540		296	466	636	142
其他	21974	927	3295	9148	2996	5608
按课题服务的国民经济行业分组						
农、林、牧、渔业	81377	2812	10173	44660	17057	6675
农业	46482	1314	5934	26699	10027	2508
林业	8282	838	328	5995	601	520
畜牧业	3406	56	168	2282	732	167
渔业	11340	271	1583	5956	2541	990
农、林、牧、渔专业及辅助性活动	11867	333	2160	3728	3156	2490
采矿业	341		7	40		294
石油和天然气开采业	307		7	40		260
开采专业及辅助性活动	34					34
制造业	80675	1038	12583	53893	6869	6294
农副食品加工业	2589	74	201	1442	658	214
食品制造业	465		80	286	49	50
酒、饮料和精制茶制造业	1808		76	881	249	602
纺织业	761		24	507	211	19
纺织服装、服饰业	305		4	221	80	
皮革、毛皮、羽毛及其制品和制鞋业	666		253	273	100	41
木材加工和木、竹、藤、棕、草制品业	346	28	73	148	74	23
家具制造业	61			61		
造纸和纸制品业	114			76		38
印刷和记录媒介复制业	163			163		
文教、工美、体育和娱乐用品制造业	8				8	
石油、煤炭及其他燃料加工业	50			26		23

2-10　续表 6　　单位：万元

指标名称	课题经费内部支出	基础研究	应用研究	试验发展	R&D 成果应用	科技服务
化学原料和化学制品制造业	5048	229	588	4065	124	41
医药制造业	7770	66	2927	3450	1085	243
化学纤维制造业	218	39		95	80	4
橡胶和塑料制品业	875		160	715		
非金属矿物制品业	2748		327	1961	264	196
有色金属冶炼和压延加工业	835			788	45	1
金属制品业	763	11	191	438	46	77
通用设备制造业	10197	92	2704	6385	391	626
专用设备制造业	13948	31	1244	12215	367	90
汽车制造业	1212		234	754	224	
铁路、船舶、航空航天和其他运输设备制造业	4930	395	1484	3040		11
电气机械和器材制造业	4021	48	926	2456	236	355
计算机、通信和其他电子设备制造业	7172	10	16	3825	2084	1237
仪器仪表制造业	6529		722	3229	218	2360
其他制造业	6952		271	6384	276	22
废弃资源综合利用业	124	13	80	10		21
电力、热力、燃气及水生产和供应业	5813		785	1709	1883	1436
电力、热力生产和供应业	4326		785	708	1506	1328
燃气生产和供应业	1003			731	272	
水的生产和供应业	484			270	106	108
建筑业	2776		53	2145	434	144
土木工程建筑业	2740		53	2116	428	142
建筑装饰、装修和其他建筑业	36			29	5	2
批发和零售业	168		5	163		
批发业	28		5	23		
零售业	140			140		
交通运输、仓储和邮政业	5346		557	3828	236	726
铁路运输业	30			30		
道路运输业	1915		417	597	236	664
水上运输业	560		139	360		61
航空运输业	2566			2566		
装卸搬运和仓储业	275			275		
住宿和餐饮业	124					124
住宿业	103					103
餐饮业	20					20
信息传输、软件和信息技术服务业	47663	7184	14248	20533	1217	4481
电信、广播电视和卫星传输服务	417		151	195	64	8
互联网和相关服务	22708	6260	1514	14724		209

2-10 续表 7

单位：万元

指标名称	课题经费内部支出	基础研究	应用研究	试验发展	R&D 成果应用	科技服务
软件和信息技术服务业	24538	924	12583	5614	1153	4264
金融业	587		22	71		494
资本市场服务	400					400
其他金融业	187		22	71		94
租赁和商务服务业	43			3		40
商务服务业	43			3		40
科学研究和技术服务业	169687	18606	59487	63385	9944	18265
研究和试验发展	103339	18287	49438	35613		
专业技术服务业	58907	279	9211	27200	9172	13044
科技推广和应用服务业	7441	40	838	572	772	5221
水利、环境和公共设施管理业	40828	538	4522	9036	3340	23393
水利管理业	20296	179	569	2531	388	16628
生态保护和环境治理业	19803	276	3768	6220	2894	6646
公共设施管理业	701	83	185	256	59	119
土地管理业	28			28		
居民服务、修理和其他服务业	182			173		9
居民服务业	173			173		
其他服务业	9					9
教育	1043		100	512	47	385
教育	1043		100	512	47	385
卫生和社会工作	8052	1822	3473	2233	123	401
卫生	8052	1822	3473	2233	123	401
文化、体育和娱乐业	7760	5638	292	148	257	1425
文化艺术业	7494	5638	32	148	257	1419
体育	6					6
娱乐业	260		260			
公共管理、社会保障和社会组织	6224	1378	1784	936	442	1684
中国共产党机关	868	789				78
国家机构	5331	589	1784	936	438	1585
社会保障	20					20
群众团体、社会团体和其他成员组织	5				4	2
国际组织	60			33		27
国际组织	60			33		27

2–11 科学研究和技术服务业事业单位课题人员折合全时工作量按活动类型分（2020）

单位：人年

指标名称	课题人员折合全时工作量	基础研究	应用研究	试验发展	R&D 成果应用	科技服务
总计	**14137**	**1381**	**3538**	**6061**	**1441**	**1716**
按机构所属地域分组						
杭州市	6051	1067	1614	1897	591	883
宁波市	2855	220	969	1249	200	218
温州市	1620	65	508	844	90	113
嘉兴市	866	6	48	356	277	179
湖州市	260	14	19	131	45	52
绍兴市	577	2	35	329	77	133
金华市	257		55	163	11	28
衢州市	501		97	367		37
舟山市	446	5	70	275	72	25
台州市	349	3	53	235	46	13
丽水市	355		71	215	33	36
按机构所属隶属关系分组						
中央部门属	2593	456	913	844	194	186
中国科学院	1318	188	532	522	55	21
地方部门属	11543	925	2624	5217	1247	1530
省级部门属	4260	814	1177	1067	410	791
副省级城市属	833	17	256	324	73	163
地市级部门属	1195	14	241	772	72	96
按课题的来源分组						
国家科技项目	3043	800	948	961	250	84
地方科技项目	5842	270	1438	2805	614	715
企业委托科技项目	1984	8	211	1026	276	463
自选科技项目	2478	147	804	1160	229	138
国际合作科技项目	21		9	9	1	3
其他科技项目	769	157	128	100	71	313
按课题的所属学科分组						
自然科学领域	1732	202	588	617	129	197
数学	1		1			
信息科学与系统科学	377	2	65	192	72	47
力学	30		8	22		
物理学	200	5	128	64	4	

2-11　续表 1　　　　单位：人年

指标名称	课题人员折合全时工作量					
		基础研究	应用研究	试验发展	R&D 成果应用	科技服务
化学	200	10	55	114	9	13
地球科学	650	150	247	100	24	131
生物学	275	36	85	126	21	6
农业科学领域	3018	251	465	1442	524	336
农学	2031	175	349	936	359	212
林学	418	56	33	217	52	61
畜牧、兽医科学	185	4	22	114	34	11
水产学	384	16	61	176	79	52
医学科学领域	528	78	236	174	21	18
基础医学	61	15	39	5	3	
临床医学	128	40	79	9		1
预防医学与公共卫生学	29	1	23	2		3
军事医学与特种医学	2			2		
药学	175	5	29	123	10	9
中医学与中药学	132	18	67	34	8	5
工程科学与技术领域	8333	635	2153	3814	749	982
工程与技术科学基础学科	233	4	58	121	24	27
信息与系统科学相关工程与技术	419		133	249	9	28
自然科学相关工程与技术	494	25	275	165	7	22
测绘科学技术	131			58	23	50
材料科学	2048	202	719	898	158	71
机械工程	724	2	149	493	41	38
动力与电气工程	117	1	53	58	4	
能源科学技术	104		24	49	12	20
核科学技术	3			1	1	2
电子与通信技术	499	51	144	193	78	34
计算机科学技术	1133	313	206	395	120	98
化学工程	266		29	207	23	8
产品应用相关工程与技术	303		58	199	35	12
纺织科学技术	94	2	22	47	20	3
食品科学技术	297		58	186	40	13
土木建筑工程	5			3	2	
水利工程	396	26	43	39	31	258
交通运输工程	69		22	5		42
航空、航天科学技术	60			59		2
环境科学技术及资源科学技术	672	8	83	316	83	183
安全科学技术	122	1	15	67	17	22
管理学	142		63	8	22	50

2-11 续表 2

单位：人年

指标名称	课题人员折合全时工作量	基础研究	应用研究	试验发展	R&D 成果应用	科技服务
社会、人文科学领域	527	215	96	14	18	183
马克思主义	55	31	24			
哲学	10	10				
艺术学	3			2		1
历史学	1		1			
考古学	173	157			11	5
经济学	166	1	40	11	1	113
法学	5		5			
社会学	87	17	26			44
图书馆、情报与文献学	7				7	
教育学	13					13
体育科学	2					2
统计学	5					5
按课题技术领域分组						
非技术领域	309	63	64	10	14	158
信息技术	2134	356	472	920	168	218
生物和现代农业技术	3150	296	596	1538	439	281
新材料技术	2178	207	744	1037	152	38
能源技术	124	8	25	68	7	17
激光技术	163	2	42	116	4	
先进制造与自动化技术	1381	4	384	774	168	51
航天技术	53		5	46		2
资源与环境技术	1399	168	306	429	153	344
其他技术领域	3248	277	901	1126	336	608
按课题的社会经济目标分组						
环境保护、生态建设及污染防治	1094	32	166	460	132	304
环境一般问题	45	4	8	21	2	11
环境与资源评估	72		20	21	4	28
环境监测	204	1	33	85	30	55
生态建设	232	2	14	60	37	119
环境污染预防	164	8	38	72	19	28
环境治理	335	17	41	183	33	61
自然灾害的预防、预报	42	1	12	18	8	3
能源生产、分配和合理利用	281	2	55	155	32	37
能源一般问题研究	26	1		14	10	2
能源矿产的勘探技术	1			1		
能源转换技术	8		8			
能源输送、储存与分配技术	29		4	21	3	2

2-11　续表 3

单位：人年

指标名称	课题人员折合全时工作量					
		基础研究	应用研究	试验发展	R&D 成果应用	科技服务
可再生能源	78	1	16	41	5	15
能源设施和设备建造	69		15	39	3	13
能源安全生产管理和技术	27			23	1	3
节约能源的技术	18			16	2	1
能源生产、输送、分配、储存、利用过程中污染的防治与处理	26		12	1	10	3
卫生事业发展	914	101	460	277	46	30
卫生一般问题	57	23	27	5	3	
诊断与治疗	460	66	265	120	9	
预防医学	12	1	3	7		
公共卫生	10		2	2	5	1
营养和食品卫生	55		19	27	2	7
药物滥用和成瘾	25		1	14	11	
社会医疗	7		1	3		3
卫生医疗其他研究	288	11	143	100	17	18
教育事业发展	7		2	5		1
教育一般问题	3		2			1
非学历教育与培训	4			4		
基础设施以及城市和农村规划	333	11	81	132	14	95
交通运输	160	3	49	46	6	55
通信	74	6	11	53		4
广播与电视	2			2		
城市规划与市政工程	27		7	16		4
农村发展规划与建设	47	2	7	1	6	32
交通运输、通信、城市与农村发展对环境的影响	24		8	15	2	
基础社会发展和社会服务	1054	169	174	325	125	262
社会发展和社会服务一般问题	175		48	55		72
社会保障	12		10		2	
公共安全	252	1	32	126	19	75
社会管理	88		25	26	30	7
就业	4					4
法律与司法	9		5			4
政府与政治	7	5				2
遗产保护	178	157		4	11	5
语言与文化	4					4
传媒	2					2
科技发展	213	6	16	93	35	64
国土资源管理	27			6	20	1

2–11　续表 4

单位：人年

指标名称	课题人员折合全时工作量	基础研究	应用研究	试验发展	R&D 成果应用	科技服务
其他社会发展和社会服务	85		39	14	8	25
地球和大气层的探索与利用	683	174	238	77	42	152
地壳、地幔，海底的探测和研究	13	7	2	3		2
水文地理	129	24	10	11	4	81
海洋	415	138	158	27	22	69
大气	123	5	68	37	13	
地球探测和开发其他研究	3				3	
民用空间探测及开发	138		18	115	2	3
飞行器和运载工具研制	66			66		
发射与控制系统	26			26		
卫星服务	34		18	10	2	3
空间探测和开发其他研究	13			13		
农林牧渔业发展	3160	258	451	1542	522	387
农林牧渔业发展一般问题	291	6	21	143	53	67
农作物种植及培育	1475	166	210	767	241	92
林业和林产品	226	36	14	109	25	42
畜牧业	178	4	18	112	31	13
渔业	303	14	40	142	63	44
农林牧渔业体系支撑	632	32	137	240	98	125
农林牧渔业生产中污染的防治与处理	56		11	30	13	3
工商业发展	4453	167	969	2415	504	398
促进工商业发展的一般问题	92		14	24	16	39
产业共性技术	1153	117	284	654	77	21
食品、饮料和烟草制品业	99		37	33	12	17
纺织业、服装及皮革制品业	58	2	11	29	8	8
化学工业	298		43	234	19	3
非金属与金属制品业	149	2	15	99	33	1
机械制造业（不包括电子设备、仪器仪表及办公机械	436	2	144	221	45	24
电子设备、仪器仪表及办公机械	273		42	141	48	42
其他制造业	225		10	125	69	20
热力、水的生产和供应	8			3	4	
建筑业	41		2	32	6	1
信息与通信技术（ICT）服务业	244	40	89	69	18	28
技术服务业	1274	5	267	714	129	160
金融业	13		6	5		2
房地产业	2					2
商业及其他服务业	48			21	9	18

2-11　续表 5

单位：人年

指标名称	课题人员折合全时工作量	基础研究	应用研究	试验发展	R&D 成果应用	科技服务
工商业活动中的环境保护、污染防治与处理	39		4	12	12	12
非定向研究	873	384	489			
自然科学领域的非定向研究	481	104	377			
工程与技术科学领域的非定向研究	281	220	60			
医学科学领域的非定向研究	13	7	6			
社会科学领域的非定向研究	63	34	29			
人文科学领域的非定向研究	19	19				
其他	16		16			
其他民用目标	1065	71	401	528	21	44
国防	81	10	35	32		4
按课题的合作形式分组						
独立完成	9109	1015	2279	3655	974	1186
与境内独立研究机构合作	951	29	190	539	113	80
与境内高等学校合作	1689	277	596	692	90	34
与境内注册其他企业合作	1418	2	268	795	180	173
与境外机构合作	34		4	14	10	6
其他	936	58	200	366	74	238
按课题服务的国民经济行业分组						
农、林、牧、渔业	2698	185	361	1342	491	319
农业	1529	119	232	780	263	136
林业	277	35	17	152	37	35
畜牧业	165	4	17	101	32	11
渔业	310	13	41	151	64	41
农、林、牧、渔专业及辅助性活动	417	15	53	158	96	96
采矿业	14		2	9		3
石油和天然气开采业	13		2	9		2
开采专业及辅助性活动	1					1
制造业	2921	82	552	1789	327	171
农副食品加工业	104	3	12	59	20	11
食品制造业	21		4	14	2	2
酒、饮料和精制茶制造业	120		8	55	17	40
纺织业	35		1	21	11	1
纺织服装、服饰业	12			11	1	
皮革、毛皮、羽毛及其制品和制鞋业	46		15	23	1	7
木材加工和木、竹、藤、棕、草制品业	24	5	7	5	4	3
家具制造业	2			2		
造纸和纸制品业	6			5		1
印刷和记录媒介复制业	6			6		

2-11 续表 6 单位：人年

指标名称	课题人员折合全时工作量					
		基础研究	应用研究	试验发展	R&D 成果应用	科技服务
文教、工美、体育和娱乐用品制造业	7				7	
石油、煤炭及其他燃料加工业	2			1		1
化学原料和化学制品制造业	293	8	34	242	6	2
医药制造业	247	5	111	76	47	9
化学纤维制造业	27	1	1	22	2	1
橡胶和塑料制品业	37		9	28		
非金属矿物制品业	101	1	16	50	20	15
有色金属冶炼和压延加工业	8			6	2	
金属制品业	104	2	16	51	33	3
通用设备制造业	453	3	91	325	11	23
专用设备制造业	292	1	48	227	12	5
汽车制造业	59		13	35	11	
铁路、船舶、航空航天和其他运输设备制造业	209	45	40	123		1
电气机械和器材制造业	201	2	73	102	12	13
计算机、通信和其他电子设备制造业	223	6	3	129	79	6
仪器仪表制造业	167		25	95	24	23
其他制造业	106		21	74	8	3
废弃资源综合利用业	9	1	6	2		1
电力、热力、燃气及水生产和供应业	170		23	70	39	37
电力、热力生产和供应业	111		23	29	26	34
燃气生产和供应业	45			36	9	
水的生产和供应业	13			5	5	3
建筑业	81	2	4	57	11	9
土木工程建筑业	71		4	54	6	7
建筑装饰、装修和其他建筑业	11	2		3	5	1
批发和零售业	8			7		
批发业	1			1		
零售业	6			6		
交通运输、仓储和邮政业	171		49	67	5	50
铁路运输业	2			2		
道路运输业	111		41	18	5	47
水上运输业	12		9	1		3
航空运输业	36			36		
装卸搬运和仓储业	10			10		
住宿和餐饮业	3					3
住宿业	2					2
餐饮业	1					1

2-11 续表 7 单位：人年

指标名称	课题人员折合全时工作量	基础研究	应用研究	试验发展	R&D 成果应用	科技服务
信息传输、软件和信息技术服务业	1400	292	509	393	100	106
电信、广播电视和卫星传输服务	30		18	9	2	1
互联网和相关服务	402	226	66	102		8
软件和信息技术服务业	968	66	425	282	97	98
金融业	38		6	15		17
资本市场服务	15					15
其他金融业	23		6	15		2
租赁和商务服务业	3					2
商务服务业	3					2
科学研究和技术服务业	4633	495	1631	1786	284	436
研究和试验发展	2542	476	1204	862		
专业技术服务业	1780	16	374	893	238	258
科技推广和应用服务业	311	3	52	31	46	178
水利、环境和公共设施管理业	1128	35	149	383	135	427
水利管理业	338	16	28	38	19	237
生态保护和环境治理业	767	15	118	334	113	185
公共设施管理业	22	4	3	9	2	5
土地管理业	2			2		
居民服务、修理和其他服务业	6			5		
居民服务业	5			5		
教育	65		7	16	9	33
教育	65		7	16	9	33
卫生和社会工作	351	81	153	86	17	15
卫生	351	81	153	86	17	15
文化、体育和娱乐业	195	152	20	4	10	9
文化艺术业	175	152	2	4	10	8
体育	2					2
娱乐业	18		18			
公共管理、社会保障和社会组织	252	58	71	31	12	80
中国共产党机关	69	48				21
国家机构	176	10	71	31	10	54
社会保障	4					4
群众团体、社会团体和其他成员组织	3				2	1
国际组织	2			2		
国际组织	2			2		

2–12 科学研究和技术服务业事业单位 R&D 人员（2020）

单位：人

指标名称	R&D人员	#女性	按工作量分		按学历分			
			R&D全时人员	R&D非全时人员	博士毕业	硕士毕业	本科毕业	其他
总计	**16773**	**5235**	**9104**	**7669**	**4206**	**6092**	**5247**	**1228**
按机构所属地域分组								
杭州市	7071	2467	3777	3294	2144	2980	1454	493
宁波市	3594	996	1865	1729	961	1367	1141	125
温州市	2172	723	1169	1003	497	719	775	181
嘉兴市	747	132	381	366	181	215	259	92
湖州市	337	109	146	191	76	111	117	33
绍兴市	640	232	316	324	57	153	347	83
金华市	295	82	218	77	24	81	177	13
衢州市	637	163	394	243	104	152	358	23
舟山市	408	82	298	110	53	107	190	58
台州市	430	104	265	165	104	109	142	75
丽水市	442	145	275	167	5	98	287	52
按机构所属隶属关系分组								
中央部门属	3069	846	1988	1081	1024	1157	799	89
中国科学院	1652	384	1021	631	482	720	422	28
地方部门属	13704	4389	7116	6588	3182	4935	4448	1139
省级部门属	4826	1748	2598	2228	1392	2217	795	422
副省级城市属	926	353	490	436	192	381	304	49
地市级部门属	1535	578	841	694	147	637	629	122
按机构从事的国民经济行业分组								
科学研究和技术服务业	16773	5235	9104	7669	4206	6092	5247	1228
研究和试验发展	12314	3904	6915	5399	3572	4771	3145	826
专业技术服务业	2862	893	1215	1647	243	855	1517	247
科技推广和应用服务业	1597	438	974	623	391	466	585	155
按机构服务的国民经济行业分组								
农、林、牧、渔业	3297	1374	1901	1396	841	1074	984	398
农业	1471	607	816	655	250	623	503	95

2-12 续表 1

单位：人

指标名称	R&D人员	# 女性	按工作量分		按学历分			
			R&D全时人员	R&D非全时人员	博士毕业	硕士毕业	本科毕业	其他
林业	362	107	233	129	99	95	119	49
渔业	300	92	151	149	53	102	118	27
农、林、牧、渔专业及辅助性活动	1164	568	701	463	439	254	244	227
制造业	1708	457	909	799	461	504	604	139
农副食品加工业	60	18	39	21	1	21	35	3
食品制造业	16	8	14	2	2	6	6	2
酒、饮料和精制茶制造业	48	21	28	20	3	29	13	3
皮革、毛皮、羽毛及其制品和制鞋业	74	25	39	35	10	12	47	5
化学原料和化学制品制造业	328	73	242	86	53	47	209	19
医药制造业	111	52	63	48	27	57	26	1
通用设备制造业	316	101	195	121	93	99	92	32
专用设备制造业	103	39	73	30	23	41	34	5
汽车制造业	112	12	26	86	53	19	10	30
铁路、船舶、航空航天和其他运输设备制造业	5	2	3	2		1	4	
计算机、通信和其他电子设备制造业	296	33	39	257	127	84	71	14
仪器仪表制造业	124	45	68	56	19	70	35	
其他制造业	115	28	80	35	50	18	22	25
电力、热力、燃气及水生产和供应业	25	5	20	5	2	13	9	1
电力、热力生产和供应业	25	5	20	5	2	13	9	1
批发和零售业	17	2	9	8	1	4	12	
批发业	17	2	9	8	1	4	12	
交通运输、仓储和邮政业	79	12	47	32	8	48	18	5
道路运输业	79	12	47	32	8	48	18	5
信息传输、软件和信息技术服务业	446	125	256	190	100	109	211	26
软件和信息技术服务业	446	125	256	190	100	109	211	26
科学研究和技术服务业	10367	2967	5503	4864	2654	3965	3131	617
研究和试验发展	6633	1832	3835	2798	2179	2754	1372	328
专业技术服务业	2429	862	866	1563	150	791	1307	181
科技推广和应用服务业	1305	273	802	503	325	420	452	108
水利、环境和公共设施管理业	679	207	316	363	107	308	230	34
水利管理业	192	33	44	148	30	136	26	

2–12　续表 2　　　　单位：人

指标名称	R&D人员	# 女性	按工作量分		按学历分			
			R&D全时人员	R&D非全时人员	博士毕业	硕士毕业	本科毕业	其他
生态保护和环境治理业	487	174	272	215	77	172	204	34
卫生和社会工作	150	83	141	9	32	66	44	8
卫生	150	83	141	9	32	66	44	8
文化、体育和娱乐业	5	3	2	3		1	4	
文化艺术业	5	3	2	3		1	4	
按机构所属学科分组								
自然科学领域	3246	1006	1608	1638	997	1526	627	96
数学	44	1	15	29		5	39	
信息科学与系统科学	2013	596	1001	1012	618	1187	191	17
力学	160	38	39	121	27	45	78	10
化学	260	80	106	154	78	71	84	27
地球科学	749	284	430	319	271	215	226	37
生物学	20	7	17	3	3	3	9	5
农业科学领域	3814	1547	2279	1535	935	1267	1181	431
农学	2956	1251	1750	1206	751	1008	870	327
林学	473	191	302	171	123	130	159	61
水产学	385	105	227	158	61	129	152	43
医学科学领域	679	322	336	343	129	309	178	63
基础医学	130	60	72	58	25	73	32	
临床医学	137	46	133	4	48	26	30	33
药学	314	164	42	272	32	160	98	24
中医学与中药学	98	52	89	9	24	50	18	6
工程科学与技术领域	8594	2201	4494	4100	2086	2856	3152	500
工程与技术科学基础学科	972	316	506	466	156	247	494	75
信息与系统科学相关工程与技术	705	57	357	348	243	173	230	59
自然科学相关工程与技术	108	46	25	83	10	64	27	7
测绘科学技术	77	41	42	35	10	40	27	
材料科学	2335	548	1343	992	728	902	623	82
机械工程	1162	227	668	494	387	267	369	139
动力与电气工程	183	23	66	117	32	52	97	2

2–12 续表 3 单位：人

指标名称	R&D人员	# 女性	按工作量分		按学历分			
			R&D全时人员	R&D非全时人员	博士毕业	硕士毕业	本科毕业	其他
电子与通信技术	328	49	148	180	92	131	96	9
计算机科学技术	269	76	116	153	65	70	125	9
化学工程	312	71	227	85	62	45	199	6
产品应用相关工程与技术	764	288	309	455	111	264	336	53
纺织科学技术	59	26	3	56	4	22	30	3
食品科学技术	153	54	84	69	16	56	76	5
土木建筑工程	9	1	9			1	8	
水利工程	217	38	64	153	32	149	35	1
交通运输工程	84	14	50	34	8	49	22	5
航空、航天科学技术	210	84	71	139	31	81	98	
环境科学技术及资源科学技术	483	210	265	218	96	167	194	26
安全科学技术	156	29	134	22	3	72	64	17
管理学	8	3	7	1		4	2	2
社会、人文科学领域	440	159	387	53	59	134	109	138
马克思主义	137	40	137		44	39	15	39
考古学	179	59	176	3	4	34	45	96
社会学	92	48	74	18	11	39	39	3
图书馆、情报与文献学	32	12		32		22	10	
按机构从业人员规模分组								
≥ 1000 人	1068	534	632	436	417	235	206	210
500 ～ 999 人	4998	1464	2535	2463	1398	2477	1024	99
300 ～ 499 人	1056	351	468	588	237	324	445	50
200 ～ 299 人	1801	575	799	1002	464	657	569	111
100 ～ 199 人	2779	874	1819	960	515	935	979	350
50 ～ 99 人	2329	717	1288	1041	379	761	988	201
30 ～ 49 人	1185	379	783	402	326	330	427	102
20 ～ 29 人	445	65	210	235	108	170	146	21
10 ～ 19 人	919	223	483	436	296	171	411	41
0 ～ 9 人	193	53	87	106	66	32	52	43

2–13　科学研究和技术服务业事业单位 R&D 人员折合全时工作量（2020）

单位：人年

指标名称	R&D 折合全时工作量	#研究人员	按活动类型分组 基础研究	应用研究	试验发展
总计	**12150**	**8839**	**1542**	**3900**	**6708**
按机构所属地域分组					
杭州市	5142	3528	1206	1810	2126
宁波市	2541	2082	224	1014	1303
温州市	1596	1209	76	577	943
嘉兴市	500	344	6	53	441
湖州市	195	123	17	23	155
绍兴市	422	286	3	40	379
金华市	236	204		57	179
衢州市	509	367		104	405
舟山市	362	244	6	75	281
台州市	329	223	4	63	262
丽水市	318	229		84	234
按机构所属隶属关系分组					
中央部门属	2455	2026	520	999	936
中国科学院	1256	1149	190	538	528
地方部门属	9695	6813	1022	2901	5772
省级部门属	3419	2338	895	1279	1245
副省级城市属	623	448	18	272	333
地市级部门属	1150	863	17	267	866
按机构从事的国民经济行业分组					
科学研究和技术服务业	12150	8839	1542	3900	6708
研究和试验发展	9070	6747	1511	2979	4580
专业技术服务业	1910	1267	9	545	1356
科技推广和应用服务业	1170	825	22	376	772
按机构服务的国民经济行业分组					
农、林、牧、渔业	2438	1765	317	492	1629
农业	1103	833	87	180	836

2-13　续表 1　　单位：人年

指标名称	R&D 折合全时工作量		按活动类型分组		
		# 研究人员	基础研究	应用研究	试验发展
林业	310	219	61	36	213
渔业	209	151	19	53	137
农、林、牧、渔专业及辅助性活动	816	562	150	223	443
制造业	1252	951	26	328	898
农副食品加工业	47	44	3		44
食品制造业	15	11		2	13
酒、饮料和精制茶制造业	33	22		11	22
皮革、毛皮、羽毛及其制品和制鞋业	55	27		26	29
化学原料和化学制品制造业	279	254		44	235
医药制造业	72	58	10	28	34
通用设备制造业	258	188		81	177
专用设备制造业	80	58		49	31
汽车制造业	42	24		7	35
铁路、船舶、航空航天和其他运输设备制造业	4	3			4
计算机、通信和其他电子设备制造业	179	114	11	39	129
仪器仪表制造业	105	68	2	2	101
其他制造业	83	80		39	44
电力、热力、燃气及水生产和供应业	22	21		14	8
电力、热力生产和供应业	22	21		14	8
批发和零售业	11	4			11
批发业	11	4			11
交通运输、仓储和邮政业	64	47		34	30
道路运输业	64	47		34	30
信息传输、软件和信息技术服务业	363	203	2	51	310
软件和信息技术服务业	363	203	2	51	310
科学研究和技术服务业	7317	5391	1116	2771	3430
研究和试验发展	4819	3748	1086	1963	1770
专业技术服务业	1538	1006	12	506	1020
科技推广和应用服务业	960	637	18	302	640
水利、环境和公共设施管理业	533	344	31	125	377
水利管理业	157	65	29	62	66

2-13　续表 2　　单位：人年

指标名称	R&D 折合全时工作量		按活动类型分组		
		# 研究人员	基础研究	应用研究	试验发展
生态保护和环境治理业	376	279	2	63	311
卫生和社会工作	147	111	50	82	15
卫生	147	111	50	82	15
文化、体育和娱乐业	3	2		3	
文化艺术业	3	2		3	
按机构所属学科分组					
自然科学领域	2211	1547	568	1143	500
数学	19	15		17	2
信息科学与系统科学	1374	973	370	677	327
力学	97	40	11	77	9
化学	170	107	11	101	58
地球科学	533	403	176	269	88
生物学	18	9		2	16
农业科学领域	2871	2096	358	618	1895
农学	2188	1603	264	495	1429
林学	395	282	75	43	277
水产学	288	211	19	80	189
医学科学领域	485	304	85	243	157
基础医学	87	65	10	69	8
临床医学	134	76	29	95	10
药学	169	81		35	134
中医学与中药学	95	82	46	44	5
工程科学与技术领域	6179	4660	279	1748	4152
工程与技术科学基础学科	702	544	26	212	464
信息与系统科学相关工程与技术	474	328			474
自然科学相关工程与技术	42	39	3	22	17
测绘科学技术	54	43		14	40
材料科学	1718	1449	208	736	774
机械工程	862	639		230	632
动力与电气工程	128	74		19	109
电子与通信技术	239	172		30	209

2-13　续表 3

单位：人年

指标名称	R&D 折合全时工作量	# 研究人员	按活动类型分组		
			基础研究	应用研究	试验发展
计算机科学技术	192	96		24	168
化学工程	254	231		17	237
产品应用相关工程与技术	519	330	2	130	387
纺织科学技术	27	21			27
食品科学技术	98	83	3	43	52
土木建筑工程	9	9			9
水利工程	179	86	29	76	74
交通运输工程	68	50		34	34
航空、航天科学技术	108	73	3	60	45
环境科学技术及资源科学技术	349	251	4	86	259
安全科学技术	150	135	1	10	139
管理学	7	7		5	2
社会、人文科学领域	404	232	252	148	4
马克思主义	137	89	78	59	
考古学	177	63	174	3	
社会学	81	74		81	
图书馆、情报与文献学	9	6		5	4
按机构从业人员规模分组					
≥ 1000 人	737	509	136	208	393
500 ～ 999 人	3439	2689	773	1446	1220
300 ～ 499 人	733	503	59	226	448
200 ～ 299 人	1287	875	118	245	924
100 ～ 199 人	2249	1643	342	548	1359
50 ～ 99 人	1740	1203	79	581	1080
30 ～ 49 人	921	668	9	349	563
20 ～ 29 人	318	206	15	139	164
10 ～ 19 人	619	470	10	112	497
0 ～ 9 人	107	73	1	46	60

2–14 科学研究和技术服务业事业单位R&D经费内部支出按活动类型和经费来源分（2020）

单位：万元

指标名称	R&D经费内部支出	按活动类型分			按经费来源分			
		基础研究	应用研究	试验发展	政府资金	企业资金	国外资金	其他资金
总计	**705696**	**78083**	**236525**	**391089**	**559203**	**65427**	**95**	**80972**
按机构所属地域分组								
杭州市	309443	52544	100781	156117	261177	11473	12	36782
宁波市	183961	15046	75475	93441	139339	22451	53	22118
温州市	103957	9291	37825	56841	85349	5993		12614
嘉兴市	18744	36	2056	16652	8084	10018		643
湖州市	8098	766	889	6444	5970	1870		259
绍兴市	12300	14	1256	11030	3758	3579		4963
金华市	9376		2235	7142	7299	1236		842
衢州市	13526		3423	10103	13133	363		30
舟山市	15033	162	3503	11367	13415	1613	5	
台州市	14238	223	3068	10947	7857	3793	26	2562
丽水市	17020		6015	11005	13823	3038		159
按机构所属隶属关系分组								
中央部门属	183500	31138	79769	72593	159440	16920	53	7088
中国科学院	87732	13750	38558	35425	74685	12994	53	
地方部门属	522196	46945	156757	318495	399763	48507	42	73884
省级部门属	186778	36019	59053	91706	149278	12831	12	24657
副省级城市属	58161	652	27725	29785	56851	430		881
地市级部门属	55133	945	10780	43408	39621	6609	26	8877
按机构从事的国民经济行业分组								
科学研究和技术服务业	705696	78083	236525	391089	559203	65427	95	80972
研究和试验发展	536569	76722	176704	283143	449514	43286	95	43674
专业技术服务业	84424	304	25202	58918	45286	12108		27031
科技推广和应用服务业	84703	1056	34619	49027	64403	10032		10267
按机构服务的国民经济行业分组								
农、林、牧、渔业	145126	11897	26659	106569	126799	6386	16	11925

2-14　续表 1　　　　单位：万元

指标名称	R&D经费内部支出	按活动类型分			按经费来源分			
		基础研究	应用研究	试验发展	政府资金	企业资金	国外资金	其他资金
农业	70252	4194	8085	57974	68381	349		1522
林业	14048	1342	873	11834	13449	332	5	263
渔业	12857	812	3408	8637	11479	1150		228
农、林、牧、渔专业及辅助性活动	47968	5550	14294	28124	33490	4555	12	9912
制造业	53065	493	11370	41202	34592	9559		8913
农副食品加工业	1595	83		1512	1515	80		
食品制造业	1009		79	930	666	344		
酒、饮料和精制茶制造业	1288		488	800	405	849		35
皮革、毛皮、羽毛及其制品和制鞋业	3573		953	2620	2772			801
化学原料和化学制品制造业	8205		858	7346	5080	725		2399
医药制造业	1555	166	443	946	922	308		324
通用设备制造业	14639		3891	10748	7546	3052		4041
专用设备制造业	2557		1786	772	2238	320		
汽车制造业	818		28	790	696	122		
铁路、船舶、航空航天和其他运输设备制造业	79			79	79			
计算机、通信和其他电子设备制造业	6578	148	575	5854	4917	1660		
仪器仪表制造业	7146	97	148	6902	4154	1700		1292
其他制造业	4025		2121	1904	3604	400		21
电力、热力、燃气及水生产和供应业	1029		562	467	270			760
电力、热力生产和供应业	1029		562	467	270			760
批发和零售业	586			586	586			
批发业	586			586	586			
交通运输、仓储和邮政业	1678		434	1244	1522	156		
道路运输业	1678		434	1244	1522	156		
信息传输、软件和信息技术服务业	22465	102	1067	21296	9644	5921		6900
软件和信息技术服务业	22465	102	1067	21296	9644	5921		6900
科学研究和技术服务业	442204	60985	180487	200732	363159	37242	53	41751
研究和试验发展	329872	59994	132581	137297	298211	22388	53	9220
专业技术服务业	67893	439	22352	45102	33471	6447		27976
科技推广和应用服务业	44439	552	25553	18333	31477	8407		4555
水利、环境和公共设施管理业	25104	355	6951	17798	10427	6163	26	8489

2-14 续表 2 单位：万元

指标名称	R&D经费内部支出	按活动类型分			按经费来源分			
		基础研究	应用研究	试验发展	政府资金	企业资金	国外资金	其他资金
水利管理业	12073	355	3089	8629	5433	2539		4102
生态保护和环境治理业	13031	1	3862	9168	4994	3624	26	4387
卫生和社会工作	14394	4250	8948	1196	12158			2236
卫生	14394	4250	8948	1196	12158			2236
文化、体育和娱乐业	47		47		47			
文化艺术业	47		47		47			
按机构所属学科分组								
自然科学领域	132234	26376	61067	44792	115484	5410		11341
数学	799		787	12	33			766
信息科学与系统科学	74168	13182	23547	37438	62468	4151		7549
力学	3454	148	2847	459	3454			
化学	6020	79	3620	2321	2569	570		2881
地球科学	46850	12967	30186	3697	46499	206		145
生物学	944		79	865	462	483		
农业科学领域	167510	12650	33473	121388	146320	7234	16	13939
农学	132606	9122	28057	95428	114420	5752	12	12422
林学	19054	2717	1128	15209	17428	332	5	1289
水产学	15850	812	4288	10751	14472	1150		228
医学科学领域	39573	10849	20646	8078	35728	169		3676
基础医学	3157	166	2699	292	2455			702
临床医学	18057	6655	10734	668	15153			2905
药学	7303		712	6591	7064	169		69
中医学与中药学	11057	4028	6501	528	11057			
工程科学与技术领域	348251	16893	115027	216332	249494	52613	79	46065
工程与技术科学基础学科	45309	1686	17552	26071	34221	2864		8224
信息与系统科学相关工程与技术	22825			22825	18923	3902		
自然科学相关工程与技术	2284	244	1024	1016	2284			
测绘科学技术	3017		690	2327	40			2977
材料科学	119663	14134	55547	49983	102666	14910	53	2035
机械工程	38329		12568	25760	19403	11376	26	7524
动力与电气工程	6694		931	5763	2579			4116

2–14 续表 3

单位：万元

指标名称	R&D经费内部支出	按活动类型分			按经费来源分			
		基础研究	应用研究	试验发展	政府资金	企业资金	国外资金	其他资金
电子与通信技术	6589		1114	5475	2940	3160		489
计算机科学技术	8250		298	7952	7178	959		114
化学工程	6741		199	6542	6282	429		30
产品应用相关工程与技术	28311	97	6050	22165	11586	9585		7140
纺织科学技术	797			797	767			30
食品科学技术	2717	83	515	2119	2437	80		200
土木建筑工程	278			278				278
水利工程	13102	355	3651	9096	5702	2539		4861
交通运输工程	1757		434	1323	1601	156		
航空、航天科学技术	21401	162	8121	13118	21156	246		
环境科学技术及资源科学技术	13929	127	5921	7880	8278	551		5100
安全科学技术	5781	6	139	5636	1183	1652		2947
管理学	479		271	207	271	206		2
社会、人文科学领域	18128	11315	6313	500	12176			5951
马克思主义	4105	2034	2072		4105			
考古学	9328	9281	47		4764			4564
社会学	4058		4058		2671			1387
图书馆、情报与文献学	637		137	500	637			
按机构从业人员规模分组								
≥ 1000 人	43823	4176	14051	25597	28324	4555	12	10933
500 ～ 999 人	219618	40810	92661	86147	198115	17374	53	4076
300 ～ 499 人	48910	2614	8511	37785	30689	4923		13298
200 ～ 299 人	66226	3583	10063	52580	55142	3958		7125
100 ～ 199 人	133591	17524	38593	77474	100839	11999	26	20727
50 ～ 99 人	97267	8055	30233	58979	65626	11641		20000
30 ～ 49 人	52251	380	26637	25234	43670	5429		3152
20 ～ 29 人	18625	594	10863	7168	15609	1820		1196
10 ～ 19 人	22593	333	3868	18393	19192	3032	5	364
0 ～ 9 人	2793	15	1044	1734	1997	696		101

2–15 科学研究和技术服务业事业单位R&D经费内部支出按经费类别分（2020）

单位：万元

指标名称	R&D经费内部支出	日常性支出	人员劳务费	其他日常性支出	资产性支出	土建费	仪器与设备支出	资本化的计算机软件支出	专利和专有技术支出
总计	**705696**	**456895**	**254362**	**202533**	**248802**	**125525**	**117077**	**3808**	**2392**
按机构所属地域分组									
杭州市	309443	231705	122457	109248	77738	20712	53656	1742	1628
宁波市	183961	98876	54433	44444	85085	53240	31612	192	40
温州市	103957	49735	28540	21196	54222	40174	12503	1129	416
嘉兴市	18744	11894	7901	3993	6850	4798	1729	97	227
湖州市	8098	6667	3699	2968	1432	211	1209	7	5
绍兴市	12300	9630	5659	3972	2670	457	2199	2	12
金华市	9376	6619	4117	2503	2757	1098	1659		
衢州市	13526	8374	5164	3211	5152	78	5015	57	2
舟山市	15033	12979	9278	3701	2054	122	1904	16	13
台州市	14238	9713	5881	3832	4525	2574	1892	21	37
丽水市	17020	10703	7234	3469	6317	2060	3699	545	14
按机构所属隶属关系分组									
中央部门属	183500	127640	66699	60941	55860	32032	23141	416	271
中国科学院	87732	47577	27903	19674	40155	27919	12153	81	2
地方部门属	522196	329255	187663	141593	192941	93493	93936	3392	2121
省级部门属	186778	138161	76869	61292	48617	20744	27054	801	19
副省级城市属	58161	24307	13212	11096	33854	19664	14132	57	1
地市级部门属	55133	46051	25892	20158	9082	5037	3756	9	280
按机构从事的国民经济行业分组									
科学研究和技术服务业	705696	456895	254362	202533	248802	125525	117077	3808	2392
研究和试验发展	536569	364139	200450	163689	172431	86384	81108	2759	2179
专业技术服务业	84424	60164	38322	21842	24261	4184	19022	901	154
科技推广和应用服务业	84703	32593	15590	17002	52110	34956	16947	148	59
按机构服务的国民经济行业分组									
农、林、牧、渔业	145126	122766	70567	52199	22360	13396	8513	160	291

2–15　续表 1　　　　单位：万元

指标名称	R&D经费内部支出	日常性支出			资产性支出				
			人员劳务费	其他日常性支出		土建费	仪器与设备支出	资本化的计算机软件支出	专利和专有技术支出
农业	70252	58625	32947	25678	11627	7925	3408	16	279
林业	14048	12076	7501	4576	1972	898	1072	2	
渔业	12857	10933	6135	4798	1924	20	1904		
农、林、牧、渔专业及辅助性活动	47968	41132	23985	17147	6836	4553	2128	142	13
制造业	53065	29213	16253	12960	23851	6726	14749	1037	1338
农副食品加工业	1595	1443	1089	355	151		151		
食品制造业	1009	545	416	129	465	3	460	2	
酒、饮料和精制茶制造业	1288	1253	847	407	35		35		
皮革、毛皮、羽毛及其制品和制鞋业	3573	697	546	151	2876	1745	1120	11	
化学原料和化学制品制造业	8205	4592	2774	1817	3613		3613		
医药制造业	1555	1134	780	354	421		421		
通用设备制造业	14639	8068	3083	4985	6571	2402	3937	3	229
专用设备制造业	2557	1833	1148	685	724		690	34	
汽车制造业	818	439	273	166	378	130	248		
铁路、船舶、航空航天和其他运输设备制造业	79	79	62	16					
计算机、通信和其他电子设备制造业	6578	3117	2183	935	3460	573	1686	92	1110
仪器仪表制造业	7146	4620	2111	2509	2527	1292	1235		
其他制造业	4025	1393	943	450	2631	581	1154	896	
电力、热力、燃气及水生产和供应业	1029	973	638	336	56		56		
电力、热力生产和供应业	1029	973	638	336	56		56		
批发和零售业	586	494	325	169	91		91		
批发业	586	494	325	169	91		91		
交通运输、仓储和邮政业	1678	1678	1599	79					
道路运输业	1678	1678	1599	79					
信息传输、软件和信息技术服务业	22465	14413	5992	8421	8052	4900	3103	5	45
软件和信息技术服务业	22465	14413	5992	8421	8052	4900	3103	5	45
科学研究和技术服务业	442204	261410	144961	116449	180794	91527	86032	2549	686
研究和试验发展	329872	192584	103658	88926	137288	74713	60667	1409	499
专业技术服务业	67893	48911	30416	18494	18983	3906	14048	981	48
科技推广和应用服务业	44439	19916	10887	9029	24523	12909	11317	159	139

2–15 续表 2 单位：万元

指标名称	R&D经费内部支出	日常性支出	人员劳务费	其他日常性支出	资产性支出	土建费	仪器与设备支出	资本化的计算机软件支出	专利和专有技术支出
水利、环境和公共设施管理业	25104	21444	10614	10829	3660	858	2714	57	32
水利管理业	12073	9909	4961	4948	2165	395	1748	21	
生态保护和环境治理业	13031	11535	5653	5882	1496	462	966	36	32
卫生和社会工作	14394	4477	3389	1088	9917	8098	1819		
卫生	14394	4477	3389	1088	9917	8098	1819		
文化、体育和娱乐业	47	26	23	3	21	21			
文化艺术业	47	26	23	3	21	21			
按机构所属学科分组									
自然科学领域	132234	97260	47603	49657	34974	7609	26579	744	42
数学	799	645	512	133	154		154		
信息科学与系统科学	74168	50423	25613	24810	23745	6080	17262	403	
力学	3454	2270	1705	565	1185		1164	19	2
化学	6020	4783	3147	1636	1236	20	1187		29
地球科学	46850	38450	16130	22320	8399	1465	6606	322	6
生物学	944	690	496	194	255	44	206		5
农业科学领域	167510	140911	83555	57356	26599	14209	11933	170	286
农学	132606	110942	65855	45087	21664	12688	8542	160	274
林学	19054	16295	9495	6800	2759	1399	1357	2	
水产学	15850	13674	8205	5469	2177	122	2034	8	13
医学科学领域	39573	14011	8295	5715	25562	21514	3903	146	
基础医学	3157	2437	1923	514	719		685	34	
临床医学	18057	3209	2522	687	14849	13760	1089		
药学	7303	5304	1859	3445	1999	489	1398	112	
中医学与中药学	11057	3061	1992	1069	7996	7265	730		
工程科学与技术领域	348251	186698	107872	78826	161553	82172	74570	2747	2064
工程与技术科学基础学科	45309	19230	12859	6371	26079	19710	6327	36	6
信息与系统科学相关工程与技术	22825	12236	9255	2981	10589	63	9816	344	365
自然科学相关工程与技术	2284	1184	855	329	1100	1052	40	5	4
测绘科学技术	3017	2825	1410	1415	192		192		
材料科学	119663	59325	32608	26717	60338	35851	23144	182	1161
机械工程	38329	22088	10314	11774	16241	4514	9601	1671	455

2-15 续表 3

单位：万元

指标名称	R&D经费内部支出	日常性支出	人员劳务费	其他日常性支出	资产性支出	土建费	仪器与设备支出	资本化的计算机软件支出	专利和专有技术支出
动力与电气工程	6694	3606	2081	1525	3088		2954	134	
电子与通信技术	6589	5348	3841	1507	1241		1019	176	46
计算机科学技术	8250	4927	2506	2421	3324	573	2738	9	4
化学工程	6741	2760	1263	1497	3981	267	3709	5	
产品应用相关工程与技术	28311	18219	10534	7685	10092	6045	3964	64	19
纺织科学技术	797	767	253	514	30		30		
食品科学技术	2717	2077	1673	405	639	3	635	2	
土木建筑工程	278	274	162	112	4				4
水利工程	13102	10882	5599	5283	2220	395	1804	21	
交通运输工程	1757	1757	1661	96					
航空、航天科学技术	21401	3212	1996	1216	18189	12927	5215	46	1
环境科学技术及资源科学技术	13929	10554	5507	5047	3374	470	2873	31	
安全科学技术	5781	4993	3364	1628	788	301	464	23	
管理学	479	434	131	303	45		45		
社会、人文科学领域	18128	18015	7035	10980	113	21	93		
马克思主义	4105	4013	3062	951	93		93		
考古学	9328	9307	1940	7367	21	21			
社会学	4058	4058	1765	2293					
图书馆、情报与文献学	637	637	268	369					
按机构从业人员规模分组									
≥ 1000 人	43823	37767	21478	16288	6057	3950	1973	134	
500 ~ 999 人	219618	149386	79781	69606	70232	30760	38508	875	88
300 ~ 499 人	48910	35782	18070	17712	13128	7299	5362	203	264
200 ~ 299 人	66226	46933	28380	18553	19293	3047	15525	439	282
100 ~ 199 人	133591	78238	42711	35527	55353	34983	18739	252	1379
50 ~ 99 人	97267	63368	38067	25301	33899	23204	9530	915	250
30 ~ 49 人	52251	26332	15456	10876	25919	10025	14973	903	18
20 ~ 29 人	18625	5742	3772	1970	12883	9431	3399	44	10
10 ~ 19 人	22593	11140	5215	5925	11453	2766	8548	44	96
0 ~ 9 人	2793	2208	1433	775	586	59	521		6

2–16 科学研究和技术服务业事业单位 R&D 经费外部支出（2020）

单位：万元

指标名称	R&D 经费外部支出	对境内研究机构支出	对境内高等学校支出	对境内企业支出	对境内其他单位支出
总计	**33765**	**8686**	**18121**	**6539**	**420**
按机构所属地域分组					
杭州市	26985	8042	13734	4935	275
宁波市	619	174	179	229	37
温州市	141			141	
嘉兴市	2164	404	903	858	
湖州市	315		75	240	
绍兴市	3174	50	3032	92	
金华市	20		20		
衢州市	68		68		
舟山市	135	16	74	45	
丽水市	144		36		108
按机构所属隶属关系分组					
中央部门属	7240	2942	2896	1227	175
地方部门属	26526	5744	15225	5312	245
省级部门属	21232	5503	11701	3927	100
副省级城市属	421	173	59	189	
按机构从事的国民经济行业分组					
科学研究和技术服务业	33765	8686	18121	6539	420
研究和试验发展	29773	8618	14711	6132	312
专业技术服务业	3448		3246	202	
科技推广和应用服务业	544	68	164	204	108
按机构服务的国民经济行业分组					
农、林、牧、渔业	3815	1530	757	1245	283
农业	3495	1398	699	1223	175
林业	192	80		4	108
渔业	81	36	45		
农、林、牧、渔专业及辅助性活动	47	16	13	18	
制造业	3448	1333	1820	295	
农副食品加工业	3	2	1		
皮革、毛皮、羽毛及其制品和制鞋业	10			10	
医药制造业	189			189	
专用设备制造业	61		55	6	
计算机、通信和其他电子设备制造业	3185	1331	1764	90	
信息传输、软件和信息技术服务业	3212	50	3000	162	
软件和信息技术服务业	3212	50	3000	162	

2-16 续表 1 单位：万元

指标名称	R&D经费外部支出	对境内研究机构支出	对境内高等学校支出	对境内企业支出	对境内其他单位支出
科学研究和技术服务业	23110	5637	12500	4837	137
研究和试验发展	22371	5637	12134	4501	100
专业技术服务业	303		236	67	
科技推广和应用服务业	436		130	269	37
水利、环境和公共设施管理业	181	137	44		
生态保护和环境治理业	181	137	44		
按机构所属学科分组					
自然科学领域	22899	6564	13023	3212	100
信息科学与系统科学	15955	3769	8971	3115	100
力学	3185	1331	1764	90	
化学	98		91	7	
地球科学	3661	1464	2197		
农业科学领域	3815	1530	757	1245	283
农学	3495	1398	699	1223	175
林学	192	80		4	108
水产学	128	52	58	18	
医学科学领域	293		104	189	
基础医学	293		104	189	
工程科学与技术领域	6759	592	4238	1893	37
工程与技术科学基础学科	108		81	27	
信息与系统科学相关工程与技术	658		10	648	
测绘科学技术	39		39		
材料科学	115		19	59	37
机械工程	274		100	174	
电子与通信技术	3068		3068		
计算机科学技术	212	50		162	
产品应用相关工程与技术	1989	404	863	722	
食品科学技术	3	2	1		
航空、航天科学技术	100			100	
环境科学技术及资源科学技术	194	137	58		
按机构从业人员规模分组					
500～999人	19761	5233	11178	3250	100
300～499人	5604	1802	1642	1986	175
200～299人	383			383	
100～199人	388		147	134	108
50～99人	982	268	169	507	37
30～49人	276		136	140	
20～29人	3308	1381	1794	133	
10～19人	3064	2	3056	6	

2–17 科学研究和技术服务业事业单位 R&D 日常性支出（2020）

单位：万元

指标名称	R&D日常性支出	按活动类型分组			按来源分组				
		基础研究	应用研究	试验发展	政府资金	企业资金	事业单位资金	国外资金	其他资金
总计	**456895**	**52631**	**141532**	**262732**	**347129**	**50429**	**58550**	**71**	**716**
按机构所属地域分组									
杭州市	231705	41379	77608	112719	195170	10944	24876	12	704
宁波市	98876	8323	35853	54700	66854	14614	17380	29	
温州市	49735	2114	13581	34040	34926	5316	9493		
嘉兴市	11894	20	1367	10508	4816	6546	520		12
湖州市	6667	578	697	5392	4758	1732	177		
绍兴市	9630	10	1100	8520	2507	3307	3816		
金华市	6619		1564	5055	5289	666	664		
衢州市	8374		2326	6048	7981	363	30		
舟山市	12979	114	2966	9899	11491	1484		5	
台州市	9713	94	1507	8111	4479	3771	1437	26	
丽水市	10703		2962	7740	8858	1686	159		
按机构所属隶属关系分组									
中央部门属	127640	21881	55194	50565	110584	10916	5407	29	704
中国科学院	47577	7456	20910	19211	40502	7047		29	
地方部门属	329255	30751	86338	212166	236544	39513	53143	42	12
省级部门属	138161	27623	42048	68490	112251	9846	16053	12	
副省级城市属	24307	357	8673	15278	23146	430	731		
地市级部门属	46051	888	8739	36424	32272	6500	7253	26	
按机构从事的国民经济行业分组									
科学研究和技术服务业	456895	52631	141532	262732	347129	50429	58550	71	716
研究和试验发展	364139	52130	114516	197493	299467	33389	30508	71	704
专业技术服务业	60164	239	18104	41820	28563	9848	21753		
科技推广和应用服务业	32593	262	8912	23419	19098	7192	6290		12
按机构服务的国民经济行业分组									
农、林、牧、渔业	122766	9839	22852	90075	109448	6157	7144	16	
农业	58625	3418	7085	48122	57162	329	1135		

指标名称	R&D日常性支出	按活动类型分组			按来源分组				
		基础研究	应用研究	试验发展	政府资金	企业资金	事业单位资金	国外资金	其他资金
林业	12076	1137	604	10335	11495	332	244	5	
渔业	10933	617	2866	7449	9810	942	181		
农、林、牧、渔专业及辅助性活动	41132	4667	12297	24169	30981	4555	5585	12	
制造业	29213	457	7318	21438	14477	8905	5832		
农副食品加工业	1443	82		1361	1364	80			
食品制造业	545		76	469	218	327			
酒、饮料和精制茶制造业	1253		475	778	405	849			
皮革、毛皮、羽毛及其制品和制鞋业	697		446	252	27		671		
化学原料和化学制品制造业	4592		849	3743	1490	725	2377		
医药制造业	1134	164	429	541	505	308	321		
通用设备制造业	8068		2384	5684	2957	2670	2441		
专用设备制造业	1833		1225	608	1528	305			
汽车制造业	439		20	419	340	100			
铁路、船舶、航空航天和其他运输设备制造业	79			79	79				
计算机、通信和其他电子设备制造业	3117	148	474	2496	1546	1572			
仪器仪表制造业	4620	62	95	4462	2920	1700			
其他制造业	1393		845	548	1102	270	21		
电力、热力、燃气及水生产和供应业	973		532	441	270				704
电力、热力生产和供应业	973		532	441	270				704
批发和零售业	494			494	494				
批发业	494			494	494				
交通运输、仓储和邮政业	1678		434	1244	1522	156			
道路运输业	1678		434	1244	1522	156			
信息传输、软件和信息技术服务业	14413	65	852	13496	5696	5152	3565		
软件和信息技术服务业	14413	65	852	13496	5696	5152	3565		
科学研究和技术服务业	261410	40791	100554	120066	203721	23936	33725	29	
研究和试验发展	192584	40406	77770	74409	171756	13074	7725	29	
专业技术服务业	48911	261	15460	33190	21121	5376	22414		
科技推广和应用服务业	19916	124	7324	12468	10845	5485	3585		
水利、环境和公共设施管理业	21444	271	6126	15047	8402	6123	6881	26	12

2-17 续表 2

单位：万元

指标名称	R&D日常性支出	按活动类型分组			按来源分组				
		基础研究	应用研究	试验发展	政府资金	企业资金	事业单位资金	国外资金	其他资金
水利管理业	9909	270	2595	7043	4177	2539	3192		
生态保护和环境治理业	11535		3531	8004	4224	3584	3689	26	12
卫生和社会工作	4477	1210	2838	429	3074		1403		
卫生	4477	1210	2838	429	3074		1403		
文化、体育和娱乐业	26		26		26				
文化艺术业	26		26		26				
按机构所属学科分组									
自然科学领域	97260	19963	46602	30696	85446	5122	6692		
数学	645		635	10	30		615		
信息科学与系统科学	50423	9078	16210	25135	42779	4001	3643		
力学	2270	148	1895	227	2270				
化学	4783	50	2976	1758	1954	505	2324		
地球科学	38450	10688	24810	2953	38191	150	110		
生物学	690		76	614	224	466			
农业科学领域	140911	10458	28458	101995	124984	7006	8905	16	
农学	110942	7626	23994	79323	97523	5732	7675	12	
林学	16295	2215	805	13276	14909	332	1049	5	
水产学	13674	617	3660	9396	12552	942	181		
医学科学领域	14011	2157	6511	5343	11670	169	2172		
基础医学	2437	164	2068	206	1738		699		
临床医学	3209	878	2048	283	1805		1403		
药学	5304		596	4708	5065	169	69		
中医学与中药学	3061	1115	1800	146	3061				
工程科学与技术领域	186698	8784	53716	124199	112965	38131	34831	55	716
工程与技术科学基础学科	19230	396	4478	14356	9302	2864	7064		
信息与系统科学相关工程与技术	12236			12236	9235	3001			
自然科学相关工程与技术	1184	97	477	609	1184				
测绘科学技术	2825		626	2200	40		2785		
材料科学	59325	7736	25631	25959	48769	8740	1788	29	
机械工程	22088		5544	16544	7222	9397	5443	26	
动力与电气工程	3606		662	2944	1659		1947		

2–17　续表 3　　单位：万元

指标名称	R&D日常性支出	按活动类型分组			按来源分组				
		基础研究	应用研究	试验发展	政府资金	企业资金	事业单位资金	国外资金	其他资金
电子与通信技术	5348		886	4462	2530	2466	352		
计算机科学技术	4927		189	4738	4033	780	114		
化学工程	2760		172	2588	2304	426	30		
产品应用相关工程与技术	18219	62	4301	13856	7793	5069	5358		
纺织科学技术	767			767	748		19		
食品科学技术	2077	82	475	1520	1798	80	200		
土木建筑工程	274			274			274		
水利工程	10882	270	3127	7485	4447	2539	3192		704
交通运输工程	1757		434	1323	1601	156			
航空、航天科学技术	3212	22	1078	2112	2967	246			
环境科学技术及资源科学技术	10554	114	5301	5140	6148	511	3883		12
安全科学技术	4993	5	107	4881	959	1652	2382		
管理学	434		228	206	228	206			
社会、人文科学领域	18015	11269	6246	500	12063		5951		
马克思主义	4013	1988	2025		4013				
考古学	9307	9281	26		4743		4564		
社会学	4058		4058		2671		1387		
图书馆、情报与文献学	637		137	500	637				
按机构从业人员规模分组									
≥ 1000 人	37767	3589	12111	22067	26565	4555	6635	12	
500 ～ 999 人	149386	28160	62585	58641	136326	10471	2561	29	
300 ～ 499 人	35782	2135	6991	26656	23172	2295	10314		
200 ～ 299 人	46933	2975	8257	35701	38570	3786	4577		
100 ～ 199 人	78238	13385	16837	48017	49367	11720	16421	26	704
50 ～ 99 人	63368	1831	17653	43884	38847	10016	14504		
30 ～ 49 人	26332	231	11363	14738	21712	2619	2001		
20 ～ 29 人	5742	191	2379	3172	3105	1468	1157		12
10 ～ 19 人	11140	122	2431	8586	8012	2844	279	5	
0 ～ 9 人	2208	12	925	1270	1453	655	100		

2–18 科学研究和技术服务业事业单位专利（2020）

指标名称	专利申请受理数（件）	#发明专利	专利授权数（件）	#发明专利	#国外授权	拥有有效发明专利总数（件）	专利所有权转让及许可数（件）	专利所有权转让及许可收入（万元）
总计	**3327**	**2359**	**1892**	**1173**	**25**	**6820**	**62**	**965**
按机构所属地域分组								
杭州市	1096	683	734	384	17	1990	34	730
宁波市	949	768	501	379	4	2525	5	173
温州市	385	285	204	160		518	15	44
嘉兴市	196	136	108	57	1	470		
湖州市	93	56	36	18		127	1	2
绍兴市	81	49	24	6		56		
金华市	88	27	53	11		54		
衢州市	89	71	22	8		59		
舟山市	180	166	113	92	3	757	4	10
台州市	137	104	83	48		181	3	7
丽水市	33	14	14	10		83		
按机构所属隶属关系分组								
中央部门属	791	640	570	428	8	2868	22	796
中国科学院	584	495	324	277	4	2055	3	173
地方部门属	2536	1719	1322	745	17	3952	40	169
省级部门属	936	647	561	345	14	1700	21	103
副省级城市属	100	59	56	19		197		
地市级部门属	334	195	192	99		470	1	3
按机构从事的国民经济行业分组								
科学研究和技术服务业	3327	2359	1892	1173	25	6820	62	965
研究和试验发展	2509	1846	1452	969	25	5204	50	931
专业技术服务业	464	276	340	150		1193	4	34
科技推广和应用服务业	354	237	100	54		423	8	
按机构服务的国民经济行业分组								
农、林、牧、渔业	549	411	545	385	14	2136	16	180
农业	207	139	163	120		585	5	121

2-18　续表 1

指标名称	专利申请受理数（件）	# 发明专利	专利授权数（件）	# 发明专利	# 国外授权	拥有有效发明专利总数（件）	专利所有权转让及许可数（件）	专利所有权转让及许可收入（万元）
林业	19	12	37	27	3	127		
渔业	154	142	108	95		596	3	9
农、林、牧、渔专业及辅助性活动	169	118	237	143	11	828	8	49
制造业	245	181	147	109		361	10	69
农副食品加工业	5	4	4	2		12		
食品制造业	2	2	3	2		12	1	2
酒、饮料和精制茶制造业	3	3	3	3		33	1	12
皮革、毛皮、羽毛及其制品和制鞋业	22	9	7	1		12		
化学原料和化学制品制造业	66	49	19	6		46		
医药制造业	4	2	6	4		16		
通用设备制造业	17	8	12	5		36	1	3
专用设备制造业	10	1	3	1		1		
汽车制造业	6	4						
铁路、船舶、航空航天和其他运输设备制造业	2	2	1					
计算机、通信和其他电子设备制造业	31	27	13	11		24		
仪器仪表制造业	20	13	7	5		67	6	33
其他制造业	57	57	69	69		102	1	20
电力、热力、燃气及水生产和供应业	2	1	2	1		8		
电力、热力生产和供应业	2	1	2	1		8		
批发和零售业	1	1						
批发业	1	1						
交通运输、仓储和邮政业	41	13	12	2		9		
道路运输业	41	13	12	2		9		
信息传输、软件和信息技术服务业	90	67	14	6		38	2	
软件和信息技术服务业	90	67	14	6		38	2	
科学研究和技术服务业	2152	1534	1005	611	9	3861	31	710
研究和试验发展	1485	1160	645	479	9	2936	24	685
专业技术服务业	262	97	219	43		351	1	25
科技推广和应用服务业	405	277	141	89		574	6	

2-18 续表 2

指标名称	专利申请受理数（件）	# 发明专利	专利授权数（件）	# 发明专利	# 国外授权	拥有有效发明专利总数（件）	专利所有权转让及许可数（件）	专利所有权转让及许可收入（万元）
水利、环境和公共设施管理业	201	143	125	53		349		
水利管理业	71	37	56	14		91		
生态保护和环境治理业	130	106	69	39		258		
卫生和社会工作	46	8	40	6	2	55	3	7
卫生	46	8	40	6	2	55	3	7
文化、体育和娱乐业			2			3		
体育			2			3		
按机构所属学科分组								
自然科学领域	489	358	134	93		431	5	205
数学	1	1	1	1		1		
信息科学与系统科学	407	295	54	53		61	2	
力学	4	3	1	1		10		
化学	47	40	33	13		169		
地球科学	25	16	42	23		166	2	203
生物学	5	3	3	2		24	1	2
农业科学领域	715	498	664	444	15	2485	32	490
农学	471	295	437	287	6	1376	29	481
林学	64	42	108	54	9	267		
水产学	180	161	119	103		842	3	9
医学科学领域	77	23	58	17	2	111	3	7
基础医学	12	1	4					
临床医学	28	11	19	6		45	3	7
药学	7	4	9	6		13		
中医学与中药学	30	7	26	5	2	53		
工程科学与技术领域	2046	1480	1034	619	8	3789	22	264
工程与技术科学基础学科	133	88	56	11		84	6	
信息与系统科学相关工程与技术	122	92	50	26		350		
自然科学相关工程与技术	6	3	4	1		13		
测绘科学技术	8	7	8	4		5		

2-18 续表 3

指标名称	专利申请受理数（件）	# 发明专利	专利授权数（件）	# 发明专利	# 国外授权	拥有有效发明专利总数（件）	专利所有权转让及许可数（件）	专利所有权转让及许可收入（万元）
材料科学	788	670	376	318	4	2230	3	173
机械工程	323	218	186	118		294	5	32
动力与电气工程	83	16	81	10		33	1	25
电子与通信技术	80	57	13	4		27		
计算机科学技术	52	49	11	11		27		
化学工程	52	49	7	7		39		
产品应用相关工程与技术	191	124	111	66	4	266	7	34
纺织科学技术	3		3			51		
食品科学技术	13	8	9	5		59		
土木建筑工程	6	1						
水利工程	73	38	58	15		99		
交通运输工程	43	15	13	2		9		
航空、航天科学技术	18	14	8					
环境科学技术及资源科学技术	44	29	35	20		193		
安全科学技术	8	2	5	1		10		
社会、人文科学领域			2			4		
社会学						1		
体育科学			2			3		
按机构从业人员规模分组								
≥ 1000 人	100	71	162	112	5	464	8	49
500 ～ 999 人	1182	893	528	407	4	2691	5	376
300 ～ 499 人	238	133	229	99	1	366	2	135
200 ～ 299 人	330	217	224	109	9	684	21	332
100 ～ 199 人	591	399	335	176	2	1162	3	9
50 ～ 99 人	398	279	174	91	1	882	13	39
30 ～ 49 人	289	200	167	119	3	357	2	21
20 ～ 29 人	41	37	36	26		66	7	3
10 ～ 19 人	144	118	31	30		79		
0 ～ 9 人	14	12	6	4		69	1	2

2-19 科学研究和技术服务业事业单位论文、著作及其他科技产出（2020）

指标名称	科技论文（篇）	#国外发表	科技著作（种）	形成国家或行业标准数（项）	集成电路布图设计登记数（件）	植物新品种权授予数（项）	软件著作权数（件）
总计	**7345**	**2712**	**241**	**236**	**26**	**122**	**676**
按机构所属地域分组							
杭州市	4134	1055	169	156		85	528
宁波市	1710	1206	31	27		13	37
温州市	392	230	19	5		4	18
嘉兴市	123	50	1	3	26	2	19
湖州市	154	46	2	5		1	4
绍兴市	59	1		14			6
金华市	70	12	5	6		9	19
衢州市	77	6	5	15		3	10
舟山市	204	50		4			11
台州市	309	52	5	1			18
丽水市	113	4	4			5	6
按机构所属隶属关系分组							
中央部门属	1922	1446	60	22		25	90
中国科学院	1003	895	12	4			13
地方部门属	5423	1266	181	214	26	97	586
省级部门属	2438	551	89	58		56	388
副省级城市属	432	66	16	7		18	6
地市级部门属	302	88	10	1		23	16
按机构从事的国民经济行业分组							
科学研究和技术服务业	7345	2712	241	236	26	122	676
研究和试验发展	5652	2534	191	95		122	536
专业技术服务业	1470	118	39	140	2		97
科技推广和应用服务业	223	60	11	1	24		43
按机构服务的国民经济行业分组							
农、林、牧、渔业	1726	551	34	31		96	285
农业	662	233	14	15		42	59

2–19 续表 1

指标名称	科技论文（篇）	# 国外发表	科技著作（种）	形成国家或行业标准数（项）	集成电路布图设计登记数（件）	植物新品种权授予数（项）	软件著作权数（件）
林业	152	65	5	2			30
渔业	233	65	2	6		2	10
农、林、牧、渔专业及辅助性活动	679	188	13	8		52	186
制造业	185	59	8	16	24		15
农副食品加工业	12	6					
食品制造业	1						
酒、饮料和精制茶制造业	12		1				
皮革、毛皮、羽毛及其制品和制鞋业	25	1	1				1
化学原料和化学制品制造业	9	1	1	9			1
医药制造业	39	27	3	1			5
通用设备制造业	20		1	2			2
专用设备制造业	21			3			4
铁路、船舶、航空航天和其他运输设备制造业	1						
计算机、通信和其他电子设备制造业	13	3	1		24		
仪器仪表制造业	8			1			2
其他制造业	24	21					
电力、热力、燃气及水生产和供应业	21	1	1				1
电力、热力生产和供应业	21	1	1				1
批发和零售业				4			
批发业				4			
交通运输、仓储和邮政业	22	3		1			16
道路运输业	22	3		1			16
信息传输、软件和信息技术服务业	13	8	2				50
软件和信息技术服务业	13	8	2				50
科学研究和技术服务业	4569	1890	166	170	2	26	257
研究和试验发展	2963	1693	113	29		26	139
专业技术服务业	1376	66	41	140			96
科技推广和应用服务业	230	131	12	1	2		22
水利、环境和公共设施管理业	216	27	6	13			45
水利管理业	129	7	2	8			45
生态保护和环境治理业	87	20	4	5			

2-19　续表 2

指标名称	科技论文（篇）	# 国外发表	科技著作（种）	形成国家或行业标准数（项）	集成电路布图设计登记数（件）	植物新品种权授予数（项）	软件著作权数（件）
卫生和社会工作	560	172	24	1			7
卫生	560	172	24	1			7
文化、体育和娱乐业	6	1					
文化艺术业	3	1					
体育	3						
公共管理、社会保障和社会组织	27						
国家机构	27						
按机构所属学科分组							
自然科学领域	578	382	47	28			104
数学	3						
信息科学与系统科学	119	109		20			71
力学	16		3				1
化学	110	39	5	5			
地球科学	325	232	39	3			32
生物学	5	2					
农业科学领域	2029	657	50	34		122	304
农学	1508	501	36	23		113	253
林学	237	74	9	5		7	39
水产学	284	82	5	6		2	12
医学科学领域	697	224	35	38			17
基础医学	39	13	3	3			4
临床医学	250	52	11	1			4
药学	85	27	2	34			6
中医学与中药学	323	132	19				3
工程科学与技术领域	3186	1447	53	136	26		251
工程与技术科学基础学科	255	103	1	24			5
信息与系统科学相关工程与技术	32	21		1	2		2
自然科学相关工程与技术	33	9	2	1			
测绘科学技术	128	7		2			27
材料科学	1230	1062	20	4			16
机械工程	167	46	7	6			24
动力与电气工程	736	28	15	3			30

2-19 续表 3

指标名称	科技论文（篇）	# 国外发表	科技著作（种）	形成国家或行业标准数（项）	集成电路布图设计登记数（件）	植物新品种权授予数（项）	软件著作权数（件）
能源科学技术	4						
电子与通信技术	11	1		5	24		33
计算机科学技术	33	20	1				28
化学工程	7	3		17			
产品应用相关工程与技术	120	58		15			16
纺织科学技术	18	3	3	39			
食品科学技术	28	6		5			
土木建筑工程	2						
水利工程	150	8	3	8			46
交通运输工程	23	3		1			16
航空、航天科学技术	67	30					
环境科学技术及资源科学技术	113	39	1	5			5
安全科学技术	24						3
管理学	5						
社会、人文科学领域	855	2	56				
马克思主义	684		42				
考古学	28	1	6				
经济学	27						
社会学	78		7				
图书馆、情报与文献学	35	1	1				
体育科学	3						
按机构从业人员规模分组							
≥ 1000 人	640	166	11	8		45	204
500 ～ 999 人	1535	1280	40	34	2	4	163
300 ～ 499 人	1064	207	27	29		13	60
200 ～ 299 人	670	266	18	87		19	69
100 ～ 199 人	1973	380	94	32		27	43
50 ～ 99 人	926	248	33	20		11	63
30 ～ 49 人	279	85	10	10	24	3	57
20 ～ 29 人	55	10	1	12			2
10 ～ 19 人	156	58	5	4			15
0 ～ 9 人	47	12	2				

2–20　科学研究和技术服务业事业单位对外科技服务（2020）

单位：人年

指标名称	合计	科技成果的示范性推广工作	为用户提供可行性报告、技术方案、建议及进行技术论证等技术咨询工作	地形、地质和水文考察、天文、气象和地震的日常观察	为社会和公众提供的检验、检疫、测试、标准化、计量、计算、质量控制和专利服务	科技信息文献服务	提供孵化、平台搭建等科技服务活动	科学普及	其他科技服务活动
总计	**7819**	**1162**	**1356**	**196**	**2853**	**266**	**258**	**398**	**1330**
按机构所属地域分组									
杭州市	4118	566	739	147	1339	152	72	178	925
宁波市	1167	134	192	5	590	37	60	60	89
温州市	793	129	105	6	372	44	43	23	71
嘉兴市	417	70	128	3	112		20	19	65
湖州市	128	37	18	3	8	2	16	13	31
绍兴市	216	32	42		100	1	7	6	28
金华市	118	16	24	5	23	9	3	13	25
衢州市	215	28	20	5	116	1	15	7	23
舟山市	212	32	35	13	88	9	6	13	16
台州市	116	23	14	3	22	8	14	8	24
丽水市	319	95	39	6	83	3	2	58	33
按机构所属隶属关系分组									
中央部门属	606	116	106	40	202	25	19	62	36
中国科学院	50	12	16		15	1	1	2	3
地方部门属	7213	1046	1250	156	2651	241	239	336	1294
省级部门属	2363	366	608	110	805	100	33	102	239
副省级城市属	574	93	71	5	284	12	21	28	60
地市级部门属	487	159	102		42	46	35	33	70
按机构从事的国民经济行业分组									
科学研究和技术服务业	7819	1162	1356	196	2853	266	258	398	1330
研究和试验发展	4182	725	956	155	1345	196	148	231	426
专业技术服务业	2876	222	270	24	1402	37	30	112	779
科技推广和应用服务业	761	215	130	17	106	33	80	55	125
按机构服务的国民经济行业分组									
农、林、牧、渔业	1691	615	230	37	362	58	46	134	209
农业	720	306	119		96	42	29	48	80
林业	139	37	22	30	6		4	33	7

指标名称	合计	科技成果的示范性推广工作	为用户提供可行性报告、技术方案、建议及进行技术论证等技术咨询工作	地形、地质和水文考察、天文、气象和地震的日常观察	为社会和公众提供的检验、检疫、测试、标准化、计量、计算、质量控制和专利服务	科技信息文献服务	提供孵化、平台搭建等科技服务活动	科学普及	其他科技服务活动
渔业	107	35	22		26			4	20
农、林、牧、渔专业及辅助性活动	725	237	67	7	234	16	13	49	102
制造业	582	38	55		378	12	36	12	51
农副食品加工业	44	2	10		26		1	5	
食品制造业	4				3		1		
酒、饮料和精制茶制造业	29	9	4		10	2	1	3	
皮革、毛皮、羽毛及其制品和制鞋业	107		5		93				9
化学原料和化学制品制造业	36		13		16		4	1	2
医药制造业	18	6	6			1	3	1	1
通用设备制造业	54	13	9		6	9	9	1	7
专用设备制造业	4	1	2				1		
汽车制造业	13	1	1		1		3		7
铁路、船舶、航空航天和其他运输设备制造业	1								1
计算机、通信和其他电子设备制造业	60	5	5		13		13		24
仪器仪表制造业	186				186				
其他制造业	26	1			24			1	
电力、热力、燃气及水生产和供应业	58	3	30		12	2			11
电力、热力生产和供应业	58	3	30		12	2			11
交通运输、仓储和邮政业	102	4	34		9	55			
道路运输业	102	4	34		9	55			
信息传输、软件和信息技术服务业	51	7	16	3	2	2	11	2	8
软件和信息技术服务业	51	7	16	3	2	2	11	2	8
租赁和商务服务业	16		16						
商务服务业	16		16						
科学研究和技术服务业	4542	448	676	55	1917	116	138	212	980
研究和试验发展	950	169	284	19	205	39	59	54	121
专业技术服务业	3088	205	283	36	1593	40	24	133	774
科技推广和应用服务业	504	74	109		119	37	55	25	85
水利、环境和公共设施管理业	675	45	279	96	152	11	27	26	39
水利管理业	407	26	160	88	86	6	18	11	12
生态保护和环境治理业	268	19	119	8	66	5	9	15	27

2-20 续表 2 单位：人年

指标名称	合计	科技成果的示范性推广工作	为用户提供可行性报告、技术方案、建议及进行技术论证等技术咨询工作	地形、地质和水文考察、天文、气象和地震的日常观察	为社会和公众提供的检验、检疫、测试、标准化、计量、计算、质量控制和专利服务	科技信息文献服务	提供孵化、平台搭建等科技服务活动	科学普及	其他科技服务活动
卫生和社会工作	84	2	20		21	10		12	19
卫生	84	2	20		21	10		12	19
文化、体育和娱乐业	5			5					
文化艺术业	5			5					
公共管理、社会保障和社会组织	13								13
国家机构	13								13
按机构所属学科分组									
自然科学领域	465	27	78	55	221	19	17	19	29
数学	3				3				
信息科学与系统科学	45	6	6		3	6	2	4	18
力学	35				30		1	1	3
化学	182	18	22		122	6	7	4	3
地球科学	196	3	49	55	63	7	6	10	3
生物学	4		1				1		2
农业科学领域	1854	678	255	37	392	65	49	157	221
农学	1436	548	183	7	316	62	42	95	183
林学	284	84	48	30	50		4	55	13
水产学	134	46	24		26	3	3	7	25
医学科学领域	219	7	26		147	12	3	13	11
基础医学	9	1	4		3		1		
临床医学	8				1				7
预防医学与公共卫生学	1					1			
药学	133	4	2		123	1	2	1	
中医学与中药学	68	2	20		20	10		12	4
工程科学与技术领域	4938	438	834	99	2080	144	182	197	964
工程与技术科学基础学科	609	8	83		455	10	9	22	22
信息与系统科学相关工程与技术	73	13	8		28	1	11	3	9
自然科学相关工程与技术	34	4	1			3	4	2	20
测绘科学技术	892	91	25		88	9	3	6	670
材料科学	306	41	70		147	2	17	7	22
机械工程	662	42	28		489	8	23	36	36
动力与电气工程	109	5	15		61	8	9	6	5

指标名称	合计	科技成果的示范性推广工作	为用户提供可行性报告、技术方案、建议及进行技术论证等技术咨询工作	地形、地质和水文考察、天文、气象和地震的日常观察	为社会和公众提供的检验、检疫、测试、标准化、计量、计算、质量控制和专利服务	科技信息文献服务	提供孵化、平台搭建等科技服务活动	科学普及	其他科技服务活动
能源科学技术	3	2							1
电子与通信技术	127	24	12		54	2	17	4	14
计算机科学技术	52	3	9		1	1	11	1	26
化学工程	45	1	15		24	1	2	1	1
产品应用相关工程与技术	684	47	146	3	353	15	24	39	57
纺织科学技术	116	69			27	5		4	11
食品科学技术	88	2	20		50		1	15	
土木建筑工程	6		6						
水利工程	454	26	190	88	98	8	18	11	15
交通运输工程	103	4	34		9	55			1
航空、航天科学技术	102	30	21		26		10	10	5
环境科学技术及资源科学技术	286	15	120	8	82	5	7	21	28
安全科学技术	96	10	30		32			9	15
管理学	91	1	1		56	11	16		6
社会、人文科学领域	343	12	163	5	13	26	7	12	105
马克思主义	13	1	11					1	
考古学	5			5					
经济学	94		81						13
社会学	33	2	2		2	1	1	4	21
图书馆、情报与文献学	198	9	69		11	25	6	7	71
按机构从业人员规模分组									
≥ 1000 人	1425	265	54	7	278	22	10	30	759
500 ～ 999 人	661	101	250	104	110	33	36	12	15
300 ～ 499 人	945	91	169	3	497	20	18	73	74
200 ～ 299 人	1301	165	147	24	804	67	13	58	23
100 ～ 199 人	1472	250	320	36	564	37	45	92	128
50 ～ 99 人	1104	151	261		456	23	37	73	103
30 ～ 49 人	408	56	69	6	94	29	46	31	77
20 ～ 29 人	198	35	26		27	16	34	7	53
10 ～ 19 人	242	40	53	11	20	16	15	17	70
0 ～ 9 人	63	8	7	5	3	3	4	5	28

2–21 转制为企业的研究机构机构、人员和经费概况（2020）

指标名称	单位数（个）	从业人员（人）	# 专业技术人员	# 本科及以上学历	技术性收入（万元）	# 技术开发收入	科技活动经费支出（万元）
总计	**34**	**7144**	**4305**	**3708**	**312938**	**9189**	**79151**
按机构所属地域分组							
杭州市	27	6555	3839	3267	285331	6938	76138
宁波市	2	469	410	400	26058	2025	2232
温州市	1	40	15	12	94		206
嘉兴市	2	31	6	5	259	226	356
绍兴市	1	29	19	17	846		67
金华市	1	20	16	7	349		153
按机构所属隶属关系分组							
中央属	5	679	471	404	9606	4	14098
地方属	16	2613	1520	1353	152155	6901	29491
其他	13	3852	2314	1951	151177	2284	35562
按机构从事的国民经济行业分组							
制造业	18	4633	2600	2337	115971	5469	49805
纺织业	1	118	32	28	136		1013
化学原料和化学制品制造业	4	1694	691	599	3902	3186	18988
医药制造业	1	54	41	30	1571		909
有色金属冶炼和压延加工业	1	135	61	57	1856		3833
通用设备制造业	3	157	62	37	981	33	323
专用设备制造业	2	163	101	76	1012	226	1340
电气机械和器材制造业	1	1031	911	863	83732		9128
计算机、通信和其他电子设备制造业	2	109	44	21			585
仪器仪表制造业	3	1172	657	626	22781	2025	13687
电力、热力、燃气及水生产和供应业	1	13	11	11	391		249
电力、热力生产和供应业	1	13	11	11	391		249
建筑业	1	1174	711	517	59777		1988
房屋建筑业	1	1174	711	517	59777		1988
信息传输、软件和信息技术服务业	4	177	119	89	3971	1776	2995
软件和信息技术服务业	4	177	119	89	3971	1776	2995

2-21 续表 1

指标名称	单位数（个）	从业人员（人）	# 专业技术人员	# 本科及以上学历	技术性收入（万元）	# 技术开发收入	科技活动经费支出（万元）
房地产业	1	8					
房地产业	1	8					
科学研究和技术服务业	8	979	724	629	126501	1943	23076
研究和试验发展	1	50	35	31	2094	1935	2049
专业技术服务业	5	812	600	520	121045	4	20296
科技推广和应用服务业	2	117	89	78	3363	5	731
水利、环境和公共设施管理业	1	160	140	125	6327		1038
生态保护和环境治理业	1	160	140	125	6327		1038
按机构服务的国民经济行业分组							
采矿业	1	160	140	125	6327		1038
煤炭开采和洗选业	1	160	140	125	6327		1038
制造业	18	3391	1520	1293	15104	5379	51012
纺织业	1	118	32	28	136		1013
造纸和纸制品业	2	478	241	197	2729	508	12953
化学原料和化学制品制造业	3	1375	575	511	2812	2678	14944
医药制造业	2	104	76	61	3665	1935	2958
非金属矿物制品业	1	55	37	18	1968		1326
通用设备制造业	2	100	48	27	843	33	205
专用设备制造业	2	163	101	76	1012	226	1340
计算机、通信和其他电子设备制造业	2	162	71	66	1856		4116
仪器仪表制造业	3	836	339	309	83		12158
电力、热力、燃气及水生产和供应业	3	1207	1016	960	84901	4	12203
电力、热力生产和供应业	2	1044	922	874	84123		9377
水的生产和供应业	1	163	94	86	778	4	2826
建筑业	1	1174	711	517	59777		1988
房屋建筑业	1	1174	711	517	59777		1988
信息传输、软件和信息技术服务业	4	226	137	85	3963	1776	3207
电信、广播电视和卫星传输服务	1	82	34	12			303
软件和信息技术服务业	3	144	103	73	3963	1776	2904
房地产业	1	8					
房地产业	1	8					

2-21　续表 2

指标名称	单位数（个）	从业人员（人）	# 专业技术人员	# 本科及以上学历	技术性收入（万元）	# 技术开发收入	科技活动经费支出（万元）
科学研究和技术服务业	5	921	767	718	142728	2030	9586
专业技术服务业	4	904	754	707	142718	2025	9466
科技推广和应用服务业	1	17	13	11	10	5	120
文化、体育和娱乐业	1	57	14	10	138		118
广播、电视、电影和录音制作业	1	57	14	10	138		118
按机构所属学科分组							
自然科学领域	2	373	157	118	2662	508	4953
化学	1	319	116	88	1091	508	4043
生物学	1	54	41	30	1571		909
医学科学领域	1	50	35	31	2094	1935	2049
中医学与中药学	1	50	35	31	2094	1935	2049
工程科学与技术领域	31	6721	4113	3559	308182	6746	72149
工程与技术科学基础学科	1	29	19	17	846		67
材料科学	2	218	131	104	2746	4	4152
冶金工程技术	1	135	61	57	1856		3833
机械工程	8	1923	1527	1378	203115	258	27040
动力与电气工程	2	70	25	21	529		366
电子与通信技术	5	1250	700	650	22712	2025	14073
计算机科学技术	3	144	103	73	3963	1776	2904
化学工程	4	1475	651	578	6165	2678	15556
纺织科学技术	2	126	32	28	136		1013
食品科学技术	1	17	13	11	10	5	120
土木建筑工程	1	1174	711	517	59777		1988
环境科学技术及资源科学技术	1	160	140	125	6327		1038
按机构登记注册类型分组							
国有	6	2774	1478	1169	66924	2678	23801
有限责任公司	22	3256	2312	2104	242162	6510	38021
股份有限公司	3	967	407	350	40		16566
私营	3	147	108	85	3812		763

2-22 转制为企业的研究机构技术性收入情况（2020）

单位：万元

指标名称	技术性收入	技术转让收入	技术承包收入	技术咨询与服务收入	技术开发收入			
						政府委托	企业委托	其他
总计	**312938**	**20765**	**10613**	**272371**	**9189**	**1732**	**7226**	**231**
按机构所属地域分组								
杭州市	285331		10613	267781	6938	1732	5200	5
宁波市	26058	20524		3509	2025		2025	
温州市	94			94				
嘉兴市	259			34	226			226
绍兴市	846			846				
金华市	349	242		107				
按机构所属隶属关系分组								
中央属	9606			9603	4	4		
地方属	152155	20524		124730	6901		6671	231
其他	151177	242	10613	138039	2284	1729	555	
按机构从事的国民经济行业分组								
制造业	115971	20524	10613	79366	5469		5244	226
纺织业	136			136				
化学原料和化学制品制造业	3902			717	3186		3186	
医药制造业	1571			1571				
有色金属冶炼和压延加工业	1856			1856				
通用设备制造业	981			948	33		33	
专用设备制造业	1012			786	226			226
电气机械和器材制造业	83732		10613	73119				
仪器仪表制造业	22781	20524		232	2025		2025	
电力、热力、燃气及水生产和供应业	391			391				
电力、热力生产和供应业	391			391				
建筑业	59777			59777				
房屋建筑业	59777			59777				

2-22 续表 1　　单元：万元

指标名称	技术性收入	技术转让收入	技术承包收入	技术咨询与服务收入	技术开发收入			
						政府委托	企业委托	其他
信息传输、软件和信息技术服务业	3971	242		1953	1776	1729	48	
软件和信息技术服务业	3971	242		1953	1776	1729	48	
科学研究和技术服务业	126501			124558	1943	4	1935	5
研究和试验发展	2094			159	1935		1935	
专业技术服务业	121045			121041	4	4		
科技推广和应用服务业	3363			3358	5			5
水利、环境和公共设施管理业	6327			6327				
生态保护和环境治理业	6327			6327				
按机构服务的国民经济行业分组								
采矿业	6327			6327				
煤炭开采和洗选业	6327			6327				
制造业	15104			9725	5379		5153	226
纺织业	136			136				
造纸和纸制品业	2729			2222	508		508	
化学原料和化学制品制造业	2812			134	2678		2678	
医药制造业	3665			1730	1935		1935	
非金属矿物制品业	1968			1968				
通用设备制造业	843			810	33		33	
专用设备制造业	1012			786	226			226
计算机、通信和其他电子设备制造业	1856			1856				
仪器仪表制造业	83			83				
电力、热力、燃气及水生产和供应业	84901		10613	74284	4	4		
电力、热力生产和供应业	84123		10613	73510				
水的生产和供应业	778			774	4	4		
建筑业	59777			59777				
房屋建筑业	59777			59777				
信息传输、软件和信息技术服务业	3963	242		1945	1776	1729	48	
软件和信息技术服务业	3963	242		1945	1776	1729	48	
科学研究和技术服务业	142728	20524		120174	2030		2025	5

2-22 续表 2 单元：万元

指标名称	技术性收入							
		技术转让收入	技术承包收入	技术咨询与服务收入	技术开发收入			
						政府委托	企业委托	其他
专业技术服务业	142718	20524		120169	2025		2025	
科技推广和应用服务业	10			5	5			5
文化、体育和娱乐业	138			138				
广播、电视、电影和录音制作业	138			138				
按机构所属学科分组								
自然科学领域	2662			2154	508		508	
化学	1091			583	508		508	
生物学	1571			1571				
医学科学领域	2094			159	1935		1935	
中医学与中药学	2094			159	1935		1935	
工程科学与技术领域	308182	20765	10613	270058	6746	1732	4784	231
工程与技术科学基础学科	846			846				
材料科学	2746			2742	4	4		
冶金工程技术	1856			1856				
机械工程	203115		10613	192244	258		33	226
动力与电气工程	529			529				
电子与通信技术	22712	20524		163	2025		2025	
计算机科学技术	3963	242		1945	1776	1729	48	
化学工程	6165			3487	2678		2678	
纺织科学技术	136			136				
食品科学技术	10			5	5			5
土木建筑工程	59777			59777				
环境科学技术及资源科学技术	6327			6327				
按机构登记注册类型分组								
国有	66924			64246	2678		2678	
有限责任公司	242162	20765	10613	204273	6510	1732	4548	231
股份有限公司	40			40				
私营	3812			3812				

2–23 转制为企业的研究机构科技活动经费支出与固定资产情况（2020）

单位：万元

指标名称	科技活动经费支出	人员人工费用（包含各种补贴）	直接投入费用	折旧费用与长期摊销费用	无形资产摊销费用	设计费用	装备调试费用与试验费用	委托外单位开展科技活动的经费支出	其他费用	年末固定资产原价	#科学仪器设备
总计	**79151**	**34537**	**28820**	**4434**	**553**	**280**	**548**	**2648**	**7331**	**417200**	**53030**
按机构所属地域分组											
杭州市	76138	32110	28489	4390	533	280	548	2648	7141	403104	51968
宁波市	2232	1983	120		20				109	7388	448
温州市	206	76	87						43	3396	279
嘉兴市	356	186	101	39					31	778	321
绍兴市	67	35	23	2					7	1141	
金华市	153	149		4					1	1393	14
按机构所属隶属关系分组											
中央属	14098	4431	8141	169		265	71	819	203	24624	4785
地方属	29491	13078	10899	3004	46	1	117	1086	1261	211577	21712
其他	35562	17029	9781	1261	507	14	360	743	5867	181000	26533
按机构从事的国民经济行业分组											
制造业	49805	22411	15497	3907	515	14	409	890	6164	335876	41487
纺织业	1013	315	403	245					50	5580	1325
化学原料和化学制品制造业	18988	7860	6671	2865	301	1	130	204	956	192456	18179
医药制造业	909	813							96	2502	728
有色金属冶炼和压延加工业	3833	1070	1764	78					921	21699	4757
通用设备制造业	323	236	84						2	8507	1368
专用设备制造业	1340	1070	201	32					37	1838	902
电气机械和器材制造业	9128	4330	356	159	1		269	685	3328	38761	5152
计算机、通信和其他电子设备制造业	585	380	69	53	26				57	4275	1388
仪器仪表制造业	13687	6336	5949	474	187	13	10		717	60257	7689
电力、热力、燃气及水生产和供应业	249	112		2					136	32	32
电力、热力生产和供应业	249	112		2					136	32	32
建筑业	1988	1777	55	57	18			29	51	27003	2378
房屋建筑业	1988	1777	55	57	18			29	51	27003	2378
信息传输、软件和信息技术服务业	2995	2509	204	15			2		265	6395	343

指标名称	科技活动经费支出	人员人工费用（包含各种补贴）	直接投入费用	折旧费用与长期摊销费用	无形资产摊销费用	设计费用	装备调试费用与试验费用	委托外单位开展科技活动的经费支出	其他费用	年末固定资产原价	#科学仪器设备
软件和信息技术服务业	2995	2509	204	15			2		265	6395	343
房地产业										1800	
房地产业										1800	
科学研究和技术服务业	23076	7494	12395	452	20	266	137	1695	617	45038	8734
研究和试验发展	2049	1366	144				59	410	70	3127	2804
专业技术服务业	20296	5692	12084	452		266	78	1285	440	41583	5798
科技推广和应用服务业	731	436	168		20				108	329	132
水利、环境和公共设施管理业	1038	235	669	2				33	98	1056	57
生态保护和环境治理业	1038	235	669	2				33	98	1056	57
按机构服务的国民经济行业分组											
采矿业	1038	235	669	2				33	98	1056	57
煤炭开采和洗选业	1038	235	669	2				33	98	1056	57
制造业	51012	20885	21359	3773	514	280	201	1115	2887	303699	39220
纺织业	1013	315	403	245					50	5580	1325
造纸和纸制品业	12953	4560	7104	255	301	265	91	28	349	38796	5251
化学原料和化学制品制造业	14944	5771	5707	2645			38	176	607	167153	14035
医药制造业	2958	2180	144				59	410	166	5629	3533
非金属矿物制品业	1326	814	2	5		1		500	4	917	755
通用设备制造业	205	177	26						2	3393	924
专用设备制造业	1340	1070	201	32					37	1838	902
计算机、通信和其他电子设备制造业	4116	1227	1801	112	26				950	23263	5205
仪器仪表制造业	12158	4772	5972	478	187	13	12		723	57130	7291
电力、热力、燃气及水生产和供应业	12203	5055	1518	288	1		329	1470	3541	43916	7774
电力、热力生产和供应业	9377	4442	356	160	1		269	685	3464	38793	5185
水的生产和供应业	2826	613	1162	128			60	785	77	5123	2589
建筑业	1988	1777	55	57	18			29	51	27003	2378
房屋建筑业	1988	1777	55	57	18			29	51	27003	2378
信息传输、软件和信息技术服务业	3207	2677	214	30					286	4948	1232
电信、广播电视和卫星传输服务	303	223	33	20					27	2711	940
软件和信息技术服务业	2904	2454	181	10					259	2237	293
房地产业										1800	

单元：万元

指标名称	科技活动经费支出	人员人工费用（包含各种补贴）	直接投入费用	折旧费用与长期摊销费用	无形资产摊销费用	设计费用	装备调试费用与试验费用	委托外单位开展科技活动的经费支出	其他费用	年末固定资产原价	#科学仪器设备
房地产业										1800	
科学研究和技术服务业	9586	3849	4947	284	20		18		468	29664	1926
专业技术服务业	9466	3777	4899	284	20		18		468	29438	1794
科技推广和应用服务业	120	72	48							226	132
文化、体育和娱乐业	118	59	59							5115	444
广播、电视、电影和录音制作业	118	59	59							5115	444
按机构所属学科分组											
自然科学领域	4953	2902	964	220	301	1	91	28	445	27805	4872
化学	4043	2089	964	220	301	1	91	28	349	25303	4143
生物学	909	813							96	2502	728
医学科学领域	2049	1366	144				59	410	70	3127	2804
中医学与中药学	2049	1366	144				59	410	70	3127	2804
工程科学与技术领域	72149	30269	27713	4214	252	279	397	2209	6817	386269	45354
工程与技术科学基础学科	67	35	23	2					7	1141	
材料科学	4152	1427	1165	133		1	60	1285	80	6040	3344
冶金工程技术	3833	1070	1764	78					921	21699	4757
机械工程	27040	10001	11548	511	1	265	297	685	3732	82203	9883
动力与电气工程	366	171	59	2					136	5147	476
电子与通信技术	14073	6578	5972	528	212	13	2		769	64881	8675
计算机科学技术	2904	2454	181	10					259	2237	293
化学工程	15556	6135	5827	2645	20		38	176	715	167256	14035
纺织科学技术	1013	315	403	245					50	7380	1325
食品科学技术	120	72	48							226	132
土木建筑工程	1988	1777	55	57	18			29	51	27003	2378
环境科学技术及资源科学技术	1038	235	669	2				33	98	1056	57
按机构登记注册类型分组											
国有	23801	10711	9029	2450	18	266	49	705	574	206688	17610
有限责任公司	38021	17440	10787	1191	328	1	499	1942	5833	153944	25681
股份有限公司	16566	5904	8869	787	187	13			806	55308	9149
私营	763	483	135	7	20				118	1260	592

2–24　转制为企业的研究机构科技项目概况（2020）

指标名称	项目数（个）	项目经费内部支出（万元）	#政府资金	项目人员折合全时工作量（人年）	#研究人员
总计	**341**	**51287**	**5605**	**1503.2**	**1190.3**
按机构所属地域分组					
杭州市	314	48812	5508	1375.2	1098.3
宁波市	19	2212	47	107	80
温州市	1	50	50	3	3
绍兴市	6	64		8	8
金华市	1	149		10	1
按机构所属隶属关系分组					
中央属	53	4637	273	161.6	129.1
地方属	140	19089	2149	486.1	307.1
其他	148	27561	3183	855.5	754.1
按项目来源分组					
国家科技项目	26	3212	466	112.5	86.3
地方科技项目	88	10788	3515	287.5	215.6
企业委托科技项目	31	3163	811	109.8	77.6
自选科技项目	180	33561	401	945.6	786.6
其他科技项目	16	563	412	47.8	24.2
按项目的活动类型分组					
基础研究	2	124	2	5	3
应用研究	62	7756	2055	307.5	237.2
试验发展	234	39159	3149	1026.4	820.7
试制与工程化	17	2286	95	73.5	66.7
技术咨询与技术服务	26	1962	306	90.8	62.7
按项目所属学科分组					
自然科学领域	32	2236	280	103.6	69.8
信息科学与系统科学	1	149		10	1
物理学	13	290		14.6	10.8
化学	11	1517		42	42
生物学	7	280	280	37	16

2-24　续表 1

指标名称	项目数（个）	项目经费内部支出（万元）	# 政府资金	项目人员折合全时工作量（人年）	# 研究人员
农业科学领域	3	138	15	10	9
农学	3	138	15	10	9
医学科学领域	15	1742	527	55.6	13.9
中医学与中药学	15	1742	527	55.6	13.9
工程科学与技术领域	291	47171	4783	1334	1097.6
工程与技术科学基础学科	5	630		32	31
信息与系统科学相关工程与技术	2	86		5.3	
材料科学	57	4831	937	109.6	72.5
机械工程	31	3768	357	82.1	61.1
动力与电气工程	6	1029	214	43.5	42.5
能源科学技术	14	3189	327	130.8	130.5
电子与通信技术	19	11726	265	329	303
计算机科学技术	23	4970	1244	110.8	77.2
化学工程	55	9500	532	198.3	153.6
产品应用相关工程与技术	10	813		39	28
纺织科学技术	5	824	51	24	16
食品科学技术	5	114	94	6	6
土木建筑工程	21	1976	387	124	97
交通运输工程	1	31		1	1
环境科学技术及资源科学技术	36	3674	376	97.1	76.7
安全科学技术	1	10		1.5	1.5
按项目的社会经济目标分组					
环境保护、生态建设及污染防治	43	4686	412	147.1	117.8
环境一般问题	5	929	173	15	13
环境与资源评估	5	671	46	22	16.1
环境监测	1	8	8	3.5	3.5
生态建设	2	768	32	31.2	26.2
环境污染预防	10	1150	111	30.6	21.4
环境治理	20	1159	43	44.8	37.6
能源生产、分配和合理利用	24	7646	623	187.2	175.7
能源转换技术	4	1648	224	49.5	49.2

2-24 续表 2

指标名称	项目数（个）	项目经费内部支出（万元）	# 政府资金	项目人员折合全时工作量（人年）	# 研究人员
能源输送、储存与分配技术	2	156	73	2.8	1.2
可再生能源	1	267	5	7	7
能源设施和设备建造	6	654	6	35.6	35.6
能源安全生产管理和技术	1	123	1	6.4	6.4
节约能源的技术	8	4247	235	62.1	52.5
能源生产、输送、分配、储存、利用过程中污染的防治与处理	2	550	79	23.8	23.8
卫生事业发展	12	1103	528	56.8	19.3
诊断与治疗	6	827	253	25.8	5.8
营养和食品卫生	1	40	40	3	1.5
卫生医疗其他研究	5	235	235	28	12
基础设施以及城市和农村规划	18	2957	237	65.3	43.2
交通运输	10	2595	165	41.3	25.2
通信	1	20	20	4	4
广播与电视	6	317	27	17	12
城市规划与市政工程	1	25	25	3	2
基础社会发展和社会服务	4	688	82	20.3	11.6
公共安全	2	591	44	12.1	6.1
法律与司法	1	15	15	3.5	3.5
其他社会发展和社会服务	1	82	23	4.7	2
农林牧渔业发展	12	1147	267	34	20.4
农作物种植及培育	6	581	252	17	5.4
农林牧渔业体系支撑	6	566	15	17	15
工商业发展	202	30576	3143	903.5	737.1
促进工商业发展的一般问题	2	86		5.3	
食品、饮料和烟草制品业	2	177		6	2
纺织业、服装及皮革制品业	5	824	51	24	16
化学工业	67	7717	510	207	168
非金属与金属制品业	9	898	103	48	41
机械制造业（不包括电子设备、仪器仪表及办公机械	27	2890	243	52	30
电子设备、仪器仪表及办公机械	35	13306	768	346	319

2-24 续表 3

指标名称	项目数（个）	项目经费内部支出（万元）	#政府资金	项目人员折合全时工作量（人年）	#研究人员
其他制造业	4	94	2	3	3
建筑业	18	1547	344	100	79
信息与通信技术（ICT）服务业	16	2700	1079	85	60
技术服务业	17	338	45	28	20
非定向研究	3	81	69	3	3
其他	3	81	69	3	3
其他民用目标	23	2404	245	86	62
按项目合作形式分组					
独立完成	253	37866	2883	1054	816
与境内独立研究机构合作	6	320	95	15	15
与境内高等学校合作	20	3877	425	96	77
与境内注册其他企业合作	23	4062	793	142	124
其他	39	5162	1410	196	158
按项目服务的国民经济行业分组					
农、林、牧、渔业	9	777	292	29	11
农业	8	742	278	25	7
农、林、牧、渔专业及辅助性活动	1	35	14	4	4
采矿业	14	955		32	27
煤炭开采和洗选业	14	955		32	27
制造业	196	33961	2565	863	672
农副食品加工业	3	517		12	9
食品制造业	3	217	40	9	4
酒、饮料和精制茶制造业	1	65		3	
纺织业	4	773		20	13
纺织服装、服饰业	1	59		3	3
木材加工和木、竹、藤、棕、草制品业	1	267	5	7	7
造纸和纸制品业	7	718	4	23	15
石油、煤炭及其他燃料加工业	1	95		1	1
化学原料和化学制品制造业	64	10628	500	228	175
医药制造业	24	2178	629	71	26
非金属矿物制品业	10	224	59	16	11

2-24　续表 4

指标名称	项目数（个）	项目经费内部支出（万元）	# 政府资金	项目人员折合全时工作量（人年）	# 研究人员
黑色金属冶炼和压延加工业	1	99	99	3	2
金属制品业	5	1218	3	17	10
通用设备制造业	14	2263	354	33	20
专用设备制造业	12	1187		58	52
电气机械和器材制造业	3	158	75	3	2
计算机、通信和其他电子设备制造业	28	12802	662	335	306
仪器仪表制造业	14	493	136	21	17
电力、热力、燃气及水生产和供应业	30	6548	739	229	215
电力、热力生产和供应业	19	4405	430	186	186
水的生产和供应业	11	2142	310	43	29
建筑业	29	4360	513	158	116
房屋建筑业	13	655	379	70	63
土木工程建筑业	16	3705	134	88	54
交通运输、仓储和邮政业	1	31		1	1
道路运输业	1	31		1	1
信息传输、软件和信息技术服务业	17	2850	1079	95	61
软件和信息技术服务业	17	2850	1079	95	61
科学研究和技术服务业	33	1237	315	74	66
研究和试验发展	10	168	69	12	10
专业技术服务业	17	904	101	53	47
科技推广和应用服务业	6	165	145	10	9
水利、环境和公共设施管理业	10	511	51	18	16
生态保护和环境治理业	10	511	51	18	16
教育	1	50	50	3	3
教育	1	50	50	3	3
卫生和社会工作	1	8	1	3	3
卫生	1	8	1	3	3

2–25 转制为企业的研究机构科技项目经费内部支出按活动类型分类（2020）

单位：万元

指标名称	项目经费内部支出	基础研究	应用研究	试验发展	试制与工程化	技术咨询与技术服务
总计	**51287**	**124**	**7756**	**39159**	**2286**	**1962**
按机构所属地域分组						
杭州市	48812	124	6991	38431	1940	1327
宁波市	2212		552	678	346	635
温州市	50			50		
绍兴市	64		64			
金华市	149		149			
按机构所属隶属关系分组						
中央属	4637		242	4387	4	3
地方属	19089	124	1607	15979	461	918
其他	27561		5907	18793	1821	1040
按课题来源分组						
国家科技项目	3212		805	1852	397	157
地方科技项目	10788	2	824	8205	1524	234
企业委托科技项目	3163		1847	632	21	662
自选科技项目	33561	122	3964	28311	342	823
其他科技项目	563		316	159	2	86
按课题所属学科分组						
自然科学领域	2236		669	492	1072	3
信息科学与系统科学	149		149			
物理学	290		14	269	4	3
化学	1517		266	183	1068	
生物学	280		240	40		
农业科学领域	138		8	130		
农学	138		8	130		
医学科学领域	1742		492	977		274

2–25　续表 1　　单位：万元

指标名称	项目经费内部支出	基础研究	应用研究	试验发展	试制与工程化	技术咨询与技术服务
中医学与中药学	1742		492	977		274
工程科学与技术领域	47171	124	6588	37560	1214	1685
工程与技术科学基础学科	630			630		
信息与系统科学相关工程与技术	86				86	
材料科学	4831		204	3956	449	222
机械工程	3768		11	3758		
动力与电气工程	1029		292	526		211
能源科学技术	3189		2096	909		184
电子与通信技术	11726		101	11292	333	
计算机科学技术	4970		2599	2371		
化学工程	9500	122	239	8792	346	
产品应用相关工程与技术	813			813		
纺织科学技术	824			773		51
食品科学技术	114	2	12	92		9
土木建筑工程	1976		552	789		635
交通运输工程	31			31		
环境科学技术及资源科学技术	3674		473	2829		373
安全科学技术	10		10			
按课题的社会经济目标分组						
环境保护、生态建设及污染防治	4686		462	3635	59	530
环境一般问题	929			929		
环境与资源评估	671		214			457
环境监测	8			8		
生态建设	768		248	520		
环境污染预防	1150			1061	59	30
环境治理	1159			1117		43
能源生产、分配和合理利用	7646		2820	4431		395
能源转换技术	1648		1522	126		
能源输送、储存与分配技术	156			156		
可再生能源	267			267		

2–25　续表 2　　　　单位：万元

指标名称	项目经费内部支出	基础研究	应用研究	试验发展	试制与工程化	技术咨询与技术服务
能源设施和设备建造	654		654			
能源安全生产管理和技术	123		123			
节约能源的技术	4247		361	3491		395
能源生产、输送、分配、储存、利用过程中污染的防治与处理	550		159	391		
卫生事业发展	1103		559	425		119
诊断与治疗	827		324	425		79
营养和食品卫生	40					40
卫生医疗其他研究	235		235			
基础设施以及城市和农村规划	2957		192	2765		
交通运输	2595		192	2403		
通信	20			20		
广播与电视	317			317		
城市规划与市政工程	25			25		
基础社会发展和社会服务	688			606		82
公共安全	591			591		
法律与司法	15			15		
其他社会发展和社会服务	82					82
农林牧渔业发展	1147		176	638	292	41
农作物种植及培育	581		168	375		38
农林牧渔业体系支撑	566		8	263	292	4
工商业发展	30576	122	3306	24799	1560	789
促进工商业发展的一般问题	86				86	
食品、饮料和烟草制品业	177			177		
纺织业、服装及皮革制品业	824			773		51
化学工业	7717	122	410	6048	1137	
非金属与金属制品业	898			799		99
机械制造业（不包括电子设备、仪器仪表及办公机械）	2890			2890		

单位：万元

指标名称	项目经费内部支出	基础研究	应用研究	试验发展	试制与工程化	技术咨询与技术服务
电子设备、仪器仪表及办公机械	13306		14	12959	333	
其他制造业	94			94		
建筑业	1547		112	799		635
信息与通信技术（ICT）服务业	2700		2700			
技术服务业	338		69	261	4	3
非定向研究	81		81			
其他	81		81			
其他民用目标	2404	2	161	1861	375	6
按课题合作形式分组						
独立完成	37866	122	1861	32982	1583	1319
与境内独立研究机构合作	320		302	19		
与境内高等学校合作	3877		723	2640	357	157
与境内注册其他企业合作	4062		962	2560	346	193
其他	5162	2	3908	959		293
按课题服务的国民经济行业分组						
农、林、牧、渔业	777		168	414		195
农业	742		168	379		195
农、林、牧、渔专业及辅助性活动	35			35		
采矿业	955			955		
煤炭开采和洗选业	955			955		
制造业	33961	122	1084	30600	1936	219
农副食品加工业	517			225	292	
食品制造业	217			177		40
酒、饮料和精制茶制造业	65				65	
纺织业	773			773		
纺织服装、服饰业	59				59	
木材加工和木、竹、藤、棕、草制品业	267			267		
造纸和纸制品业	718			413	306	
石油、煤炭及其他燃料加工业	95		95			
化学原料和化学制品制造业	10628	122	412	9262	831	

2-25 续表 4 单位：万元

指标名称	项目经费内部支出	基础研究	应用研究	试验发展	试制与工程化	技术咨询与技术服务
医药制造业	2178		564	1535		79
非金属矿物制品业	224			195	29	1
黑色金属冶炼和压延加工业	99					99
金属制品业	1218			1218		
通用设备制造业	2263			2263		
专用设备制造业	1187			1166	21	
电气机械和器材制造业	158			158		
计算机、通信和其他电子设备制造业	12802			12470	333	
仪器仪表制造业	493		14	479		
电力、热力、燃气及水生产和供应业	6548		2940	3213		395
电力、热力生产和供应业	4405		2711	1299		395
水的生产和供应业	2142		229	1914		
建筑业	4360		552	3173		635
房屋建筑业	655			433		222
土木工程建筑业	3705		552	2740		413
交通运输、仓储和邮政业	31			31		
道路运输业	31			31		
信息传输、软件和信息技术服务业	2850		2850			
软件和信息技术服务业	2850		2850			
科学研究和技术服务业	1237	2	155	585	351	145
研究和试验发展	168		144	24		
专业技术服务业	904			469	351	85
科技推广和应用服务业	165	2	12	92		60
水利、环境和公共设施管理业	511			138		373
生态保护和环境治理业	511			138		373
教育	50			50		
教育	50			50		
卫生和社会工作	8		8			
卫生	8		8			

2–26 转制为企业的研究机构科技项目投入人员全时工作量按活动类型分（2020）

单位：人年

指标名称	项目人员折合全时工作量	基础研究	应用研究	试验发展	试制与工程化	技术咨询与技术服务
总计	**1503**	**5**	**308**	**1026**	**74**	**91**
按机构所属地域分组						
杭州市	1375	5	264	978	65	64
宁波市	107		26	45	9	27
温州市	3			3		
绍兴市	8		8			
金华市	10		10			
按机构所属隶属关系分组						
中央属	162		9	150	1	2
地方属	486	5	88	333	17	43
其他	856		211	543	55	47
按课题来源分组						
国家科技项目	113		41	54	12	7
地方科技项目	288	1	37	194	43	13
企业委托科技项目	110		42	40	3	25
自选科技项目	946	4	158	727	16	41
其他科技项目	48		29	12	1	6
按课题所属学科分组						
自然科学领域	104		48	18	36	2
信息科学与系统科学	10		10			
物理学	15		3	9	1	2
化学	42		4	3	35	
生物学	37		31	6		
农业科学领域	10		3	7		
农学	10		3	7		

2–26 续表 1 单位：人年

指标名称	项目人员折合全时工作量	基础研究	应用研究	试验发展	试制与工程化	技术咨询与技术服务
医学科学领域	56		7	37		12
中医学与中药学	56		7	37		12
工程科学与技术领域	1334	5	250	964	37	78
工程与技术科学基础学科	32			32		
信息与系统科学相关工程与技术	5				5	
材料科学	110		9	74	14	13
机械工程	82		2	81		
动力与电气工程	44		16	17		11
能源科学技术	131		80	39		12
电子与通信技术	329		5	315	9	
计算机科学技术	111		80	31		
化学工程	198	4	12	173	9	
产品应用相关工程与技术	39			39		
纺织科学技术	24			20		4
食品科学技术	6	1	1	2		2
土木建筑工程	124		26	71		27
交通运输工程	1			1		
环境科学技术及资源科学技术	97		19	70		9
安全科学技术	2		2			
按课题的社会经济目标分组						
环境保护、生态建设及污染防治	147		21	108	3	15
环境一般问题	15			15		
环境与资源评估	22		9			14
环境监测	4			4		
生态建设	31		12	19		
环境污染预防	31			27	3	1
环境治理	45			44		1
能源生产、分配和合理利用	187		108	56		23
能源转换技术	50		44	5		

2–26　续表 2　　　　单位：人年

指标名称	项目人员折合全时工作量	基础研究	应用研究	试验发展	试制与工程化	技术咨询与技术服务
能源输送、储存与分配技术	3			3		
可再生能源	7			7		
能源设施和设备建造	36		36			
能源安全生产管理和技术	6		6			
节约能源的技术	62		13	27		23
能源生产、输送、分配、储存、利用过程中污染的防治与处理	24		9	15		
卫生事业发展	57		33	18		7
诊断与治疗	26		5	18		4
营养和食品卫生	3					3
卫生医疗其他研究	28		28			
基础设施以及城市和农村规划	65		9	56		
交通运输	41		9	32		
通信	4			4		
广播与电视	17			17		
城市规划与市政工程	3			3		
基础社会发展和社会服务	20			16		5
公共安全	12			12		
法律与司法	4			4		
其他社会发展和社会服务	5					5
农林牧渔业发展	34		6	24	2	3
农作物种植及培育	17		3	13		2
农林牧渔业体系支撑	17		3	11	2	1
工商业发展	904	4	118	689	57	36
促进工商业发展的一般问题	5				5	
食品、饮料和烟草制品业	6			6		
纺织业、服装及皮革制品业	24			20		4
化学工业	207	4	15	147	41	
非金属与金属制品业	48			45		3
机械制造业（不包括电子设备、仪器仪表及办公机械）	52			52		

2-26　续表 3　　　　　　　　　　　　　　　　　　　　　　　　　　单位：人年

指标名称	项目人员折合全时工作量	基础研究	应用研究	试验发展	试制与工程化	技术咨询与技术服务
电子设备、仪器仪表及办公机械	346		3	335	9	
其他制造业	3			3		
建筑业	100		5	68		27
信息与通信技术（ICT）服务业	85		85			
技术服务业	28		11	14	1	2
非定向研究	3		3			
其他	3		3			
其他民用目标	86	1	11	59	12	3
按课题的合作形式分组						
独立完成	1054	4	99	837	60	55
与境内独立研究机构合作	15		15	1		
与境内高等学校合作	96		30	55	5	7
与境内注册其他企业合作	142		45	74	9	14
其他	196	1	120	60		16
按课题服务的国民经济行业分组						
农、林、牧、渔业	29		3	18		8
农业	25		3	14		8
农、林、牧、渔专业及辅助性活动	4			4		
采矿业	32			32		
煤炭开采和洗选业	32			32		
制造业	863	4	55	730	63	12
农副食品加工业	12			10	2	
食品制造业	9			6		3
酒、饮料和精制茶制造业	3				3	
纺织业	20			20		
纺织服装、服饰业	3				3	
木材加工和木、竹、藤、棕、草制品业	7			7		
造纸和纸制品业	23			14	9	
石油、煤炭及其他燃料加工业	1		1			

2-26 续表 4 单位：人年

指标名称	项目人员折合全时工作量					
		基础研究	应用研究	试验发展	试制与工程化	技术咨询与技术服务
化学原料和化学制品制造业	228	4	16	176	32	
医药制造业	71		36	32		4
非金属矿物制品业	16			11	3	2
黑色金属冶炼和压延加工业	3					3
金属制品业	17			17		
通用设备制造业	33			33		
专用设备制造业	58			56	3	
电气机械和器材制造业	3			3		
计算机、通信和其他电子设备制造业	335			326	9	
仪器仪表制造业	21		3	19		
电力、热力、燃气及水生产和供应业	229		115	90		23
电力、热力生产和供应业	186		109	54		23
水的生产和供应业	43		6	37		
建筑业	158		26	105		27
房屋建筑业	70			60		10
土木工程建筑业	88		26	45		17
交通运输、仓储和邮政业	1			1		
道路运输业	1			1		
信息传输、软件和信息技术服务业	95		95			
软件和信息技术服务业	95		95			
科学研究和技术服务业	74	1	11	40	10	12
研究和试验发展	12		10	2		
专业技术服务业	53			36	10	6
科技推广和应用服务业	10	1	1	2		6
水利、环境和公共设施管理业	18			9		9
生态保护和环境治理业	18			9		9
教育	3			3		
教育	3			3		
卫生和社会工作	3		3			
卫生	3		3			

2–27　转制为企业的研究机构 R&D 人员（2020）

指标名称	R&D 人员（人）	# 女性	# 高中级职称	按工作量分		按学历分				R&D 人员折合全时工作量（人年）
				R&D 全时人员	R&D 非全时人员	博士毕业	硕士毕业	本科毕业	其他	
总计	**2472**	**569**	**1512**	**1178**	**1294**	**101**	**1002**	**1163**	**206**	**1441**
按机构所属地域分组										
杭州市	2360	550	1433	1087	1273	100	982	1080	198	1347
宁波市	85	15	67	73	12	1	16	66	2	73
温州市	9	2	9		9		2	7		3
绍兴市	8	2	2	8			1	6	1	8
金华市	10		1	10			1	4	5	10
按机构所属隶属关系分组										
中央属	280	58	153	131	149	3	71	179	27	162
地方属	650	204	450	379	271	26	226	346	52	457
其他	1542	307	909	668	874	72	705	638	127	822
按机构从事的国民经济行业分组										
制造业	1662	382	1010	853	809	87	806	652	117	975
纺织业	33	11	20	29	4		9	20	4	30
化学原料和化学制品制造业	331	119	222	223	108	17	139	145	30	246
医药制造业	46	28	25	40	6	5	19	9	13	43
有色金属冶炼和压延加工业	53	5	34	20	33	5	20	22	6	35
通用设备制造业	25	1	17	6	19	1	5	13	6	18
专用设备制造业	86	14	30	56	30		15	54	17	59
电气机械和器材制造业	697	123	545	120	577	54	517	118	8	175
计算机、通信和其他电子设备制造业	25	6	14	16	9			12	13	17
仪器仪表制造业	366	75	103	343	23	5	82	259	20	352
建筑业	257	57	189	41	216	7	61	160	29	106
房屋建筑业	257	57	189	41	216	7	61	160	29	106
信息传输、软件和信息技术服务业	105	19	19	85	20		8	65	32	95

2-27　续表 1

指标名称	R&D人员（人）	# 女性	# 高中级职称	按工作量分		按学历分				R&D人员折合全时工作量（人年）
				R&D 全时人员	R&D 非全时人员	博士毕业	硕士毕业	本科毕业	其他	
软件和信息技术服务业	105	19	19	85	20		8	65	32	95
科学研究和技术服务业	400	104	278	166	234	6	107	259	28	227
研究和试验发展	54	28	37	31	23	3	16	33	2	45
专业技术服务业	305	65	217	98	207	3	82	198	22	145
科技推广和应用服务业	41	11	24	37	4		9	28	4	37
水利、环境和公共设施管理业	48	7	16	33	15	1	20	27		38
生态保护和环境治理业	48	7	16	33	15	1	20	27		38
按单位类型分组										
采矿业	48	7	16	33	15	1	20	27		38
煤炭开采和洗选业	48	7	16	33	15	1	20	27		38
制造业	999	283	499	719	280	35	306	556	102	813
纺织业	33	11	20	29	4		9	20	4	30
造纸和纸制品业	113	28	76	68	45	2	28	63	20	83
化学原料和化学制品制造业	265	99	192	163	102	15	121	117	12	182
医药制造业	100	56	62	71	29	8	35	42	15	88
非金属矿物制品业	13	2	8	6	7		1	10	2	9
通用设备制造业	25	1	17	6	19	1	5	13	6	18
专用设备制造业	86	14	30	56	30		15	54	17	59
计算机、通信和其他电子设备制造业	53	5	34	20	33	5	20	22	6	35
仪器仪表制造业	311	67	60	300	11	4	72	215	20	309
电力、热力、燃气及水生产和供应业	782	149	595	151	631	56	541	172	13	209
电力、热力生产和供应业	697	123	545	120	577	54	517	118	8	175
水的生产和供应业	85	26	50	31	54	2	24	54	5	34
建筑业	257	57	189	41	216	7	61	160	29	106
房屋建筑业	257	57	189	41	216	7	61	160	29	106
信息传输、软件和信息技术服务业	130	25	33	101	29		8	77	45	112
电信、广播电视和卫星传输服务	25	6	14	16	9			12	13	17

2-27 续表 2

指标名称	R&D人员（人）	#女性	#高中级职称	按工作量分		按学历分				R&D人员折合全时工作量（人年）
				R&D全时人员	R&D非全时人员	博士毕业	硕士毕业	本科毕业	其他	
软件和信息技术服务业	105	19	19	85	20		8	65	32	95
科学研究和技术服务业	256	48	180	133	123	2	66	171	17	163
专业技术服务业	245	44	180	126	119	2	63	165	15	156
科技推广和应用服务业	11	4		7	4		3	6	2	7
按机构所属学科分组										
自然科学领域	112	48	55	100	12	7	37	37	31	107
化学	66	20	30	60	6	2	18	28	18	64
生物学	46	28	25	40	6	5	19	9	13	43
医学科学领域	54	28	37	31	23	3	16	33	2	45
中医学与中药学	54	28	37	31	23	3	16	33	2	45
工程科学与技术领域	2306	493	1420	1047	1259	91	949	1093	173	1289
工程与技术科学基础学科	8	2	2	8			1	6	1	8
材料科学	98	28	58	37	61	2	25	64	7	43
冶金工程技术	53	5	34	20	33	5	20	22	6	35
机械工程	1021	176	760	238	783	56	595	322	48	358
电子与通信技术	377	78	106	356	21	5	80	262	30	357
计算机科学技术	105	19	19	85	20		8	65	32	95
化学工程	295	106	216	193	102	15	127	139	14	212
纺织科学技术	33	11	20	29	4		9	20	4	30
食品科学技术	11	4		7	4		3	6	2	7
土木建筑工程	257	57	189	41	216	7	61	160	29	106
环境科学技术及资源科学技术	48	7	16	33	15	1	20	27		38
按机构登记注册类型分组										
国有	629	162	437	246	383	21	191	355	62	344
有限责任公司	1436	311	950	558	878	74	716	537	109	706
股份有限公司	366	89	93	344	22	5	87	241	33	354
私营	41	7	32	30	11	1	8	30	2	37

2–28 转制为企业的研究机构 R&D 经费支出（2020）

单位：万元

指标名称	R&D 经费内部支出	政府资金	企业资金	其他资金	R&D 经费外部支出	# 对国内研究机构支出	对国内高等学校支出	对国内企业支出
总计	**55339**	**7524**	**47340**	**475**	**1914**	**669**	**544**	**702**
按机构所属地域分组								
杭州市	53845	7455	45916	475	1914	669	544	702
宁波市	1230	19	1211					
温州市	50	50						
绍兴市	64		64					
金华市	149		149					
按机构所属隶属关系分组								
中央属	4659	314	4345		819	441	147	230
地方属	20179	3376	16803		410	227	79	104
其他	30501	3834	26192	475	685		318	367
按机构从事的国民经济行业分组								
制造业	40254	4247	35863	145	685		318	367
纺织业	862	65	797					
化学原料和化学制品制造业	12130	1448	10537	145				
医药制造业	909	293	617					
有色金属冶炼和压延加工业	3321	573	2749					
通用设备制造业	205		205					
专用设备制造业	1064		1064					
电气机械和器材制造业	9204	1588	7616		685		318	367
计算机、通信和其他电子设备制造业	317	61	256					
仪器仪表制造业	12242	219	12023					
建筑业	877	530	346					
房屋建筑业	877	530	346					
信息传输、软件和信息技术服务业	2850	749	1771	330				

2–28 续表 1 单位：万元

指标名称	R&D经费内部支出	政府资金	企业资金	其他资金	R&D经费外部支出	#对国内研究机构支出	对国内高等学校支出	对国内企业支出
软件和信息技术服务业	2850	749	1771	330				
科学研究和技术服务业	10356	1998	8358		1195	635	226	334
研究和试验发展	1788	815	973		410	227	79	104
专业技术服务业	8218	1070	7148		785	408	147	230
科技推广和应用服务业	350	114	236					
水利、环境和公共设施管理业	1002		1002		33	33		
生态保护和环境治理业	1002		1002		33	33		
按机构服务的国民经济行业分组								
采矿业	1002		1002		33	33		
煤炭开采和洗选业	1002		1002		33	33		
制造业	32177	3474	28558	145	410	227	79	104
纺织业	862	65	797					
造纸和纸制品业	2493	4	2344	145				
化学原料和化学制品制造业	10084	1448	8636					
医药制造业	2698	1108	1590		410	227	79	104
非金属矿物制品业	194	58	136					
通用设备制造业	205		205					
专用设备制造业	1064		1064					
计算机、通信和其他电子设备制造业	3321	573	2749					
仪器仪表制造业	11257	219	11038					
电力、热力、燃气及水生产和供应业	11068	1899	9170		1470	408	465	597
电力、热力生产和供应业	9204	1588	7616		685		318	367
水的生产和供应业	1865	310	1554		785	408	147	230
建筑业	877	530	346					
房屋建筑业	877	530	346					
信息传输、软件和信息技术服务业	3167	810	2027	330				
电信、广播电视和卫星传输服务	317	61	256					

指标名称	R&D 经费内部支出	政府资金	企业资金	其他资金	R&D 经费外部支出	# 对国内研究机构支出	对国内高等学校支出	对国内企业支出
软件和信息技术服务业	2850	749	1771	330				
科学研究和技术服务业	7049	811	6237					
专业技术服务业	6943	716	6227					
科技推广和应用服务业	105	95	10					
按机构所属学科分组								
自然科学领域	2956	293	2518	145				
化学	2046		1902	145				
生物学	909	293	617					
医学科学领域	1788	815	973		410	227	79	104
中医学与中药学	1788	815	973		410	227	79	104
工程科学与技术领域	50595	6416	43849	330	1504	441	465	597
工程与技术科学基础学科	64		64					
材料科学	2058	368	1690		785	408	147	230
冶金工程技术	3321	573	2749					
机械工程	16850	2289	14561		685		318	367
电子与通信技术	12277	280	11997					
计算机科学技术	2850	749	1771	330				
化学工程	10329	1467	8862					
纺织科学技术	862	65	797					
食品科学技术	105	95	10					
土木建筑工程	877	530	346					
环境科学技术及资源科学技术	1002		1002		33	33		
按机构登记注册类型分组								
国有	8708	1441	7268					
有限责任公司	30805	5235	25096	475	1914	669	544	702
股份有限公司	15481	830	14651					
私营	345	19	326					

2-29 转制为企业的研究机构R&D经费内部支出按经费类型分(2020)

单位：万元

指标名称	R&D经费内部支出	经常费支出				基本建设费		
			劳务费	设备购置费	其他日常支出		仪器设备费	土建费
总计	**55339**	**50944**	**24014**	**23822**	**3108**	**4395**	**4374**	**21**
按机构所属地域分组								
杭州市	53845	49451	22676	23735	3040	4395	4374	21
宁波市	1230	1230	1130	48	52			
温州市	50	50	25	17	8			
绍兴市	64	64	35	23	7			
金华市	149	149	149		1			
按机构所属隶属关系分组								
中央属	4659	4563	1969	2034	560	96	96	
地方属	20179	19033	8284	9916	833	1146	1145	1
其他	30501	27348	13761	11873	1715	3153	3133	20
按机构从事的国民经济行业分组								
制造业	40254	36723	17885	16914	1924	3531	3510	21
纺织业	862	687	264	422	1	175	175	
化学原料和化学制品制造业	12130	11293	4745	5873	674	838	816	21
医药制造业	909	909	813		96			
有色金属冶炼和压延加工业	3321	2874	849	1750	275	447	447	
通用设备制造业	205	205	177	26	2			
专用设备制造业	1064	1035	918	100	17	29	29	
电气机械和器材制造业	9204	7616	4330	2935	350	1588	1588	
计算机、通信和其他电子设备制造业	317	283	223	33	27	34	34	
仪器仪表制造业	12242	11822	5566	5776	480	420	420	
建筑业	877	501	268	109	125	375	375	
房屋建筑业	877	501	268	109	125	375	375	
信息传输、软件和信息技术服务业	2850	2850	2421	181	248			

2-29 续表 1　　单位：万元

指标名称	R&D经费内部支出	经常费支出				基本建设费		
			劳务费	设备购置费	其他日常支出		仪器设备费	土建费
软件和信息技术服务业	2850	2850	2421	181	248			
科学研究和技术服务业	10356	9868	3204	5949	715	489	489	
研究和试验发展	1788	1478	1241	120	117	310	310	
专业技术服务业	8218	8041	1753	5741	546	177	177	
科技推广和应用服务业	350	349	211	87	51	1	1	
水利、环境和公共设施管理业	1002	1002	235	669	98			
生态保护和环境治理业	1002	1002	235	669	98			
按机构服务的国民经济行业分组								
采矿业	1002	1002	235	669	98			
煤炭开采和洗选业	1002	1002	235	669	98			
制造业	32177	29950	13941	14308	1701	2227	2206	21
纺织业	862	687	264	422	1	175	175	
造纸和纸制品业	2493	2375	1161	960	254	118	98	20
化学原料和化学制品制造业	10084	9364	3756	5153	455	720	719	1
医药制造业	2698	2387	2054	120	213	310	310	
非金属矿物制品业	194	186	180	2	4	8	8	
通用设备制造业	205	205	177	26	2			
专用设备制造业	1064	1035	918	100	17	29	29	
计算机、通信和其他电子设备制造业	3321	2874	849	1750	275	447	447	
仪器仪表制造业	11257	10838	4582	5776	479	420	420	
电力、热力、燃气及水生产和供应业	11068	9418	4783	3891	744	1651	1651	
电力、热力生产和供应业	9204	7616	4330	2935	350	1588	1588	
水的生产和供应业	1865	1802	453	956	394	63	63	
建筑业	877	501	268	109	125	375	375	
房屋建筑业	877	501	268	109	125	375	375	
信息传输、软件和信息技术服务业	3167	3132	2644	214	275	34	34	
电信、广播电视和卫星传输服务	317	283	223	33	27	34	34	

2-29 续表2 单位：万元

指标名称	R&D经费内部支出	经常费支出				基本建设费		
			劳务费	设备购置费	其他日常支出		仪器设备费	土建费
软件和信息技术服务业	2850	2850	2421	181	248			
科学研究和技术服务业	7049	6941	2143	4631	166	108	108	
专业技术服务业	6943	6837	2079	4592	166	107	107	
科技推广和应用服务业	105	104	65	40		1	1	
按机构所属学科分组								
自然科学领域	2956	2838	1803	720	315	118	98	20
化学	2046	1928	989	720	219	118	98	20
生物学	909	909	813		96			
医学科学领域	1788	1478	1241	120	117	310	310	
中医学与中药学	1788	1478	1241	120	117	310	310	
工程科学与技术领域	50595	46628	20971	22982	2676	3967	3966	1
工程与技术科学基础学科	64	64	35	23	7			
材料科学	2058	1987	632	958	397	71	71	
冶金工程技术	3321	2874	849	1750	275	447	447	
机械工程	16850	15122	6703	7891	528	1728	1728	
电子与通信技术	12277	11827	5597	5739	490	450	450	
计算机科学技术	2850	2850	2421	181	248			
化学工程	10329	9609	3902	5201	507	720	719	1
纺织科学技术	862	687	264	422	1	175	175	
食品科学技术	105	104	65	40		1	1	
土木建筑工程	877	501	268	109	125	375	375	
环境科学技术及资源科学技术	1002	1002	235	669	98			
按机构登记注册类型分组								
国有	8708	7573	4303	2699	572	1135	1135	
有限责任公司	30805	27996	13710	12364	1923	2809	2789	20
股份有限公司	15481	15029	5770	8696	562	452	450	1
私营	345	345	231	63	51			

2–30 转制为企业的研究机构R&D经费内部支出按活动类型分（2020）

单位：万元

指标名称	R&D 经费内部支出	基础研究	应用研究	试验发展
总计	**55339**	**119**	**12250**	**42970**
按机构所属地域分组				
杭州市	53845	119	11187	42540
宁波市	1230		849	381
温州市	50			50
绍兴市	64		64	
金华市	149		149	
按机构所属隶属关系分组				
中央属	4659		243	4417
地方属	20179	119	2715	17345
其他	30501		9292	21209
按机构从事的国民经济行业分组				
制造业	40254	117	8380	31757
纺织业	862			862
化学原料和化学制品制造业	12130	117	661	11353
医药制造业	909		782	127
有色金属冶炼和压延加工业	3321			3321
通用设备制造业	205			205
专用设备制造业	1064			1064
电气机械和器材制造业	9204		6075	3129
计算机、通信和其他电子设备制造业	317			317
仪器仪表制造业	12242		863	11379
建筑业	877			877
房屋建筑业	877			877
信息传输、软件和信息技术服务业	2850		2850	

2–30 续表 1

单位：万元

指标名称	R&D 经费内部支出	基础研究	应用研究	试验发展
软件和信息技术服务业	2850		2850	
科学研究和技术服务业	10356	2	1020	9334
研究和试验发展	1788		715	1073
专业技术服务业	8218		293	7925
科技推广和应用服务业	350	2	12	337
水利、环境和公共设施管理业	1002			1002
生态保护和环境治理业	1002			1002
按机构服务的国民经济行业分组				
采矿业	1002			1002
煤炭开采和洗选业	1002			1002
制造业	32177	117	2172	29888
纺织业	862			862
造纸和纸制品业	2493		368	2124
化学原料和化学制品制造业	10084	117	292	9675
医药制造业	2698		1497	1200
非金属矿物制品业	194			194
通用设备制造业	205			205
专用设备制造业	1064			1064
计算机、通信和其他电子设备制造业	3321			3321
仪器仪表制造业	11257		14	11243
电力、热力、燃气及水生产和供应业	11068		6303	4765
电力、热力生产和供应业	9204		6075	3129
水的生产和供应业	1865		229	1636
建筑业	877			877
房屋建筑业	877			877
信息传输、软件和信息技术服务业	3167		2850	317
电信、广播电视和卫星传输服务	317			317

2-30　续表 2　　单位：万元

指标名称	R&D 经费内部支出	基础研究	应用研究	试验发展
软件和信息技术服务业	2850		2850	
科学研究和技术服务业	7049	2	925	6121
专业技术服务业	6943		914	6029
科技推广和应用服务业	105	2	12	92
按机构所属学科分组				
自然科学领域	2956		1150	1805
化学	2046		368	1678
生物学	909		782	127
医学科学领域	1788		715	1073
中医学与中药学	1788		715	1073
工程科学与技术领域	50595	119	10384	40092
工程与技术科学基础学科	64		64	
材料科学	2058		229	1829
冶金工程技术	3321			3321
机械工程	16850		6088	10762
电子与通信技术	12277		849	11428
计算机科学技术	2850		2850	
化学工程	10329	117	292	9920
纺织科学技术	862			862
食品科学技术	105	2	12	92
土木建筑工程	877			877
环境科学技术及资源科学技术	1002			1002
按机构登记注册类型分组				
国有	8708	117	306	8285
有限责任公司	30805	2	11944	18860
股份有限公司	15481			15481
私营	345			345

2–31 转制为企业的研究机构专利（2020）

指标名称	专利申请受理数（件）	# 发明专利	专利授权数（件）	# 发明专利	国外授权	有效发明专利数（件）	专利所有权转让及许可数（件）
总计	**788**	**446**	**582**	**123**	**2**	**939**	**3**
按机构所属地域分组							
杭州市	773	444	554	122	2	913	3
宁波市	10	2	3			18	
温州市			1	1		7	
嘉兴市						1	
绍兴市	5		24				
按机构所属隶属关系分组							
中央属	57	32	26	8		117	
地方属	174	123	124	56	2	383	3
其他	557	291	432	59		439	
按机构从事的国民经济行业分组							
制造业	660	386	484	108	2	725	2
纺织业	1	1	1	1		12	
化学原料和化学制品制造业	107	94	61	55	2	324	2
医药制造业						7	
有色金属冶炼和压延加工业	13	9	7	4		31	
通用设备制造业	2	1				14	
专用设备制造业	11	7	8	1		11	
电气机械和器材制造业	508	272	401	46		245	
计算机、通信和其他电子设备制造业	4		3	1		49	
仪器仪表制造业	14	2	3			32	
建筑业	16	3	13	3		33	
房屋建筑业	16	3	13	3		33	
信息传输、软件和信息技术服务业						7	1

2-31　续表 1

指标名称	专利申请受理数（件）	# 发明专利	专利授权数（件）	# 发明专利	国外授权	有效发明专利数（件）	专利所有权转让及许可数（件）
软件和信息技术服务业						7	1
科学研究和技术服务业	96	47	74	6		145	
研究和试验发展	4	4	1	1		8	
专业技术服务业	87	40	70	5		125	
科技推广和应用服务业	5	3	3			12	
水利、环境和公共设施管理业	16	10	11	6		29	
生态保护和环境治理业	16	10	11	6		29	
按机构服务的国民经济行业分组							
采矿业	16	10	11	6		29	
煤炭开采和洗选业	16	10	11	6		29	
制造业	154	122	87	64	2	449	3
纺织业	1	1	1	1		12	
造纸和纸制品业	21	11	8	4		48	
化学原料和化学制品制造业	95	88	58	52	2	287	2
医药制造业	4	4	1	1		15	
非金属矿物制品业			1	1		1	
通用设备制造业	2	1				14	
专用设备制造业	11	7	8	1		11	
计算机、通信和其他电子设备制造业	13	9	7	4		31	
仪器仪表制造业	7	1	3			30	1
电力、热力、燃气及水生产和供应业	525	281	403	46		308	
电力、热力生产和供应业	508	272	401	46		245	
水的生产和供应业	17	9	2			63	
建筑业	16	3	13	3		33	
房屋建筑业	16	3	13	3		33	
信息传输、软件和信息技术服务业	4		3	1		52	
电信、广播电视和卫星传输服务	4		3	1		49	

2–31 续表 2

指标名称	专利申请受理数（件）		专利授权数（件）			有效发明专利数（件）	专利所有权转让及许可数（件）
		# 发明专利		# 发明专利	国外授权		
软件和信息技术服务业						3	
科学研究和技术服务业	73	30	65	3		68	
专业技术服务业	71	28	65	3		68	
科技推广和应用服务业	2	2					
按机构所属学科分组							
自然科学领域	12	6	3	3		44	
化学	12	6	3	3		37	
生物学						7	
医学科学领域	4	4	1	1		8	
中医学与中药学	4	4	1	1		8	
工程科学与技术领域	772	436	578	119	2	887	3
工程与技术科学基础学科	5		24				
材料科学	17	9	3	1		64	
冶金工程技术	13	9	7	4		31	
机械工程	590	312	452	51		335	
电子与通信技术	14	1	6	1		81	1
计算机科学技术						3	
化学工程	98	89	61	52	2	299	2
纺织科学技术	1	1	1	1		12	
食品科学技术	2	2					
土木建筑工程	16	3	13	3		33	
环境科学技术及资源科学技术	16	10	11	6		29	
按机构登记注册类型分组							
国有	117	92	72	50	2	285	
有限责任公司	641	340	489	65		509	1
股份有限公司	25	12	18	8		125	2
私营	5	2	3			20	

2-32 转制为企业的研究机构论文、著作及其他科技产出（2020）

指标名称	科技论文（篇）	# 国外发表	科技著作（种）	形成国家或行业标准（项）	集成电路布图设计登记数（件）	软件著作权数（件）
总计	**657**	**42**	**12**	**52**	**1**	**126**
按机构所属地域分组						
杭州市	649	42	12	51	1	122
宁波市	7			1		3
温州市	1					
金华市						1
按机构所属隶属关系分组						
中央属	64	11		11		7
地方属	185	25	1	11		57
其他	408	6	11	30	1	62
按机构从事的国民经济行业分组						
制造业	492	27	10	33	1	64
纺织业	2			1		
化学原料和化学制品制造业	100	10	1	4		
医药制造业	14	11		2		15
有色金属冶炼和压延加工业	15			7		
通用设备制造业	12					
专用设备制造业	3			3		5
电气机械和器材制造业	334	6	9	11		37
计算机、通信和其他电子设备制造业				4		1
仪器仪表制造业	12			1	1	6
建筑业	44		2	7		6
房屋建筑业	44		2	7		6
信息传输、软件和信息技术服务业						16
软件和信息技术服务业						16

2–32 续表 1

指标名称	科技论文（篇）	# 国外发表	科技著作（种）	形成国家或行业标准（项）	集成电路布图设计登记数（件）	软件著作权数（件）
科学研究和技术服务业	81	4		12		38
研究和试验发展	10	1				
专业技术服务业	63	3		11		37
科技推广和应用服务业	8			1		1
水利、环境和公共设施管理业	40	11				2
生态保护和环境治理业	40	11				2
按机构服务的国民经济行业分组						
采矿业	40	11				2
煤炭开采和洗选业	40	11				2
制造业	169	22	1	25	1	24
纺织业	2			1		
造纸和纸制品业	19			8		
化学原料和化学制品制造业	88	10	1	4		
医药制造业	24	12		2		15
非金属矿物制品业	1					
通用设备制造业	12					
专用设备制造业	3			3		5
计算机、通信和其他电子设备制造业	15			7		1
仪器仪表制造业	5				1	3
电力、热力、燃气及水生产和供应业	343	6	9	11		37
电力、热力生产和供应业	334	6	9	11		37
水的生产和供应业	9					
建筑业	44		2	7		6
房屋建筑业	44		2	7		6
信息传输、软件和信息技术服务业				4		16
电信、广播电视和卫星传输服务				4		

2–32 续表 2

指标名称	科技论文（篇）	# 国外发表	科技著作（种）	形成国家或行业标准（项）	集成电路布图设计登记数（件）	软件著作权数（件）
软件和信息技术服务业						16
科学研究和技术服务业	61	3		5		41
专业技术服务业	53	3		4		40
科技推广和应用服务业	8			1		1
按机构所属学科分组						
自然科学领域	26	11		2		15
化学	12					
生物学	14	11		2		15
医学科学领域	10	1				
中医学与中药学	10	1				
工程科学与技术领域	621	30	12	50	1	111
材料科学	10					
冶金工程技术	15			7		
机械工程	407	9	9	25		79
电子与通信技术	7			5	1	7
计算机科学技术						16
化学工程	88	10	1	4		
纺织科学技术	2			1		
食品科学技术	8			1		1
土木建筑工程	44		2	7		6
环境科学技术及资源科学技术	40	11				2
按机构登记注册类型分组						
国有	109	6	2	21		11
有限责任公司	498	32	9	26		112
股份有限公司	38	4	1	5	1	3
私营	12					

三、规模以上工业企业

3-1 规模以上工业企业研发活动情况（2018—2020）

指标名称	单位	2018	2019	2020
有 R&D 活动的企业数	个	16505	20217	23846
企业有研发机构	个	10141	13850	17924
从业人员年平均人数	万人	662	671	681
研发活动人员	万人	51.35	57.46	61.68
参加项目人员	万人	47.91	53.75	57.83
企业内部的日常研发经费支出	亿元	1476.95	1746.07	2009.70
人工费	亿元	559.60	682.66	777.73
原材料费	亿元	666.41	776.50	914.87
委托外单位开发经费支出	亿元	82.17	83.72	89.85
折合全时 R&D 人员	万人年	39.41	45.18	48.05
R&D 经费支出	亿元	1147.39	1274.23	1395.90
新产品开发经费支出	亿元	1270.04	1531.68	1765.30
新产品销售收入	亿元	23308.16	26099.37	28302.50
出口	亿元	4531.86	5142.15	5720.43
专利申请数	项	100254	114326	138589
发明专利	项	27998	30914	35319
拥有发明专利数	项	62341	75770	93159
技术改造经费支出	亿元	227.16	203.32	236.03
引进境外技术经费支出	亿元	9.47	9.43	14.69
引进境外技术的消化吸收经费支出	亿元	1.56	0.85	0.51
购买境内技术经费支出	亿元	20.72	24.71	16.88

3-2 规模以上工业企业基本情况（2020）

指标名称	单位数（个）	# 有 R&D 活动	# 有研发机构	# 享受研究开发费用加计扣除	# 有新产品销售	# 有专利申请
总计	**47953**	**23846**	**17344**	**13623**	**23161**	**13274**
按企业规模分组						
大型	594	496	459	462	543	452
中型	3832	2954	2599	2422	3096	2282
小型	40265	19805	13976	10587	19032	10362
微型	3262	591	310	152	490	178
按登记注册类型分组						
内资企业	43646	21673	15368	12161	20923	11927
国有企业	44	10	7	7	7	7
集体企业	23	4	3	2	3	3
股份合作企业	319	146	68	50	140	37
联营企业	1	1				
其他联营企业	1	1				
有限责任公司	2372	1148	877	780	1076	790
国有独资公司	171	36	24	17	20	41
其他有限责任公司	2201	1112	853	763	1056	749
股份有限公司	851	694	580	586	671	562
私营企业	40036	19670	13833	10736	19026	10528
私营独资企业	1023	254	109	9	207	31
私营合伙企业	188	55	23	1	43	4
私营有限责任公司	34989	16943	11617	8994	16385	8957
私营股份有限公司	3836	2418	2084	1732	2391	1536
港、澳、台商投资企业	1933	1024	934	667	1056	616
合资经营企业（港或澳、台资）	868	503	423	315	502	291
合作经营企业（港或澳、台资）	15	8	6	7	7	5
港、澳、台商独资经营企业	946	435	423	276	458	263
港、澳、台商投资股份有限公司	98	77	79	67	85	56
其他港、澳、台投资企业	6	1	3	2	4	1
外商投资企业	2374	1149	1042	795	1182	731

3-2　续表 1

指标名称	单位数（个）	# 有 R&D 活动	# 有研发机构	# 享受研究开发费用加计扣除	# 有新产品销售	# 有专利申请
中外合资经营企业	968	525	475	352	547	340
中外合作经营企业	14	6	7	6	7	4
外资企业	1311	555	499	385	560	329
外商投资股份有限公司	74	59	57	48	65	55
其他外商投资企业	7	4	4	4	3	3
按国民经济行业大类分组						
采矿业	166	25	17	11	13	10
煤炭开采和洗选业	1	1	1		1	
黑色金属矿采选业	3					
有色金属矿采选业	12				1	
非金属矿采选业	150	24	16	11	11	10
制造业	47043	23678	17244	13525	23110	13153
农副食品加工业	683	300	216	94	237	99
食品制造业	379	175	135	89	177	87
酒、饮料和精制茶制造业	199	67	41	37	78	25
烟草制品业	2	2	2	1	2	1
纺织业	4987	2040	1559	793	2012	752
纺织服装、服饰业	2305	890	499	258	867	206
皮革、毛皮、羽毛及其制品和制鞋业	1577	866	498	215	953	170
木材加工和木、竹、藤、棕、草制品业	716	243	123	111	190	109
家具制造业	1030	447	268	236	431	262
造纸和纸制品业	977	422	290	229	411	231
印刷和记录媒介复制业	747	309	206	160	297	150
文教、工美、体育和娱乐用品制造业	1426	656	420	351	680	355
石油、煤炭及其他燃料加工业	81	24	16	16	22	17
化学原料和化学制品制造业	1703	1004	776	716	953	618
医药制造业	533	405	331	322	345	250
化学纤维制造业	626	267	200	112	249	104
橡胶和塑料制品业	3071	1384	982	799	1349	756
非金属矿物制品业	2192	870	611	443	703	450
黑色金属冶炼和压延加工业	620	237	156	120	240	124

3-2 续表 2

指标名称	单位数（个）	# 有 R&D 活动	# 有研发机构	# 享受研究开发费用加计扣除	# 有新产品销售	# 有专利申请
有色金属冶炼和压延加工业	735	322	190	118	267	122
金属制品业	3588	1591	1122	869	1529	874
通用设备制造业	5528	3276	2355	2100	3127	2000
专用设备制造业	2365	1534	1129	1050	1467	1058
汽车制造业	2308	1435	1097	969	1422	887
铁路、船舶、航空航天和其他运输设备制造业	656	353	230	190	320	219
电气机械和器材制造业	4791	2653	2185	1749	2800	1811
计算机、通信和其他电子设备制造业	1864	1135	963	846	1205	864
仪器仪表制造业	772	531	473	441	562	431
其他制造业	382	182	129	62	174	88
废弃资源综合利用业	144	42	30	22	34	27
金属制品、机械和设备修理业	56	16	12	7	7	6
电力、热力、燃气及水生产和供应业	744	143	83	87	38	111
电力、热力生产和供应业	429	99	54	58	27	81
燃气生产和供应业	121	20	16	16		11
水的生产和供应业	194	24	13	13	11	19
按地区分组						
杭州市	5987	2553	2066	2101	2973	2184
宁波市	8567	4053	3810	2452	3870	2247
温州市	6714	3400	2565	1540	3736	1798
嘉兴市	6363	2901	3722	1799	3227	1661
湖州市	3791	1779	1237	1012	1507	1049
绍兴市	4560	2783	1347	1093	2215	1137
金华市	4629	2100	973	1266	2041	1268
衢州市	1130	546	316	343	550	401
舟山市	391	226	211	82	115	100
台州市	4611	2839	867	1586	2301	1047
丽水市	1207	665	229	348	625	380

3-2　续表 3

指标名称	从业人员期末人数（人）	从业人员平均人数（人）	营业收入（万元）	利润总额（万元）	工业总产值（万元）	资产总计（万元）
总计	**6965040**	**6813562**	**786531883.9**	**57233746.3**	**756965187.9**	**957332448.0**
按企业规模分组						
大型	1272632	1238649	224629759.9	20495905.6	211703677.4	296506902.0
中型	1966825	1910017	211425629.4	17531335.7	205289762.1	268950156.4
小型	3688068	3615620	330026297.4	17991007.2	321079472.8	360517754.4
微型	37515	49276	20450197.2	1215497.8	18892275.6	31357635.2
按登记注册类型分组						
内资企业	5799339	5659438	627383996.1	44099510.6	605775798.1	765257833.0
国有企业	10581	10573	5016931.4	115535.3	4943449.1	4275103.0
集体企业	2497	2478	244037.2	34143.1	227723.5	5649580.8
股份合作企业	25572	25153	1639651.9	83623.1	1658674.8	1469800.9
联营企业	28	27	2055.0	58.7	2035.0	1823.3
其他联营企业	28	27	2055.0	58.7	2035.0	1823.3
有限责任公司	574459	569018	156675152.7	10691061.9	143869140.8	204604319.9
国有独资公司	76115	76202	40603300.5	1098358.9	36404691.3	44094056.0
其他有限责任公司	498344	492816	116071852.2	9592703.0	107464449.5	160510263.9
股份有限公司	504874	500997	75790933.4	11308944.0	72569424.8	148056071.2
私营企业	4681328	4551192	388015234.5	21866144.5	382505350.1	401201133.9
私营独资企业	63391	62298	3707158.7	120537.5	3813457.0	2927922.9
私营合伙企业	11072	10514	675750.0	22232.1	681852.3	491482.4
私营有限责任公司	3993365	3876509	329458617.6	16910899.6	325002766.8	327311612.2
私营股份有限公司	613500	601871	54173708.2	4812475.3	53007274.0	70470116.4
港、澳、台商投资企业	534350	529526	68626404.9	5535793.2	66421095.3	86233602.0
合资经营企业（港或澳、台资）	219075	216681	30861400.7	2183799.6	30672228.5	35446978.0
合作经营企业（港或澳、台资）	2527	2565	892474.0	181673.7	901572.8	694451.8
港、澳、台商独资经营企业	251441	249380	29803361.4	2457491.6	28032813.0	35201206.5
港、澳、台商投资股份有限公司	60566	60231	7033835.7	711673.4	6779618.3	14831440.6
其他港、澳、台投资企业	741	669	35333.1	1154.9	34862.7	59525.1
外商投资企业	631351	624598	90521482.9	7598442.5	84768294.5	105841013.0
中外合资经营企业	251963	247768	32608426.9	3477010.3	30936544.1	41838268.5
中外合作经营企业	3269	2899	1267884.4	168758.2	1359529.2	1000068.6

3-2 续表 4

指标名称	从业人员期末人数（人）	从业人员平均人数（人）	营业收入（万元）	利润总额（万元）	工业总产值（万元）	资产总计（万元）
外资企业	331846	331134	49229425.4	2947530.3	46659871.8	48885365.3
外商投资股份有限公司	41398	39871	6828117.9	968816.7	5451214.4	13198287.8
其他外商投资企业	2875	2926	587628.3	36327.0	361135.0	919022.8
按国民经济行业大类分组						
采矿业	10222	9913	1922445.0	402438.7	1966619.7	4643986.6
煤炭开采和洗选业	23	23	4834.7	184.4	4880.8	4265.5
黑色金属矿采选业	154	136	12738.3	1253.8	10656.5	18733.6
有色金属矿采选业	1214	1179	56788.5	7478.2	64653.3	179145.1
非金属矿采选业	8831	8575	1848083.5	393522.3	1886429.1	4441842.4
制造业	6832466	6681857	726846430.1	53260080.8	697937239.7	856622657.4
农副食品加工业	68890	66426	9726296.6	410000.7	8812852.5	9688304.9
食品制造业	73845	64848	6014409.0	523958.3	5585585.6	7741389.9
酒、饮料和精制茶制造业	31989	32189	4457937.7	591530.4	3936090.8	5847294.8
烟草制品业	3599	3591	9361314.9	675804.4	5578501.0	6096155.6
纺织业	579057	575657	41145517.5	2211070.3	42353418.6	46725713.0
纺织服装、服饰业	380788	386400	18932514.8	617166.0	19051844.7	23044668.1
皮革、毛皮、羽毛及其制品和制鞋业	215278	209902	8018033.7	164631.8	8443704.3	9197961.5
木材加工和木、竹、藤、棕、草制品业	67236	64348	4656465.9	288985.6	4343646.9	4786373.4
家具制造业	194289	181306	10436718.3	605979.7	10207890.6	11860227.1
造纸和纸制品业	113401	111300	14614310.6	1096177.8	14328981.7	17762289.2
印刷和记录媒介复制业	76940	76000	5231955.4	283650.8	5151399.5	6533023.7
文教、工美、体育和娱乐用品制造业	212798	209701	13300527.0	701915.6	13788134.2	12931812.2
石油、煤炭及其他燃料加工业	21745	20389	19887286.3	1197170.7	22471203.5	29285189.4
化学原料和化学制品制造业	207692	206272	55999853.7	6107878.7	53491122.9	72258542.5
医药制造业	153455	154126	17970412.2	3318716.2	18460753.6	30901264.3
化学纤维制造业	119265	119467	27762669.6	804938.7	23443827.9	35359832.9
橡胶和塑料制品业	352121	346127	28816976.7	1931798.8	27968195.1	29099912.8
非金属矿物制品业	214786	209958	37593558.3	3420351.0	37024494.1	38801008.5
黑色金属冶炼和压延加工业	64246	63639	20007557.9	994010.5	18392939.1	13966806.1

3-2 续表 5

指标名称	从业人员期末人数（人）	从业人员平均人数（人）	营业收入（万元）	利润总额（万元）	工业总产值（万元）	资产总计（万元）
有色金属冶炼和压延加工业	73189	71622	27540649.4	705940.2	23224554.9	14418519.9
金属制品业	452307	439583	35259516.0	1754289.5	34724164.4	32004468.6
通用设备制造业	713717	695078	56314248.6	4449026.5	54861033.6	70075493.6
专用设备制造业	310398	303945	23931154.2	2408073.9	23814888.8	32200706.6
汽车制造业	444734	429908	53318444.2	5141740.4	51100770.6	84891729.7
铁路、船舶、航空航天和其他运输设备制造业	99182	94337	8238476.2	161742.0	8141294.5	11983514.2
电气机械和器材制造业	844637	817049	86639000.4	5485246.2	81552999.6	96623173.1
计算机、通信和其他电子设备制造业	518691	509348	61700187.3	4881630.3	58442375.6	75573204.8
仪器仪表制造业	144102	140311	12539594.6	1849306.2	12389624.4	19161220.5
其他制造业	50793	49742	2401206.2	106101.3	2343700.1	2512245.6
废弃资源综合利用业	12720	12586	3579327.1	205963.3	3119581.5	3085381.4
金属制品、机械和设备修理业	16576	16702	1450309.8	165285.0	1387665.1	2205229.5
电力、热力、燃气及水生产和供应业	122352	121792	57763008.8	3571226.8	57061328.5	96065804.0
电力、热力生产和供应业	82907	82892	48543060.6	2895431.0	48329986.8	72053085.6
燃气生产和供应业	11337	10938	6574899.3	518819.9	6318607.7	7392763.2
水的生产和供应业	28108	27962	2645048.9	156975.9	2412734.0	16619955.2
按地区分组						
杭州市	1016657	1018307	157121493.8	12591064.2	140329315.0	199037254.1
宁波市	1532922	1496276	173350072.8	14648408.8	171731011.6	189887457.1
温州市	775089	745949	51829235.5	3675909.9	53439899.9	63308778.3
嘉兴市	879431	868731	106661314.9	6513806.9	101409475.9	125231461.0
湖州市	418273	408639	50041842.2	3665807.4	48462373.6	53784831.8
绍兴市	627017	617886	64087140.0	5589822.9	68352404.3	85598845.5
金华市	599437	581522	44792053.9	2142287.1	42792587.6	54224969.0
衢州市	152378	150307	19803116.1	1479277.8	18340572.0	25005292.1
舟山市	72719	70923	15433975.6	916834.9	15336331.9	34273406.1
台州市	703929	674453	53374412.8	3958120.6	51213049.3	74671253.3
丽水市	155356	149003	15176600.6	1179705.4	14712361.9	16703818.1

3-3 规模以上工业企业 R&D 人员情况（2020）

指标名称	R&D 人员合计(人)	#参加项目人员	管理和服务人员	#女性	#研究人员	#全时人员	非全时人员
总计	**616790**	**578312**	**38478**	**140752**	**135770**	**452218**	**164572**
按企业规模分组							
大型	131600	125480	6120	31303	43284	96582	35018
中型	179394	169326	10068	41885	37659	131224	48170
小型	302405	280343	22062	66826	54021	222154	80251
微型	3391	3163	228	738	806	2258	1133
按登记注册类型分组							
内资企业	520956	487722	33234	117138	108883	380031	140925
国有企业	338	306	32	76	102	263	75
集体企业	77	67	10	12	29	70	7
股份合作企业	1575	1462	113	276	235	1060	515
联营企业	5	4	1	1	1	5	
其他联营企业	5	4	1	1	1	5	
有限责任公司	50076	46728	3348	10566	14762	35214	14862
国有独资公司	1226	1074	152	218	479	780	446
其他有限责任公司	48850	45654	3196	10348	14283	34434	14416
股份有限公司	71558	68132	3426	16812	25248	54929	16629
私营企业	397327	371023	26304	89395	68506	288490	108837
私营独资企业	1736	1618	118	487	294	1112	624
私营合伙企业	315	298	17	76	58	204	111
私营有限责任公司	328616	306879	21737	74139	55347	239183	89433
私营股份有限公司	66660	62228	4432	14693	12807	47991	18669
港、澳、台商投资企业	49280	47085	2195	12426	13747	37697	11583
合资经营企业(港或澳、台资)	18927	17925	1002	5037	4018	14250	4677
合作经营企业(港或澳、台资)	175	166	9	36	31	143	32
港、澳、台商独资经营企业	22173	21339	834	5329	7097	17548	4625
港、澳、台商投资股份有限公司	7964	7614	350	2022	2586	5721	2243
其他港、澳、台投资企业	41	41		2	15	35	6

3-3　续表 1

指标名称	R&D 人员合计（人）						
		# 参加项目人员	管理和服务人员	# 女性	# 研究人员	# 全时人员	非全时人员
外商投资企业	46554	43505	3049	11188	13140	34490	12064
中外合资经营企业	22022	20571	1451	5033	6081	15680	6342
中外合作经营企业	233	229	4	76	20	99	134
外资企业	19789	18497	1292	4934	5502	15377	4412
外商投资股份有限公司	4309	4018	291	1071	1490	3183	1126
其他外商投资企业	201	190	11	74	47	151	50
按国民经济行业大类分组							
采矿业	447	392	55	47	69	302	145
煤炭开采和洗选业	3	3			1	2	1
非金属矿采选业	444	389	55	47	68	300	144
制造业	612927	574777	38150	140391	134690	450097	162830
农副食品加工业	3945	3563	382	1326	828	2528	1417
食品制造业	4204	3900	304	1545	818	2451	1753
酒、饮料和精制茶制造业	1599	1451	148	484	386	911	688
烟草制品业	121	111	10	32	60	67	54
纺织业	46915	43944	2971	16051	6448	31536	15379
纺织服装、服饰业	17487	16414	1073	8970	2685	13099	4388
皮革、毛皮、羽毛及其制品和制鞋业	13453	12579	874	4705	1334	9289	4164
木材加工和木、竹、藤、棕、草制品业	4037	3720	317	1040	532	2829	1208
家具制造业	12340	11369	971	3164	1753	8833	3507
造纸和纸制品业	9898	9105	793	2089	1135	6791	3107
印刷和记录媒介复制业	5622	5275	347	1477	859	4067	1555
文教、工美、体育和娱乐用品制造业	14698	13795	903	4813	2059	10661	4037
石油、煤炭及其他燃料加工业	1531	1185	346	168	592	1233	298
化学原料和化学制品制造业	24684	22955	1729	5875	6996	18629	6055
医药制造业	19241	17806	1435	8151	7878	14833	4408
化学纤维制造业	11201	10686	515	2835	1393	7030	4171
橡胶和塑料制品业	26651	24744	1907	5853	4148	19798	6853
非金属矿物制品业	15333	14171	1162	2793	2691	10508	4825

3-3 续表 2

指标名称	R&D 人员合计（人）						
		# 参加项目人员	管理和服务人员	# 女性	# 研究人员	# 全时人员	非全时人员
黑色金属冶炼和压延加工业	5434	5087	347	594	939	3875	1559
有色金属冶炼和压延加工业	6663	6140	523	1073	1251	4227	2436
金属制品业	32216	29935	2281	5912	4860	23395	8821
通用设备制造业	71021	66241	4780	11503	14415	52070	18951
专用设备制造业	34017	32140	1877	5063	7883	25964	8053
汽车制造业	45560	43026	2534	6941	10256	33786	11774
铁路、船舶、航空航天和其他运输设备制造业	8894	8263	631	1245	1771	6904	1990
电气机械和器材制造业	80764	75928	4836	16740	16680	60256	20508
计算机、通信和其他电子设备制造业	68871	66142	2729	15237	25699	54818	14053
仪器仪表制造业	21681	20629	1052	3636	7712	16456	5225
其他制造业	3322	3084	238	887	394	2253	1069
废弃资源综合利用业	1231	1130	101	167	160	827	404
金属制品、机械和设备修理业	293	259	34	22	75	173	120
电力、热力、燃气及水生产和供应业	3416	3143	273	314	1011	1819	1597
电力、热力生产和供应业	2583	2369	214	178	764	1403	1180
燃气生产和供应业	448	415	33	57	103	173	275
水的生产和供应业	385	359	26	79	144	243	142
按地区分组							
杭州市	107832	101464	6368	24833	37050	85397	22435
宁波市	117522	113673	3849	24937	26708	89996	27526
温州市	70488	66103	4385	14767	11351	54086	16402
嘉兴市	70020	65948	4072	18433	11835	47831	22189
湖州市	38260	35926	2334	8377	7832	28764	9496
绍兴市	64429	59317	5112	15441	14547	43571	20858
金华市	53787	49582	4205	14026	9195	38944	14843
衢州市	12502	11435	1067	2848	1854	6919	5583
舟山市	5999	5288	711	1106	1491	4219	1780
台州市	62035	56974	5061	13017	11699	42804	19231
丽水市	13802	12497	1305	2936	2149	9626	4176

3-3 续表 3

指标名称	R&D 人员折合全时当量合计（人年）	# 研究人员	按活动类型分组		
			基础研究人员	应用研究人员	试验发展人员
总计	**480493**	**108392**	**356**	**4833**	**475305**
按企业规模分组					
大型	105250	35790	236	899	104115
中型	142187	30360		1574	140612
小型	230860	41687	120	2354	228386
微型	2196	556		5	2191
按登记注册类型分组					
内资企业	402896	85884	355	4364	398177
国有企业	276	80			276
集体企业	52	21		8	44
股份合作企业	1180	173		7	1173
联营企业					
其他联营企业					
有限责任公司	38691	11638	75	680	37936
国有独资公司	823	313	9	112	702
其他有限责任公司	37868	11325	66	568	37233
股份有限公司	57383	20726	209	680	56494
私营企业	305314	53246	71	2989	302254
私营独资企业	1260	207		11	1249
私营合伙企业	189	40			189
私营有限责任公司	251981	42942	68	2397	249516
私营股份有限公司	51885	10057	3	581	51300
港、澳、台商投资企业	41297	11955		108	41189
合资经营企业（港或澳、台资）	15365	3385		31	15334
合作经营企业（港或澳、台资）	153	27			153
港、澳、台商独资经营企业	19237	6401		45	19192
港、澳、台商投资股份有限公司	6510	2131		32	6478
其他港、澳、台投资企业	33	12			33
外商投资企业	36300	10553	1	361	35939

3-3 续表 4

指标名称	R&D 人员折合全时当量合计（人年）	# 研究人员	按活动类型分组		
			基础研究人员	应用研究人员	试验发展人员
中外合资经营企业	16799	4824		85	16714
中外合作经营企业	183	16			183
外资企业	15635	4471	1	153	15481
外商投资股份有限公司	3547	1212		123	3424
其他外商投资企业	137	31			137
按国民经济行业大类分组					
采矿业	314	53		13	301
煤炭开采和洗选业	3	1			3
非金属矿采选业	311	52		13	298
制造业	477842	107682	347	4734	472760
农副食品加工业	2825	582	3	68	2754
食品制造业	2838	625		62	2776
酒、饮料和精制茶制造业	1107	277		23	1084
烟草制品业	20	8		7	13
纺织业	35773	5063	9	181	35583
纺织服装、服饰业	13779	2115		58	13721
皮革、毛皮、羽毛及其制品和制鞋业	10230	1022	6	88	10137
木材加工和木、竹、藤、棕、草制品业	3049	395		46	3002
家具制造业	9285	1315		262	9024
造纸和纸制品业	7520	846	2	122	7397
印刷和记录媒介复制业	4349	679		23	4326
文教、工美、体育和娱乐用品制造业	11241	1607	9	96	11136
石油、煤炭及其他燃料加工业	1147	442	27	28	1093
化学原料和化学制品制造业	19704	5637	28	201	19475
医药制造业	15444	6405	11	173	15259
化学纤维制造业	7989	1106		48	7940
橡胶和塑料制品业	20277	3163		130	20146
非金属矿物制品业	11745	2099	24	73	11648
黑色金属冶炼和压延加工业	4211	748		193	4019

3-3　续表 5

指标名称	R&D 人员折合全时当量合计（人年）	# 研究人员	按活动类型分组		
			基础研究人员	应用研究人员	试验发展人员
有色金属冶炼和压延加工业	5008	946		149	4859
金属制品业	24490	3714		288	24202
通用设备制造业	55722	11445	5	521	55196
专用设备制造业	26598	6247	1	255	26342
汽车制造业	35602	8151		410	35192
铁路、船舶、航空航天和其他运输设备制造业	6933	1383		45	6889
电气机械和器材制造业	63123	13190	14	749	62360
计算机、通信和其他电子设备制造业	56801	21845		247	56554
仪器仪表制造业	17403	6161	209	185	17009
其他制造业	2469	288		1	2468
废弃资源综合利用业	968	125		3	965
金属制品、机械和设备修理业	193	52			193
电力、热力、燃气及水生产和供应业	2338	657	9	85	2244
电力、热力生产和供应业	1801	490	9	85	1707
燃气生产和供应业	275	70			275
水的生产和供应业	262	98			262
按地区分组					
杭州市	88214	31011	257	1009	86948
宁波市	93383	21492		18	93365
温州市	56741	9164	15	341	56384
嘉兴市	51274	8832		503	50772
湖州市	30280	6299	22	469	29788
绍兴市	50349	11732	4	284	50061
金华市	41956	7216	2	559	41394
衢州市	8420	1253	0	202	8218
舟山市	4405	1122	27	51	4327
台州市	45217	8663	5	724	44488
丽水市	10241	1602	23	672	9546

3–4 规模以上工业企业 R&D 经费情况（2020）

单位：万元

指标名称	R&D 经费内部支出合计	按活动类型分组		
		基础研究支出	# 应用研究支出	试验发展支出
总计	**13958988.4**	**7167.5**	**104232.9**	**13847588.0**
按企业规模分组				
大型	4403082.6	4669.1	29547.7	4368865.8
中型	4179401.2	5.9	27922.6	4151472.7
小型	5315967.1	2492.5	46588.9	5266885.7
微型	60537.5		173.7	60363.8
按登记注册类型分组				
内资企业	11212141.5	7154.5	94310.5	11110676.5
国有企业	6664.8			6664.8
集体企业	1289.4		138.5	1150.9
股份合作企业	28274.0		138.5	28135.5
联营企业	9.6			9.6
其他联营企业	9.6			9.6
有限责任公司	1574455.3	2051.1	18066.2	1554338.0
国有独资公司	26295.0	25.9	1412.9	24856.2
其他有限责任公司	1548160.3	2025.2	16653.3	1529481.8
股份有限公司	2202790.6	4011.8	15389.9	2183388.9
私营企业	7398657.8	1091.6	60577.4	7336988.8
私营独资企业	19411.3		54.5	19356.8
私营合伙企业	3430.2			3430.2
私营有限责任公司	6023187.8	1038.1	48603.7	5973546.0
私营股份有限公司	1352628.5	53.5	11919.2	1340655.8
港、澳、台商投资企业	1447165.6	5.9	2714.5	1444445.2
合资经营企业（港或澳、台资）	477303.7		600.7	476703.0
合作经营企业（港或澳、台资）	4465.0			4465.0
港、澳、台商独资经营企业	773258.1		1838.7	771419.4
港、澳、台商投资股份有限公司	191074.9	5.9	275.1	190793.9
其他港、澳、台投资企业	1063.9			1063.9

单位：万元

指标名称	R&D 经费内部支出合计	按活动类型分组		
		基础研究支出	# 应用研究支出	试验发展支出
外商投资企业	1299681.3	7.1	7207.9	1292466.3
中外合资经营企业	599223.8		3347.9	595875.9
中外合作经营企业	2489.5			2489.5
外资企业	539891.8	7.1	2235.1	537649.6
外商投资股份有限公司	151502.9		1624.9	149878.0
其他外商投资企业	6573.3			6573.3
按国民经济行业大类分组				
采矿业	11689.4		223.1	11466.3
煤炭开采和洗选业	10.3			10.3
非金属矿采选业	11679.1		223.1	11456.0
制造业	13831097.0	7141.6	94772.4	13729183.0
农副食品加工业	76637.1	53.5	2119.7	74463.9
食品制造业	51799.7	5.9	865.2	50928.6
酒、饮料和精制茶制造业	21711.8		310.7	21401.1
烟草制品业	3770.0		486.8	3283.2
纺织业	626609.3	42.9	3662.0	622904.4
纺织服装、服饰业	265036.6		658.7	264377.9
皮革、毛皮、羽毛及其制品和制鞋业	155239.3	53.8	938.5	154247.0
木材加工和木、竹、藤、棕、草制品业	71095.9		1091.4	70004.5
家具制造业	196607.8		4140.8	192467.0
造纸和纸制品业	194329.2	31.3	2724.8	191573.1
印刷和记录媒介复制业	100355.7		1086.1	99269.6
文教、工美、体育和娱乐用品制造业	175426.2	115.1	1255.6	174055.5
石油、煤炭及其他燃料加工业	134437.1	657.3	905.7	132874.1
化学原料和化学制品制造业	675767.9	1257.9	3759.3	670750.7
医药制造业	655908.4	110.0	3309.6	652488.8
化学纤维制造业	411651.6		860.7	410790.9
橡胶和塑料制品业	600175.3		3286.8	596888.5
非金属矿物制品业	263049.2	227.7	837.9	261983.6
黑色金属冶炼和压延加工业	130999.1		4559.1	126440.0

3-4 续表 2

单位：万元

指标名称	R&D 经费内部支出合计	按活动类型分组		
		基础研究支出	# 应用研究支出	试验发展支出
有色金属冶炼和压延加工业	137017.6		3157.0	133860.6
金属制品业	622221.8		4405.7	617816.1
通用设备制造业	1533338.7	24.0	12508.5	1520806.2
专用设备制造业	761931.8	7.1	4075.2	757849.5
汽车制造业	947929.5		6965.9	940963.6
铁路、船舶、航空航天和其他运输设备制造业	207258.0		618.4	206639.6
电气机械和器材制造业	2017113.5	543.3	16776.4	1999793.8
计算机、通信和其他电子设备制造业	2199517.1		5399.8	2194117.3
仪器仪表制造业	516521.4	4011.8	3928.0	508581.6
其他制造业	40279.0		32.0	40247.0
废弃资源综合利用业	29836.4		46.1	29790.3
金属制品、机械和设备修理业	7525.0			7525.0
电力、热力、燃气及水生产和供应业	116202.0	25.9	9237.4	106938.7
电力、热力生产和供应业	100559.8	25.9	9237.4	91296.5
燃气生产和供应业	8058.1			8058.1
水的生产和供应业	7584.1			7584.1
按地区分组				
杭州市	3072318.7	5412.7	21292.7	3045613.3
宁波市	2890050.1		487.5	2889562.6
温州市	1225195.9	96.7	5652.0	1219447.2
嘉兴市	1704321.3		12796.2	1691525.1
湖州市	919461.9	271.6	8826.3	910364.0
绍兴市	1549306.9	440.3	6089.9	1542776.7
金华市	830540.4	31.3	9588.9	820920.2
衢州市	246310.1	5.9	4473.0	241831.2
舟山市	216645.1	657.3	1581.7	214406.1
台州市	1073229.4	74.0	20032.5	1053122.9
丽水市	228078.6	177.7	13151.0	214749.9

3-4 续表 3

单位：万元

指标名称	R&D 经费内部支出合计				
	按支出用途分组				
	经常费支出	# 人员劳务费	资产性支出	# 土地和建筑物	仪器和设备
总计	**13011566.9**	**5214514.6**	**947421.5**	**16483.5**	**930938.0**
按企业规模分组					
大型	4121559.1	1793452.9	281523.5	3740.3	277783.2
中型	3873703.0	1513598.4	305698.2	5876.4	299821.8
小型	4959867.5	1890151.3	356099.6	6687.7	349411.9
微型	56437.3	17312.0	4100.2	179.1	3921.1
按登记注册类型分组					
内资企业	10419519.4	4059642.5	792622.1	13895.9	778726.2
国有企业	6368.2	2558.6	296.6	-9.2	305.8
集体企业	1193.1	643.8	96.3		96.3
股份合作企业	26934.9	10386.7	1339.1	5.5	1333.6
联营企业	9.6	4.0			
其他联营企业	9.6	4.0			
有限责任公司	1453841.0	459755.6	120614.3	1860.7	118753.6
国有独资公司	24938.6	11666.1	1356.4	-24.8	1381.2
其他有限责任公司	1428902.4	448089.5	119257.9	1885.5	117372.4
股份有限公司	2091096.9	937245.1	111693.7	1749.3	109944.4
私营企业	6840075.7	2649048.7	558582.1	10289.6	548292.5
私营独资企业	18297.8	7544.5	1113.5	28.4	1085.1
私营合伙企业	3223.9	981.6	206.3	1.4	204.9
私营有限责任公司	5545938.1	2127769.2	477249.7	8056.7	469193.0
私营股份有限公司	1272615.9	512753.4	80012.6	2203.1	77809.5
港、澳、台商投资企业	1372622.5	636910.2	74543.1	1115.4	73427.7
合资经营企业（港或澳、台资）	450451.1	172121.1	26852.6	451.3	26401.3
合作经营企业（港或澳、台资）	4259.9	1886.0	205.1	-0.5	205.6
港、澳、台商独资经营企业	740407.0	384551.1	32851.1	515.9	32335.2
港、澳、台商投资股份有限公司	176444.8	77775.6	14630.1	148.7	14481.4
其他港、澳、台投资企业	1059.7	576.4	4.2		4.2
外商投资企业	1219425.0	517961.9	80256.3	1472.2	78784.1
中外合资经营企业	559042.0	216701.4	40181.8	767.1	39414.7

单位：万元

指标名称	R&D 经费内部支出合计				
	按支出用途分组				
	经常费支出	# 人员劳务费	资产性支出	# 土地和建筑物	仪器和设备
中外合作经营企业	2489.5	1609.3			
外资企业	510286.6	247622.4	29605.2	445.1	29160.1
外商投资股份有限公司	141039.6	49630.9	10463.3	254.0	10209.3
其他外商投资企业	6567.3	2397.9	6.0	6.0	
按国民经济行业大类分组					
采矿业	10639.6	2395.1	1049.8	41.6	1008.2
煤炭开采和洗选业	10.3				
非金属矿采选业	10629.3	2395.1	1049.8	41.6	1008.2
制造业	12909938.0	5183119.5	921159.0	16959.9	904199.1
农副食品加工业	72324.3	18637.6	4312.8	109.3	4203.5
食品制造业	47746.3	23211.3	4053.4	77.7	3975.7
酒、饮料和精制茶制造业	16103.2	9522.7	5608.6	1.0	5607.6
烟草制品业	3413.9	2543.2	356.1		356.1
纺织业	563924.6	269377.6	62684.7	1462.4	61222.3
纺织服装、服饰业	257624.8	113780.4	7411.8	132.6	7279.2
皮革、毛皮、羽毛及其制品和制鞋业	150959.2	66893.4	4280.1	57.0	4223.1
木材加工和木、竹、藤、棕、草制品业	69120.8	19342.8	1975.1	73.6	1901.5
家具制造业	190822.8	74399.0	5785.0	288.6	5496.4
造纸和纸制品业	169349.2	56350.2	24980.0	969.4	24010.6
印刷和记录媒介复制业	94752.9	36673.5	5602.8	164.1	5438.7
文教、工美、体育和娱乐用品制造业	165770.0	82793.8	9656.2	417.2	9239.0
石油、煤炭及其他燃料加工业	101686.9	18366.4	32750.2	0.9	32749.3
化学原料和化学制品制造业	617509.2	239365.2	58258.7	964.1	57294.6
医药制造业	582699.7	199157.1	73208.7	856.4	72352.3
化学纤维制造业	394081.7	63490.7	17569.9	411.7	17158.2
橡胶和塑料制品业	559800.3	167645.2	40375.0	697.8	39677.2
非金属矿物制品业	245277.2	96794.9	17772.0	522.8	17249.2
黑色金属冶炼和压延加工业	118976.8	38850.3	12022.3	168.0	11854.3
有色金属冶炼和压延加工业	127052.7	42939.6	9964.9	237.6	9727.3

3-4　续表 5　　单位：万元

<table>
<tr><th rowspan="3">指标名称</th><th colspan="5">R&D 经费内部支出合计</th></tr>
<tr><th colspan="5">按支出用途分组</th></tr>
<tr><th>经常费支出</th><th># 人员劳务费</th><th>资产性支出</th><th># 土地和建筑物</th><th>仪器和设备</th></tr>
<tr><td>金属制品业</td><td>584937.7</td><td>186117.0</td><td>37284.1</td><td>838.1</td><td>36446.0</td></tr>
<tr><td>通用设备制造业</td><td>1432961.8</td><td>551271.2</td><td>100376.9</td><td>1017.4</td><td>99359.5</td></tr>
<tr><td>专用设备制造业</td><td>721457.5</td><td>298346.0</td><td>40474.3</td><td>745.6</td><td>39728.7</td></tr>
<tr><td>汽车制造业</td><td>873656.9</td><td>398591.1</td><td>74272.6</td><td>1661.6</td><td>72611.0</td></tr>
<tr><td>铁路、船舶、航空航天和其他运输设备制造业</td><td>198595.2</td><td>64139.9</td><td>8662.8</td><td>196.6</td><td>8466.2</td></tr>
<tr><td>电气机械和器材制造业</td><td>1909477.2</td><td>677990.8</td><td>107636.3</td><td>2142.9</td><td>105493.4</td></tr>
<tr><td>计算机、通信和其他电子设备制造业</td><td>2094305.5</td><td>1092902.4</td><td>105211.6</td><td>2225.9</td><td>102985.7</td></tr>
<tr><td>仪器仪表制造业</td><td>471089.5</td><td>247028.7</td><td>45431.9</td><td>468.8</td><td>44963.1</td></tr>
<tr><td>其他制造业</td><td>39467.0</td><td>16711.6</td><td>812.0</td><td>29.2</td><td>782.8</td></tr>
<tr><td>废弃资源综合利用业</td><td>27973.6</td><td>7608.6</td><td>1862.8</td><td>19.2</td><td>1843.6</td></tr>
<tr><td>金属制品、机械和设备修理业</td><td>7019.6</td><td>2277.3</td><td>505.4</td><td>2.4</td><td>503.0</td></tr>
<tr><td>电力、热力、燃气及水生产和供应业</td><td>90989.3</td><td>29000.0</td><td>25212.7</td><td>-518.0</td><td>25730.7</td></tr>
<tr><td>电力、热力生产和供应业</td><td>75592.6</td><td>23588.5</td><td>24967.2</td><td>-507.5</td><td>25474.7</td></tr>
<tr><td>燃气生产和供应业</td><td>8043.4</td><td>2493.1</td><td>14.7</td><td>0.4</td><td>14.3</td></tr>
<tr><td>水的生产和供应业</td><td>7353.3</td><td>2918.4</td><td>230.8</td><td>-10.9</td><td>241.7</td></tr>
<tr><td>按地区分组</td><td></td><td></td><td></td><td></td><td></td></tr>
<tr><td>杭州市</td><td>2915878.7</td><td>1309311.7</td><td>156440.0</td><td>2288.3</td><td>154151.7</td></tr>
<tr><td>宁波市</td><td>2717942.9</td><td>1252393.2</td><td>172107.2</td><td>3208.4</td><td>168898.8</td></tr>
<tr><td>温州市</td><td>1166026.3</td><td>529027.2</td><td>59169.6</td><td>1522.7</td><td>57646.9</td></tr>
<tr><td>嘉兴市</td><td>1609587.5</td><td>601599.0</td><td>94733.8</td><td>1166.1</td><td>93567.7</td></tr>
<tr><td>湖州市</td><td>850340.0</td><td>236127.1</td><td>69121.9</td><td>656.8</td><td>68465.1</td></tr>
<tr><td>绍兴市</td><td>1429776.9</td><td>531446.0</td><td>119530.0</td><td>2445.4</td><td>117084.6</td></tr>
<tr><td>金华市</td><td>755740.1</td><td>239228.6</td><td>74800.3</td><td>2454.6</td><td>72345.7</td></tr>
<tr><td>衢州市</td><td>209681.8</td><td>53030.2</td><td>36628.3</td><td>549.4</td><td>36078.9</td></tr>
<tr><td>舟山市</td><td>175814.4</td><td>36095.5</td><td>40830.7</td><td>157.9</td><td>40672.8</td></tr>
<tr><td>台州市</td><td>969130.8</td><td>358390.7</td><td>104098.6</td><td>1450.5</td><td>102648.1</td></tr>
<tr><td>丽水市</td><td>208473.0</td><td>65381.5</td><td>19605.6</td><td>583.4</td><td>19022.2</td></tr>
</table>

3-4 续表 6 单位：万元

指标名称	R&D 经费内部支出合计			
	按资金来源分组			
	政府资金	企业资金	境外资金	其他资金
总计	**135926.3**	**13803701.3**	**12563.1**	**6797.7**
按企业规模分组				
大型	36025.7	4358445.0	7289.4	1322.5
中型	42626.6	4132160.3	2567.7	2046.6
小型	56186.0	5253681.8	2706.0	3393.3
微型	1088.0	59414.2		35.3
按登记注册类型分组				
内资企业	108810.9	11091324.9	8011.5	3994.2
国有企业	94.0	6570.8		
集体企业		1289.4		
股份合作企业	139.7	28096.8		37.5
联营企业		9.6		
其他联营企业		9.6		
有限责任公司	15374.7	1557849.4	963.5	267.7
国有独资公司	906.3	25388.7		
其他有限责任公司	14468.4	1532460.7	963.5	267.7
股份有限公司	36584.3	2160393.3	5626.3	186.7
私营企业	56618.2	7337115.6	1421.7	3502.3
私营独资企业	118.0	19275.8		17.5
私营合伙企业	58.8	3371.4		
私营有限责任公司	42664.9	5976813.5	1421.7	2287.7
私营股份有限公司	13776.5	1337654.9		1197.1
港、澳、台商投资企业	11319.2	1433652.8	834.6	1359.0
合资经营企业（港或澳、台资）	3341.8	472318.3	834.6	809.0
合作经营企业（港或澳、台资）	1.3	4463.7		
港、澳、台商独资经营企业	3950.5	768764.0		543.6
港、澳、台商投资股份有限公司	4025.6	187042.9		6.4
其他港、澳、台投资企业		1063.9		
外商投资企业	15796.2	1278723.6	3717.0	1444.5
中外合资经营企业	9863.4	588093.5	617.0	649.9

单位：万元

指标名称	R&D 经费内部支出合计			
	按资金来源分组			
	政府资金	企业资金	境外资金	其他资金
中外合作经营企业		2489.5		
外资企业	2570.9	534789.3	1914.8	616.8
外商投资股份有限公司	3361.9	146778.0	1185.2	177.8
其他外商投资企业		6573.3		
按国民经济行业大类分组				
采矿业		11689.4		
煤炭开采和洗选业		10.3		
非金属矿采选业		11679.1		
制造业	134267.6	13677468.6	12563.1	6797.7
农副食品加工业	1796.5	74650.6		190.0
食品制造业	971.2	50827.1		1.4
酒、饮料和精制茶制造业	232.7	21479.1		
烟草制品业		3770.0		
纺织业	4115.5	621706.8	26.8	760.2
纺织服装、服饰业	2985.8	261882.8	29.4	138.6
皮革、毛皮、羽毛及其制品和制鞋业	763.1	154453.8		22.4
木材加工和木、竹、藤、棕、草制品业	934.9	69974.3		186.7
家具制造业	622.3	195833.5	152.0	
造纸和纸制品业	1732.7	192582.1	14.4	
印刷和记录媒介复制业	446.4	99838.3		71.0
文教、工美、体育和娱乐用品制造业	1201.2	173236.9	977.5	10.6
石油、煤炭及其他燃料加工业	440.6	133996.5		
化学原料和化学制品制造业	6310.1	669433.1		24.7
医药制造业	13261.3	636595.4	5854.8	196.9
化学纤维制造业	1505.7	409109.3		1036.6
橡胶和塑料制品业	2946.2	597062.1		167.0
非金属矿物制品业	2231.1	260783.9		34.2
黑色金属冶炼和压延加工业	353.5	130612.1		33.5
有色金属冶炼和压延加工业	2191.9	134825.7		

单位：万元

指标名称	R&D 经费内部支出合计			
	按资金来源分组			
	政府资金	企业资金	境外资金	其他资金
金属制品业	4400.9	617206.1	431.9	182.9
通用设备制造业	18428.4	1512640.8	1715.7	553.8
专用设备制造业	11247.3	750107.1	367.5	209.9
汽车制造业	4217.3	943176.5	441.1	94.6
铁路、船舶、航空航天和其他运输设备制造业	1953.6	204913.9	275.2	115.3
电气机械和器材制造业	10561.8	2005028.1	756.7	766.9
计算机、通信和其他电子设备制造业	23469.7	2173400.9	1470.1	1176.4
仪器仪表制造业	14514.2	501222.7	50.0	734.5
其他制造业	333.4	39856.0		89.6
废弃资源综合利用业	84.0	29752.4		
金属制品、机械和设备修理业	14.3	7510.7		
电力、热力、燃气及水生产和供应业	1658.7	114543.3		
电力、热力生产和供应业	1467.8	99092.0		
燃气生产和供应业		8058.1		
水的生产和供应业	190.9	7393.2		
按地区分组				
杭州市	36952.4	3030113.8	4077.8	1174.7
宁波市	20913.1	2867175.3	915.7	1046.0
温州市	8861.1	1215539.0		795.8
嘉兴市	9512.5	1692550.4	207.1	2051.3
湖州市	7388.9	911582.9	203.5	286.6
绍兴市	14218.3	1527992.1	5926.7	1169.8
金华市	15824.9	814633.1	14.4	68.0
衢州市	4614.3	241583.2	16.7	95.9
舟山市	2317.8	214043.3	275.2	8.8
台州市	11645.6	1060574.5	926.0	83.3
丽水市	3677.4	224383.7		17.5

3-4 续表 9 单位：万元

指标名称	R&D经费外部支出合计	对境内研究机构支出	对境内高等学校支出	对境内企业支出	对境外支出
总计	**670835.3**	**123123.4**	**49464.8**	**395995.6**	**102251.5**
按企业规模分组					
大型	335690.2	73456.1	11603.1	215358.5	35272.5
中型	195290.8	25171.7	14413.8	104714.5	50990.8
小型	132914.3	21681.4	23003.6	72301.9	15927.4
微型	6940.0	2814.2	444.3	3620.7	60.8
按登记注册类型分组					
内资企业	415451.4	71153.8	39113.8	258983.1	46200.7
国有企业	11.5	5.3		6.2	
集体企业	133.8				133.8
股份合作企业	290.5	29.3	213.7	47.5	
联营企业					
其他联营企业					
有限责任公司	77632.0	32904.7	5626.8	37948.9	1151.6
国有独资公司	705.2	320.3	336.0	48.9	
其他有限责任公司	76926.8	32584.4	5290.8	37900.0	1151.6
股份有限公司	127711.5	15262.1	11032.2	79956.1	21461.1
私营企业	209672.1	22952.4	22241.1	141024.4	23454.2
私营独资企业	127.9	31.5	60.5	35.3	0.6
私营合伙企业	41.8			41.8	
私营有限责任公司	177798.3	19712.1	17370.2	123622.7	17093.3
私营股份有限公司	31704.1	3208.8	4810.4	17324.6	6360.3
港、澳、台商投资企业	80329.6	3153.5	7105.5	55524.1	14546.5
合资经营企业(港或澳、台资)	20450.3	1432.9	3126.0	12771.1	3120.3
合作经营企业(港或澳、台资)					
港、澳、台商独资经营企业	42550.1	1236.1	1446.1	30397.6	9470.3
港、澳、台商投资股份有限公司	17329.2	484.5	2533.4	12355.4	1955.9
其他港、澳、台投资企业					
外商投资企业	175054.3	48816.1	3245.5	81488.4	41504.3
中外合资经营企业	65059.9	8577.6	1843.9	53198.8	1439.6

 单位：万元

指标名称	R&D 经费外部支出合计	对境内研究机构支出	对境内高等学校支出	对境内企业支出	对境外支出
中外合作经营企业	3.7			3.7	
外资企业	107388.9	39992.7	683.4	27865.4	38847.4
外商投资股份有限公司	2060.7	245.8	677.9	420.5	716.5
其他外商投资企业	541.1		40.3		500.8
按国民经济行业大类分组					
采矿业	439.8		38.9	400.9	
煤炭开采和洗选业					
非金属矿采选业	439.8		38.9	400.9	
制造业	656186.5	114201.6	49012.8	390990.7	101981.4
农副食品加工业	1114.4	142.5	692.1	279.8	
食品制造业	1997.5	422.2	942.1	604.6	28.6
酒、饮料和精制茶制造业	3307.1	1965.4	293.2	1048.5	
烟草制品业	257.6	76.7	146.6	34.3	
纺织业	13098.3	393.7	969.4	10687.6	1047.6
纺织服装、服饰业	4585.3	74.7	523.9	643.1	3343.6
皮革、毛皮、羽毛及其制品和制鞋业	195.8	90.3	12.6	44.9	48.0
木材加工和木、竹、藤、棕、草制品业	264.8	29.3	85.4	150.1	
家具制造业	1943.5	25.9	1217.3	326.5	373.8
造纸和纸制品业	1039.4	267.4	672.4	95.9	3.7
印刷和记录媒介复制业	1601.1	52.4	80.4	277.6	1190.7
文教、工美、体育和娱乐用品制造业	1934.9	1072.9	269.3	538.3	54.4
石油、煤炭及其他燃料加工业	5066.7	1922.1	620.7	2523.9	
化学原料和化学制品制造业	29334.8	5539.4	6880.0	16339.7	575.7
医药制造业	105283.0	21239.5	8349.0	72022.3	3672.2
化学纤维制造业	538.7	24.0	406.2	108.5	
橡胶和塑料制品业	4764.7	773.8	1580.3	2410.6	
非金属矿物制品业	4047.1	960.0	1247.9	914.3	924.9
黑色金属冶炼和压延加工业	3052.8	2940.1	107.2	5.5	
有色金属冶炼和压延加工业	1708.6	115.0	342.1	1251.5	

3-4 续表 11

单位：万元

指标名称	R&D 经费外部支出合计	对境内研究机构支出	对境内高等学校支出	对境内企业支出	对境外支出
金属制品业	3034.9	379.0	844.1	1260.6	551.2
通用设备制造业	24907.3	5232.6	5223.4	12275.7	2175.6
专用设备制造业	15514.8	2733.3	2336.0	7723.2	2722.3
汽车制造业	180584.4	62159.4	3600.0	95818.1	19006.9
铁路、船舶、航空航天和其他运输设备制造业	10179.6	1003.4	279.5	6689.7	2207.0
电气机械和器材制造业	80504.2	2010.1	5294.0	47224.1	25976.0
计算机、通信和其他电子设备制造业	132852.2	1278.7	2249.2	93907.1	35417.2
仪器仪表制造业	23042.5	1112.8	3588.0	15679.7	2662.0
其他制造业	384.5	165.0	154.5	65.0	
废弃资源综合利用业	46.0		6.0	40.0	
金属制品、机械和设备修理业					
电力、热力、燃气及水生产和供应业	14209.0	8921.8	413.1	4604.0	270.1
电力、热力生产和供应业	13896.6	8902.0	369.6	4355.8	269.2
燃气生产和供应业	109.7			108.8	0.9
水的生产和供应业	202.7	19.8	43.5	139.4	
按地区分组					
杭州市	166826.6	16683.1	11795.0	108784.8	29563.7
宁波市	205615.0	55030.7	10284.9	89501.4	50798.0
温州市	55145.0	2585.0	2776.0	49424.9	359.1
嘉兴市	30288.3	3502.7	1842.3	12776.9	12166.4
湖州市	21014.5	5810.4	3776.0	9711.9	1716.2
绍兴市	35239.5	6430.9	5835.6	22169.8	803.2
金华市	32024.5	2387.9	3413.0	25949.5	274.1
衢州市	6676.9	252.9	1243.7	5009.9	170.4
舟山市	2359.8	236.0	387.8	1699.0	37.0
台州市	108560.5	29599.2	7465.7	65764.6	5731.0
丽水市	6827.1	527.9	498.2	5168.6	632.4

3–5 规模以上工业企业全部 R&D 项目情况 (2020)

指标名称	项目数（项）	参加项目人员（人）	项目人员折合全时当量（人年）	项目经费内部支出（万元）	政府资金
总计	**118007**	**578312**	**451236**	**14744827.3**	**108031.8**
按企业规模分组					
大型	9577	125480	100515	4894184.6	26247.1
中型	25264	169326	134332	4347652.0	35665.0
小型	81796	280343	214340	5437037.5	45305.4
微型	1370	3163	2049	65953.2	814.3
按登记注册类型分组					
内资企业	104285	487722	377753	11679219.1	85805.7
国有企业	51	306	250	7107.1	10.0
集体企业	24	67	45	1386.8	
股份合作企业	453	1462	1097	28846.4	149.7
联营企业	1	4		10.8	
其他联营企业	1	4		10.8	
有限责任公司	7887	46728	36157	1673768.0	12386.0
国有独资公司	194	1074	718	23960.7	804.7
其他有限责任公司	7693	45654	35438	1649807.3	11581.3
股份有限公司	7927	68132	54714	2467124.1	26590.9
私营企业	87942	371023	285490	7500975.9	46669.1
私营独资企业	373	1618	1176	19322.6	34.7
私营合伙企业	77	298	181	3409.6	82.5
私营有限责任公司	73580	306879	235647	6094313.7	34708.9
私营股份有限公司	13912	62228	48486	1383930.0	11843.0
港、澳、台商投资企业	6476	47085	39522	1541887.3	10228.9
合资经营企业（港或澳、台资）	3036	17925	14557	503181.6	3808.2
合作经营企业（港或澳、台资）	30	166	146	4261.6	
港、澳、台商独资经营企业	2519	21339	18553	824801.7	1974.7
港、澳、台商投资股份有限公司	881	7614	6233	208547.9	4446.0
其他港澳台投资企业	10	41	33	1094.5	

3-5 续表 1

指标名称	项目数（项）	参加项目人员（人）	项目人员折合全时当量（人年）	项目经费内部支出（万元）	
					政府资金
外商投资企业	7246	43505	33961	1523720.9	11997.2
中外合资经营企业	3360	20571	15726	674166.8	7847.1
中外合作经营企业	33	229	180	2646.4	
外资企业	3193	18497	14634	683660.8	1439.3
外商投资股份有限公司	612	4018	3292	156061.3	2710.8
其他外商投资企业	48	190	130	7185.6	
按国民经济行业大类分组					
采矿业	106	392	276	12862.8	
煤炭开采和洗选业	1	3	3	10.3	
非金属矿采选业	105	389	274	12852.5	
制造业	117127	574777	448829	14619576.8	105983.5
农副食品加工业	888	3563	2555	76878.9	1845.0
食品制造业	858	3900	2639	54410.5	1038.4
酒、饮料和精制茶制造业	262	1451	999	21586.0	199.0
烟草制品业	26	111	18	888.6	
纺织业	7808	43944	33492	633062.0	3769.6
纺织服装、服饰业	2556	16414	12945	264473.6	2711.9
皮革、毛皮、羽毛及其制品和制鞋业	2048	12579	9586	155523.4	489.0
木材加工和木、竹、藤、棕、草制品业	837	3720	2813	73456.4	1060.7
家具制造业	2071	11369	8559	198831.5	454.6
造纸和纸制品业	1955	9105	6916	188748.6	1829.8
印刷和记录媒介复制业	1252	5275	4083	102926.6	366.1
文教、工美、体育和娱乐用品制造业	2755	13795	10555	178934.3	1224.0
石油加工、炼焦和核燃料加工业	246	1185	894	151087.3	335.0
化学原料和化学制品制造业	5930	22955	18334	701583.4	6122.6
医药制造业	4005	17806	14293	748684.9	9782.1
化学纤维制造业	1526	10686	7612	421194.1	1768.6
橡胶和塑料制品业	6330	24744	18857	598218.0	2279.2
非金属矿物制品业	3671	14171	10893	271311.2	2107.5

3–5 续表 2

指标名称	项目数（项）	参加项目人员（人）	项目人员折合全时当量（人年）	项目经费内部支出（万元）	
					政府资金
黑色金属冶炼和压延加工业	1198	5087	3951	142523.1	208.5
有色金属冶炼和压延加工业	1243	6140	4617	139898.6	1221.8
金属制品业	6913	29935	22794	623391.3	4526.3
通用设备制造业	16819	66241	52077	1540669.6	16900.0
专用设备制造业	8552	32140	25158	777025.4	9360.5
汽车制造业	8465	43026	33675	1206841.2	2771.3
铁路、船舶、航空航天和其他运输设备制造业	1932	8263	6451	215280.2	733.1
电气机械和器材制造业	15284	75928	59426	2066952.3	6414.2
计算机、通信和其他电子设备制造业	7330	66142	54725	2460699.6	19068.8
仪器仪表制造业	3485	20629	16556	523506.3	6888.1
其他制造业	588	3084	2299	42168.5	379.1
废弃资源综合利用业	241	1130	888	31311.6	110.0
金属制品、机械和设备修理业	53	259	167	7509.8	18.7
电力、热力、燃气及水生产和供应业	774	3143	2131	112387.7	2048.3
电力、热力生产和供应业	589	2369	1630	94963.0	1798.3
燃气生产和供应业	81	415	255	9117.2	
水的生产和供应业	104	359	245	8307.5	250.0
按地区分组					
杭州市	15507	101464	83220	3356925.7	19057.3
宁波市	23844	113673	90412	3146065.0	16576.0
温州市	14860	66103	53271	1273241.0	7581.6
嘉兴市	13554	65948	48338	1756896.7	5862.4
湖州市	9381	35926	28453	930657.9	7250.0
绍兴市	10670	59317	46316	1570157.7	13510.6
金华市	10076	49582	38749	867472.6	17356.5
衢州市	2915	11435	7698	240206.0	4184.7
舟山市	997	5288	3894	216686.0	2421.2
台州市	13222	56974	41582	1153096.3	10991.6
丽水市	2961	12497	9290	232779.1	3239.9

3–6 规模以上工业企业办研发机构情况（2020）

指标名称	机构数（个）	企业在境外设立的研究开发机构数（个）	机构人员数（人）	#博士	#硕士	机构经费支出（万元）	仪器和设备原价（万元）
总计	**17924**	**267**	**544227**	**3298**	**32335**	**15772208.6**	**10727033.9**
按企业规模分组							
大型	609	54	132969	996	17603	5472669.7	2731778.1
中型	2843	55	170146	1047	8002	4884706.2	3683405.5
小型	14162	157	238983	1235	6661	5364072.7	4269163.2
微型	310	1	2129	20	69	50760.0	42687.1
按登记注册类型分组							
内资企业	15849	227	445177	2574	24048	12314373.7	8368010.6
国有企业	15		305	1	11	8538.7	6362.8
集体企业	6		142	8	47	6417.7	6807.3
股份合作企业	70		1245		19	27829.9	31471.4
有限责任公司	962	12	43491	284	3742	1878667.6	1145314.5
国有独资公司	31		1074	16	143	41520.2	59348.1
其他有限责任公司	931	12	42417	268	3599	1837147.4	1085966.4
股份有限公司	741	53	74773	817	11914	2869736.8	1579499.9
私营企业	14055	162	325221	1464	8315	7523183.0	5598554.7
私营独资企业	109		921		8	14291.7	13016.0
私营合伙企业	23		145		2	1865.3	1317.5
私营有限责任公司	11758	132	262720	1022	6251	6012046.7	4434108.5
私营股份有限公司	2165	30	61435	442	2054	1494979.3	1150112.7
港、澳、台商投资企业	978	20	49902	326	4472	1723493.1	1272753.9
合资经营企业（港或澳、台资）	429	3	17992	88	624	578478.6	487255.5
合作经营企业（港或澳、台资）	6	1	172			4274.3	1165.7
港、澳、台商独资经营企业	437	9	23471	101	3343	887228.0	459879.0
港、澳、台商投资股份有限公司	103	7	8208	137	503	252370.7	324252.6
其他港、澳、台投资企业	3		59		2	1141.5	201.1
外商投资企业	1097	20	49148	398	3815	1734341.8	1086269.4
中外合资经营企业	496	5	22467	172	1593	724573.8	454810.4

3-6 续表 1

指标名称	机构数（个）	企业在境外设立的研究开发机构数（个）	机构人员数（人）	#博士	#硕士	机构经费支出（万元）	仪器和设备原价（万元）
中外合作经营企业	7		240		7	3024.6	10256.7
外资企业	523	8	20944	111	1608	778344.3	503201.9
外商投资股份有限公司	67	6	5156	107	599	206690.9	117145.6
其他外商投资企业	4	1	341	8	8	21708.2	854.8
按国民经济行业大类分组							
采矿业	19		303	2	6	11875.0	20585.7
煤炭开采和洗选业	1		3			30.3	2.5
非金属矿采选业	18		300	2	6	11844.7	20583.2
制造业	17819	266	541690	3279	32261	15674597.0	10509652.1
农副食品加工业	219	3	3527	44	208	82989.3	59229.0
食品制造业	155	1	3517	81	256	75282.8	77229.9
酒、饮料和精制茶制造业	43		998	6	56	21596.2	16277.8
烟草制品业	2		212	9	61	14697.1	38000.4
纺织业	1580	7	35416	52	373	724142.5	655603.5
纺织服装、服饰业	501	4	12587	14	170	222559.1	86005.9
皮革、毛皮、羽毛及其制品和制鞋业	502	6	10240	27	38	133561.0	62514.7
木材加工和木、竹、藤、棕、草制品业	125	1	3392	27	64	68626.4	45599.2
家具制造业	274	4	8630	12	93	165127.1	63268.8
造纸和纸制品业	295	1	7696	22	125	281512.3	254009.9
印刷和记录媒介复制业	206	4	4623	32	80	95820.4	99733.0
文教、工美、体育和娱乐用品制造业	429	5	11329	28	134	208376.9	110884.0
石油、煤炭及其他燃料加工业	16		1624	13	79	289234.0	324685.0
化学原料和化学制品制造业	821	13	23115	380	1958	1054806.4	625263.8
医药制造业	394	15	19747	441	2758	794541.4	584259.0
化学纤维制造业	211	3	11331	57	151	410327.5	278132.8
橡胶和塑料制品业	992	15	21675	49	309	515004.3	401372.7
非金属矿物制品业	632	6	12359	65	292	375868.3	227726.6
黑色金属冶炼和压延加工业	157	3	4482	20	105	283606.5	194950.9
有色金属冶炼和压延加工业	201	2	4924	55	232	185372.4	295159.2

3-6 续表 2

指标名称	机构数（个）	企业在境外设立的研究开发机构数（个）	机构人员数（人）	#博士	#硕士	机构经费支出（万元）	仪器和设备原价（万元）
金属制品业	1149	17	25840	74	290	575832.0	450012.6
通用设备制造业	2423	33	60530	295	2078	1486667.3	1199880.9
专用设备制造业	1169	23	30625	190	1854	748714.5	477289.3
汽车制造业	1123	13	41759	219	1651	1137551.1	1007055.5
铁路、船舶、航空航天和其他运输设备制造业	236	5	7547	37	330	211623.7	104823.4
电气机械和器材制造业	2267	52	77201	411	2993	2163936.3	1220132.0
计算机、通信和其他电子设备制造业	1027	19	69625	449	12940	2695555.7	1012554.6
仪器仪表制造业	499	10	23763	163	2554	590300.2	448661.2
其他制造业	129		2057	2	12	30162.3	17560.7
废弃资源综合利用业	30	1	1017	4	13	24314.8	54105.5
金属制品、机械和设备修理业	12		302	1	4	6887.2	17670.3
电力、热力、燃气及水生产和供应业	86	1	2234	17	68	85736.6	196796.1
电力、热力生产和供应业	55		1653	9	38	71464.6	169464.8
燃气生产和供应业	16		348		5	7986.9	22365.9
水的生产和供应业	15	1	233	8	25	6285.1	4965.4
按地区分组							
杭州市	2242	52	107591	828	18063	3907906.0	2019004.9
宁波市	3834	48	124175	683	5343	3544727.9	2606695.3
温州市	2596	47	58180	153	874	1199436.5	805411.0
嘉兴市	3784	21	93720	387	2202	2630880.7	1932779.7
湖州市	1283	26	29897	309	920	885468.9	785531.8
绍兴市	1409	20	41002	301	2098	1222455.5	802674.0
金华市	1040	4	31614	177	831	709456.1	542325.9
衢州市	349	4	8749	128	351	281654.0	224271.7
舟山市	215	5	5706	24	168	348852.7	184853.3
台州市	931	39	36573	264	1320	854129.7	669384.2
丽水市	240	1	6816	35	104	172788.8	116139.7

3-7　规模以上工业企业自主知识产权保护情况（2020）

指标名称	专利申请数（件）	发明专利	有效发明专利数（件）	已被实施
总计	**138589**	**35319**	**93159**	**63080**
按企业规模分组				
大型	32532	11462	24261	16062
中型	30886	8735	25244	18015
小型	74045	14859	43069	28674
微型	1126	263	585	329
按登记注册类型分组				
内资企业	121533	29888	72878	49632
国有企业	148	47	127	105
集体企业	42	17	23	23
股份合作企业	227	28	151	133
有限责任公司	10700	3596	8104	5287
国有独资公司	532	257	847	503
其他有限责任公司	10168	3339	7257	4784
股份有限公司	19090	7979	15526	11898
私营企业	91326	18221	48947	32186
私营独资企业	159	30	62	46
私营合伙企业	8	4	6	5
私营有限责任公司	75300	14245	37402	24401
私营股份有限公司	15859	3942	11477	7734
港、澳、台商投资企业	7951	2369	11500	8131
合资经营企业（港或澳、台资）	2863	818	2452	1618
合作经营企业（港或澳、台资）	22	5	28	27
港、澳、台商独资经营企业	3641	1111	7158	5391
港、澳、台商投资股份有限公司	1398	430	1848	1090
其他港、澳、台投资企业	27	5	14	5
外商投资企业	9105	3062	8781	5317

3-7 续表 1

指标名称	专利申请数(件)	发明专利	有效发明专利数(件)	已被实施
中外合资经营企业	4264	1332	3616	2171
中外合作经营企业	38	9	15	8
外资企业	3258	1139	3556	2278
外商投资股份有限公司	1437	548	1585	856
其他外商投资企业	108	34	9	4
按国民经济行业大类分组				
采矿业	75	25	43	39
非金属矿采选业	75	25	43	39
制造业	137316	34816	92338	62611
农副食品加工业	631	166	375	227
食品制造业	746	293	570	456
酒、饮料和精制茶制造业	121	50	158	123
烟草制品业	107	58	403	269
纺织业	5323	1021	3184	2150
纺织服装、服饰业	1622	266	540	388
皮革、毛皮、羽毛及其制品和制鞋业	1209	132	385	163
木材加工和木、竹、藤、棕、草制品业	845	187	710	482
家具制造业	3918	394	1096	604
造纸和纸制品业	1802	327	738	499
印刷和记录媒介复制业	1029	188	472	186
文教、工美、体育和娱乐用品制造业	3240	327	1210	875
石油、煤炭及其他燃料加工业	109	57	139	125
化学原料和化学制品制造业	4340	1767	5507	3865
医药制造业	1953	854	4384	3085
化学纤维制造业	876	204	713	437
橡胶和塑料制品业	6064	1022	3297	2098
非金属矿物制品业	3511	939	2263	1539
黑色金属冶炼和压延加工业	862	157	550	370

3-7 续表 2

指标名称	专利申请数（件）	发明专利	有效发明专利数（件）	已被实施
有色金属冶炼和压延加工业	1046	320	778	628
金属制品业	7536	1145	3534	2450
通用设备制造业	19058	4733	10961	7712
专用设备制造业	9833	2441	8285	5267
汽车制造业	9119	2117	4658	3166
铁路、船舶、航空航天和其他运输设备制造业	2219	404	1012	626
电气机械和器材制造业	27227	5733	12785	8903
计算机、通信和其他电子设备制造业	15660	7160	18976	12342
仪器仪表制造业	6233	2160	4182	3216
其他制造业	807	110	370	273
废弃资源综合利用业	235	79	68	52
金属制品、机械和设备修理业	35	5	35	35
电力、热力、燃气及水生产和供应业	1198	478	778	430
电力、热力生产和供应业	934	390	681	384
燃气生产和供应业	30	6	3	3
水的生产和供应业	234	82	94	43
按地区分组				
杭州市	31147	10831	28666	19267
宁波市	28579	7820	18235	12759
温州市	14400	2304	5957	3919
嘉兴市	15350	3626	10436	6190
湖州市	8637	2484	7905	5573
绍兴市	13127	2638	6601	4549
金华市	10644	2058	5069	3739
衢州市	3109	730	1379	1113
舟山市	519	118	407	324
台州市	9722	2157	6768	4539
丽水市	3221	473	1230	843

3-7 续表 3

指标名称	专利所有权转让及许可数（件）	专利所有权转让及许可收入（万元）	拥有注册商标（件）	发表科技论文（篇）	形成国家或行业标准（项）
总计	**38493**	**602285.0**	**121037**	**3755**	**4355**
按企业规模分组					
大型	881	171667.0	29162	1512	1011
中型	35171	231781.0	38665	1287	1488
小型	2394	198576.0	52881	938	1835
微型	47	261.0	329	18	21
按登记注册类型分组					
内资企业	3258	557176.0	105723	3058	3846
国有企业			69	22	7
集体企业	24	1535.0		11	
股份合作企业	11	10.0	54	11	9
有限责任公司	196	23597.0	6985	814	396
国有独资公司			285	109	12
其他有限责任公司	196	23597.0	6700	705	384
股份有限公司	578	434345.0	25716	1185	935
私营企业	2449	97689.0	72899	1015	2499
私营独资企业			122		1
私营合伙企业			7		
私营有限责任公司	2187	97440.0	56140	787	1859
私营股份有限公司	262	249.0	16630	228	639
港、澳、台商投资企业	34806	30501.0	7088	338	297
合资经营企业（港或澳、台资）	83	2.0	2462	181	102
合作经营企业（港或澳、台资）			17		3
港、澳、台商独资经营企业	34700	30499.0	3035	81	119
港、澳、台商投资股份有限公司	23		1566	76	73
其他港、澳、台投资企业			8		
外商投资企业	429	14608.0	8226	359	212
中外合资经营企业	203	11460.0	2420	183	94

3-7 续表 4

指标名称	专利所有权转让及许可数（件）	专利所有权转让及许可收入（万元）	拥有注册商标（件）	发表科技论文（篇）	形成国家或行业标准（项）
中外合作经营企业			5		
外资企业	84	2513.0	2580	47	53
外商投资股份有限公司	142	635.0	3111	129	51
其他外商投资企业			110		14
按国民经济行业大类分组					
采矿业			1	9	1
非金属矿采选业			1	9	1
制造业	38492	602285.0	120992	3485	4345
农副食品加工业	19		2269	16	35
食品制造业	3	1421.0	4180	64	29
酒、饮料和精制茶制造业			769	21	7
烟草制品业			253	63	3
纺织业	189	134213.0	3412	69	122
纺织服装、服饰业	34		7824	16	91
皮革、毛皮、羽毛及其制品和制鞋业	28	49.0	3797	2	79
木材加工和木、竹、藤、棕、草制品业	201		2300	63	114
家具制造业	34675	44306.0	3879	12	81
造纸和纸制品业	29		1083	29	44
印刷和记录媒介复制业	12	3.0	710	8	31
文教、工美、体育和娱乐用品制造业	122	2.0	5469	37	96
石油、煤炭及其他燃料加工业	2		69	160	1
化学原料和化学制品制造业	115	2352.0	9822	315	360
医药制造业	152	3026.0	8371	354	147
化学纤维制造业	14	2490.0	520	24	37
橡胶和塑料制品业	59	7.0	3572	82	101
非金属矿物制品业	91	11545.0	2502	52	61
黑色金属冶炼和压延加工业	3	1679.0	172	85	21

3-7　续表 5

指标名称	专利所有权转让及许可数（件）	专利所有权转让及许可收入（万元）	拥有注册商标（件）	发表科技论文（篇）	形成国家或行业标准（项）
有色金属冶炼和压延加工业	8	48.0	875	130	115
金属制品业	218	14167.0	6294	61	241
通用设备制造业	437	60.0	12406	590	813
专用设备制造业	516	19510.0	5949	172	240
汽车制造业	156	14485.0	3964	159	106
铁路、船舶、航空航天和其他运输设备制造业	70	148.0	1493	71	38
电气机械和器材制造业	580	167848.0	14696	407	750
计算机、通信和其他电子设备制造业	477	184005.0	9823	152	296
仪器仪表制造业	277	921.0	3108	251	237
其他制造业	5		1358	14	36
废弃资源综合利用业			52	1	11
金属制品、机械和设备修理业			1	5	2
电力、热力、燃气及水生产和供应业	1		44	261	9
电力、热力生产和供应业	1		12	257	8
燃气生产和供应业			7		
水的生产和供应业			25	4	1
按地区分组					
杭州市	755	286238.0	24584	1404	986
宁波市	737	28829.0	18871	649	606
温州市	370	1505.0	15702	257	564
嘉兴市	34962	20780.0	12707	132	192
湖州市	475	167299.0	7791	347	477
绍兴市	317	21470.0	8424	300	459
金华市	434	27475.0	14520	128	446
衢州市	77	1190.0	1740	126	124
舟山市	1	285.0	385	71	14
台州市	257	47174.0	12777	251	369
丽水市	108	40.0	3284	27	115

3-8 规模以上工业企业新产品开发、生产及销售情况（2020）

指标名称	新产品开发项目数（项）	新产品开发经费支出（万元）	新产品销售收入（万元）	
				出口
总计	**133346**	**17652994.9**	**283024993.0**	**57204309.7**
按企业规模分组				
大型	10496	5077729.7	105131867.6	22722185.4
中型	27710	5305977.3	90554909.9	18846171.8
小型	93508	7162788.8	86174847.2	15514083.5
微型	1632	106499.1	1163368.3	121869.0
按登记注册类型分组				
内资企业	117052	14223524.0	221392894.0	42188390.9
国有企业	62	9233.5	185709.6	2934.0
集体企业	50	3366.2	14690.3	
股份合作企业	515	37157.9	404157.0	51815.8
联营企业	1	9.6		
其他联营企业	1	9.6		
有限责任公司	8428	1902097.3	47293405.5	4951832.5
国有独资公司	205	28481.3	219120.3	24691.7
其他有限责任公司	8223	1873616.0	47074285.2	4927140.8
股份有限公司	8926	2756169.2	39068216.6	8342636.3
私营企业	99070	9515490.3	134426715.0	28839172.3
私营独资企业	452	31500.4	299822.0	68299.6
私营合伙企业	98	5397.8	64415.5	13393.3
私营有限责任公司	82501	7724929.3	108463619.6	22640010.6
私营股份有限公司	16019	1753662.8	25598857.9	6117468.8
港、澳、台商投资企业	7322	1700463.4	28435222.4	6853767.2
合资经营企业（港或澳、台资）	3238	618855.6	11332847.0	1840791.4
合作经营企业（港或澳、台资）	40	5112.7	67259.0	51855.1
港、澳、台商独资经营企业	3017	824436.4	12865156.2	3903212.6
港、澳、台商投资股份有限公司	1016	250979.8	4159723.4	1050115.0
其他港、澳、台投资企业	11	1078.9	10236.8	7793.1

3-8 续表 1

指标名称	新产品开发项目数（项）	新产品开发经费支出（万元）	新产品销售收入（万元）	
				出口
外商投资企业	8972	1729007.5	33196876.6	8162151.6
中外合资经营企业	3885	754025.8	11256833.6	2299689.3
中外合作经营企业	46	4106.4	56487.9	5816.7
外资企业	4042	726725.0	19443553.1	5121616.5
外商投资股份有限公司	937	232781.1	2345200.1	669236.1
其他外商投资企业	62	11369.2	94801.9	65793.0
按国民经济行业大类分组				
采矿业	44	5688.2	216587.4	
煤炭开采和洗选业	1	30.3	2205.0	
有色金属矿采选业			2465.1	
非金属矿采选业	43	5657.9	211917.3	
制造业	132861	17573975.4	282058570.7	57204309.7
农副食品加工业	1002	90324.3	1000986.9	112426.7
食品制造业	953	82566.8	1189312.1	221762.7
酒、饮料和精制茶制造业	297	35626.5	721795.2	55130.3
烟草制品业	12	1546.3	24210.9	305.5
纺织业	8485	965975.6	13913102.6	2922797.1
纺织服装、服饰业	2912	309002.6	6349624.3	2753948.8
皮革、毛皮、羽毛及其制品和制鞋业	2323	178976.6	3010915.7	1190097.4
木材加工和木、竹、藤、棕、草制品业	813	82101.3	1630799.1	708737.8
家具制造业	2282	256382.8	4321686.0	2534891.6
造纸和纸制品业	2170	335289.5	5312826.1	566764.1
印刷和记录媒介复制业	1416	118207.4	1430513.3	209737.6
文教、工美、体育和娱乐用品制造业	3205	297336.9	4855489.6	1940652.7
石油、煤炭及其他燃料加工业	181	95009.8	7575737.3	270062.4
化学原料和化学制品制造业	6089	969510.1	18586073.7	1910512.5
医药制造业	4385	736090.0	7591518.6	2468030.3
化学纤维制造业	1802	471632.0	9928205.5	547800.7
橡胶和塑料制品业	7268	728339.9	9072704.6	1926449.5

3-8 续表 2

指标名称	新产品开发项目数（项）	新产品开发经费支出（万元）	新产品销售收入（万元）	出口
非金属矿物制品业	3844	466830.9	7612506.1	624197.4
黑色金属冶炼和压延加工业	1294	304911.1	5115105.2	194571.0
有色金属冶炼和压延加工业	1314	274770.0	6567679.3	460844.0
金属制品业	7825	781633.2	11440548.5	3230694.1
通用设备制造业	19110	1857376.0	24884120.9	4831903.8
专用设备制造业	9799	914187.3	11402601.0	2236698.2
汽车制造业	9621	1152772.8	26475928.9	2781725.1
铁路、船舶、航空航天和其他运输设备制造业	2101	241934.5	3417464.6	1264435.4
电气机械和器材制造业	17940	2446498.7	42532241.2	10550216.5
计算机、通信和其他电子设备制造业	9109	2652601.7	38774126.3	9377338.3
仪器仪表制造业	4384	645217.9	6279430.5	1043301.6
其他制造业	731	48868.1	622612.6	255001.7
废弃资源综合利用业	133	23947.9	396902.9	13274.9
金属制品、机械和设备修理业	61	8506.9	21801.2	
电力、热力、燃气及水生产和供应业	441	73331.3	749834.9	
电力、热力生产和供应业	301	61026.3	626854.1	
燃气生产和供应业	62	5351.0		
水的生产和供应业	78	6954.0	122980.8	
按地区分组				
杭州市	20094	4394766.4	65252902.2	9508881.5
宁波市	27804	3441900.6	58548178.4	12877160.6
温州市	16684	1389362.6	18592403.5	2838793.8
嘉兴市	18769	2455542.1	44953364.2	10974428.8
湖州市	8807	1072100.4	21098057.9	4434998.4
绍兴市	10165	1713725.9	22245383.3	3774696.5
金华市	10667	1057116.0	15621993.7	4523209.9
衢州市	3043	336369.0	6279019.4	827986.5
舟山市	903	189208.7	7942436.4	715650.2
台州市	13244	1271779.3	17568840.2	5907880.6
丽水市	3154	329577.6	4900714.6	820317.4

3-9 规模以上工业企业政府相关政策落实情况（2020）

单位：万元

指标名称	使用来自政府部门的研发资金	研究开发费用加计扣除减免税	高新技术企业减免税
总计	**12945768.4**	**2155526.6**	**2024990.7**
按企业规模分组			
大型	3930011.6	572582.9	716822.1
中型	4180608.8	646353.9	798197.6
小型	4772371.6	923977.1	506860.1
微型	62776.4	12612.7	3110.9
按登记注册类型分组			
内资企业	10502458.8	1789402.5	1571798.4
国有企业	7477.7	2305.6	829.2
集体企业	2861.4	12.1	3946.8
股份合作企业	21526.4	6178.6	3013.4
有限责任公司	1714946.8	235618.8	213623.7
国有独资公司	17807.9	3560.0	5816.4
其他有限责任公司	1697138.9	232058.8	207807.3
股份有限公司	2078884.4	367948.9	480127.8
私营企业	6676762.1	1177338.5	870257.5
私营独资企业	3469.5	421.8	12.1
私营合伙企业	464.0	4.9	
私营有限责任公司	5311688.8	952626.2	629585.9
私营股份有限公司	1361139.8	224285.6	240659.5
港、澳、台商投资企业	1095628.2	156681.7	221133.0
合资经营企业（港或澳、台资）	461006.3	64162.5	96692.5
合作经营企业（港或澳、台资）	4484.6	513.3	2225.7
港、澳、台商独资经营企业	460256.7	63502.3	85060.1
港、澳、台商投资股份有限公司	168949.0	28368.6	36938.3
其他港、澳、台投资企业	931.6	135.0	216.4

3-9 续表 1　　单位：万元

指标名称	使用来自政府部门的研发资金	研究开发费用加计扣除减免税	高新技术企业减免税
外商投资企业	1347681.4	209442.4	232059.3
中外合资经营企业	577683.2	91105.3	102808.7
中外合作经营企业	3962.9	533.5	306.1
外资企业	605475.3	94225.1	80914.1
外商投资股份有限公司	148309.6	22115.3	45446.2
其他外商投资企业	12250.4	1463.2	2584.2
按国民经济行业大类分组			
采矿业	12115.7	1999.8	5909.3
非金属矿采选业	12115.7	1999.8	5909.3
制造业	12850858.8	2138368.7	1996218.7
农副食品加工业	56504.2	9397.0	5713.8
食品制造业	66762.3	12273.5	20780.0
酒、饮料和精制茶制造业	20939.0	4327.3	1549.6
烟草制品业	104.2	63.1	
纺织业	621114.9	109132.0	70488.6
纺织服装、服饰业	145917.5	30240.8	7932.5
皮革、毛皮、羽毛及其制品和制鞋业	90211.1	13683.5	8672.9
木材加工和木、竹、藤、棕、草制品业	73048.8	12267.8	16435.4
家具制造业	207725.3	36638.8	21754.5
造纸和纸制品业	268637.0	38002.9	40882.8
印刷和记录媒介复制业	86610.4	16476.1	14323.0
文教、工美、体育和娱乐用品制造业	182680.5	34489.7	20335.3
石油加工、炼焦和核燃料加工业	246354.3	25235.2	8511.4
化学原料和化学制品制造业	918651.0	155436.9	218666.5
医药制造业	690819.6	95752.4	191475.7
化学纤维制造业	304715.9	33471.3	28702.5
橡胶和塑料制品业	560733.0	82234.8	67165.3
非金属矿物制品业	339418.9	58983.6	70502.8
黑色金属冶炼和压延加工业	158159.9	27025.3	17559.8

3-9 续表 2 单位：万元

指标名称	使用来自政府部门的研发资金	研究开发费用加计扣除减免税	高新技术企业减免税
有色金属冶炼和压延加工业	168655.6	30647.3	7133.5
金属制品业	497580.4	82747.6	63699.4
通用设备制造业	1325476.6	221561.6	213193.1
专用设备制造业	666404.1	124904.3	117466.3
汽车制造业	993972.0	168181.2	155511.6
铁路、船舶、航空航天和其他运输设备制造业	167569.4	26130.4	18785.3
电气机械和器材制造业	1774724.7	289657.4	298391.0
计算机、通信和其他电子设备制造业	1618660.9	296902.8	186422.7
仪器仪表制造业	533280.8	91494.2	99258.7
其他制造业	32598.9	5531.0	1634.3
废弃资源综合利用业	26296.7	3500.5	2930.3
金属制品、机械和设备修理业	6530.9	1978.4	340.1
电力、热力、燃气及水生产和供应业	82793.9	15158.1	22862.7
电力、热力生产和供应业	64398.8	11250.8	19952.8
燃气生产和供应业	9629.3	1737.1	216.0
水的生产和供应业	8765.8	2170.2	2693.9
按地区分组			
杭州市	3198128.4	585950.6	483417.2
宁波市	2400817.9	382193.2	423069.4
温州市	928800.3	187808.8	156936.2
嘉兴市	1601886.7	236268.2	241893.1
湖州市	850620.3	161584.5	180896.6
绍兴市	1095617.3	167341.3	211265.5
金华市	944264.2	130263.9	85139.5
衢州市	311573.8	39971.2	45925.9
舟山市	310715.4	31414.2	8052.7
台州市	1103507.5	194612.5	167543.3
丽水市	199836.6	37908.2	20851.3

3-10 规模以上工业企业技术获取和技术改造情况（2020）

单位：万元

指标名称	引进境外技术经费支出	引进境外技术的消化吸收经费支出	购买境内技术经费支出	技术改造经费支出
总计	**146896.1**	**5108.2**	**168828.2**	**2360265.1**
按企业规模分组				
大型	91938.3		44624.1	1074245.5
中型	44210.9	3579.8	83155.3	839985.2
小型	10746.9	1528.4	40898.9	443636.3
微型			149.9	2398.1
按登记注册类型分组				
内资企业	80965.6	2251.8	135341.8	2007853.3
国有企业				3178.5
股份合作企业				1446.5
有限责任公司	1024.4		18579.0	648285.3
国有独资公司			270.4	63896.4
其他有限责任公司	1024.4		18308.6	584388.9
股份有限公司	26018.9	1695.4	27390.7	334409.4
私营企业	53922.3	556.4	89372.1	1020533.6
私营独资企业	85.1		742.6	1430.8
私营合伙企业				64.5
私营有限责任公司	40369.0	478.0	63591.2	800813.6
私营股份有限公司	13468.2	78.4	25038.3	218224.7
港、澳、台商投资企业	8675.0	1270.7	16024.8	163837.2
合资经营企业（港或澳、台资）			5524.1	30830.1
合作经营企业（港或澳、台资）				5.0
港、澳、台商独资经营企业	5603.0		2000.7	88234.5
港、澳、台商投资股份有限公司	3072.0	1270.7	8500.0	44767.6
其他港、澳、台投资企业				

3-10 续表 1

单位：万元

指标名称	引进境外技术经费支出	引进境外技术的消化吸收经费支出	购买境内技术经费支出	技术改造经费支出
外商投资企业	57255.5	1585.7	17461.6	188574.6
中外合资经营企业	4104.4	463.2	2446.0	54590.8
中外合作经营企业				14.2
外资企业	40766.9	1122.5	7258.3	82456.5
外商投资股份有限公司	12384.2		7757.3	18660.4
其他外商投资企业				32852.7
按国民经济行业大类分组				
采矿业			5.4	103.1
有色金属矿采选业				21.3
非金属矿采选业			5.4	81.8
制造业	146242.1	5108.2	168087.9	2318020.9
农副食品加工业			345.6	2739.8
食品制造业	3099.3	300.0	8974.0	23139.0
酒、饮料和精制茶制造业			50.8	575.5
烟草制品业				54709.2
纺织业	350.2	136.3	3100.1	51430.9
纺织服装、服饰业			1664.9	9759.8
皮革、毛皮、羽毛及其制品和制鞋业	0.3	0.4	519.6	7462.5
木材加工和木、竹、藤、棕、草制品业				4166.7
家具制造业			2710.5	10680.8
造纸和纸制品业	240.3	3.7	1311.4	27672.2
印刷和记录媒介复制业			490.9	16159.6
文教、工美、体育和娱乐用品制造业	1673.9	1215.9	2526.1	28380.3
石油、煤炭及其他燃料加工业	18039.7			2036.3
化学原料和化学制品制造业	3787.8	401.8	9645.8	228661.6
医药制造业	37565.9		20005.9	130927.9
化学纤维制造业	627.3		1752.9	13252.1
橡胶和塑料制品业	11.3		19343.8	275184.7

3-10 续表 2

单位：万元

指标名称	引进境外技术经费支出	引进境外技术的消化吸收经费支出	购买境内技术经费支出	技术改造经费支出
非金属矿物制品业	4600.2		4066.8	73709.3
黑色金属冶炼和压延加工业			25.7	100730.0
有色金属冶炼和压延加工业	9839.5		3795.4	19314.0
金属制品业	5815.4	1695.3	12154.0	69834.2
通用设备制造业	14564.4	59.4	11118.7	284384.6
专用设备制造业	12782.4	473.1	2956.9	62589.7
汽车制造业	2990.3	40.5	17425.8	286478.5
铁路、船舶、航空航天和其他运输设备制造业	1068.0	4.9	159.3	7000.4
电气机械和器材制造业	21405.7	65.8	23062.4	242311.1
计算机、通信和其他电子设备制造业	7378.7	711.1	11685.7	222094.3
仪器仪表制造业	401.5		9142.9	60603.4
其他制造业			52.0	1465.0
废弃资源综合利用业				567.5
电力、热力、燃气及水生产和供应业	654.0		734.9	42141.1
电力、热力生产和供应业	654.0		734.9	39105.0
燃气生产和供应业				26.1
水的生产和供应业				3010.0
按地区分组				
杭州市	65959.3	628.2	26346.9	566801.8
宁波市	34452.0	1822.2	65176.7	544287.0
温州市	5.5		7876.7	202315.2
嘉兴市	34937.2	2175.9	11934.6	163460.3
湖州市	2300.0	81.8	3181.2	97601.0
绍兴市	35.1	7.3	3534.3	84504.7
金华市	96.2		13389.5	240980.2
衢州市	3496.8	392.8	8885.0	193737.6
舟山市			57.9	9818.7
台州市	5614.0		27330.9	171328.6
丽水市			1114.5	30720.8

四、大中型工业企业

4–1 大中型工业企业研发活动情况（2018—2020）

指标名称	单位	2018	2019	2020
企业数	个	4476	4328	4426
有 R&D 活动企业数	个	3178	3285	3450
企业有研发机构	个	2850	3076	3452
从业人员年平均人数	万人	318.31	309.05	314.87
R&D 活动人员	万人	29.03	30.34	31.10
参加项目人员	万人	27.33	28.68	29.48
企业内部的日常研发经费支出	亿元	933.57	1061.08	1187.33
人工费	亿元	363.52	420.89	466.65
原材料费	亿元	407.39	453.19	513.18
委托外单位开发经费支出	亿元	70.22	64.06	67.45
折合全时 R&D 人员	万人年	22.75	24.21	24.74
R&D 经费支出	亿元	724.19	779.57	858.25
新产品开发经费支出	亿元	806.89	936.24	1038.37
新产品销售收入	亿元	16536.24	17754.01	19568.68
出口	亿元	3350.89	3627.75	4156.84
专利申请数	项	50132	55673	63418
发明专利	项	16325	18381	20197
拥有发明专利数	项	35216	41180	49505
技术改造经费支出	亿元	193.24	164.02	191.42
引进境外技术经费支出	亿元	8.23	8.85	13.61
引进境外技术的消化吸收经费支出	亿元	1.35	0.67	0.36
购买境内技术经费支出	亿元	15.59	20.38	12.78

4-2　大中型工业企业基本情况（2020）

指标名称	单位数（个）	有 R&D 活动	有研发机构	# 享受研究开发费用加计扣除	# 有新产品销售	# 有专利申请
总计	**4426**	**3450**	**3058**	**2884**	**3639**	**2734**
按企业规模分组						
大型	594	496	459	462	543	452
中型	3832	2954	2599	2422	3096	2282
按登记注册类型分组						
内资企业	3489	2791	2411	2333	2921	2236
国有企业	12	5	4	4	5	3
集体企业	4	2	2	1	1	2
股份合作企业	7	5	6	5	6	5
有限责任公司	449	315	253	249	316	261
国有独资公司	36	8	6	6	5	14
其他有限责任公司	413	307	247	243	311	247
股份有限公司	390	362	333	345	367	332
私营企业	2627	2102	1813	1729	2226	1633
私营独资企业	8	3			3	
私营合伙企业	1					
私营有限责任公司	2184	1705	1454	1354	1818	1280
私营股份有限公司	434	394	359	375	405	353
港、澳、台商投资企业	433	329	316	271	350	243
合资经营企业（港或澳、台资）	193	153	139	117	158	107
合作经营企业（港或澳、台资）	2	1	2	1	2	1
港、澳、台商独资经营企业	177	121	117	101	132	92
港、澳、台商投资股份有限公司	61	54	58	52	58	43
外商投资企业	504	330	331	280	368	255
中外合资经营企业	202	140	135	117	150	105

4-2 续表 1

指标名称	单位数（个）	有 R&D 活动	有研发机构	# 享受研究开发费用加计扣除	# 有新产品销售	# 有专利申请
中外合作经营企业	5	3	3	3	3	2
外资企业	262	159	162	130	181	117
外商投资股份有限公司	33	27	29	28	32	29
其他外商投资企业	2	1	2	2	2	2
按国民经济行业大类分组						
采矿业	1					
非金属矿采选业	1					
制造业	4349	3429	3052	2873	3636	2705
农副食品加工业	39	29	30	16	24	15
食品制造业	64	28	32	23	35	19
酒、饮料和精制茶制造业	18	9	5	6	16	3
烟草制品业	1	1	1		1	1
纺织业	415	327	253	226	337	193
纺织服装、服饰业	230	130	113	63	135	56
皮革、毛皮、羽毛及其制品和制鞋业	119	85	69	41	100	36
木材加工和木、竹、藤、棕、草制品业	27	23	20	23	25	18
家具制造业	136	101	81	84	119	82
造纸和纸制品业	56	43	41	39	45	35
印刷和记录媒介复制业	43	35	33	28	38	24
文教、工美、体育和娱乐用品制造业	131	98	84	85	106	71
石油、煤炭及其他燃料加工业	6	6	3	5	5	6
化学原料和化学制品制造业	157	133	122	118	133	108
医药制造业	139	126	115	125	119	92
化学纤维制造业	77	58	51	45	66	40
橡胶和塑料制品业	155	118	107	107	132	93
非金属矿物制品业	94	67	64	69	70	55
黑色金属冶炼和压延加工业	34	27	22	21	28	22
有色金属冶炼和压延加工业	43	35	28	26	36	31

4-2 续表 2

指标名称	单位数（个）	有 R&D 活动	有研发机构	# 享受研究开发费用加计扣除	# 有新产品销售	# 有专利申请
金属制品业	271	207	177	172	214	164
通用设备制造业	418	354	322	330	380	317
专用设备制造业	187	165	145	151	163	147
汽车制造业	328	275	246	249	293	233
铁路、船舶、航空航天和其他运输设备制造业	69	54	44	43	58	43
电气机械和器材制造业	583	493	474	423	523	433
计算机、通信和其他电子设备制造业	350	275	254	242	310	250
仪器仪表制造业	101	90	83	88	93	88
其他制造业	32	24	21	18	24	21
废弃资源综合利用业	8	6	6	4	7	5
金属制品、机械和设备修理业	18	7	6	3	1	4
电力、热力、燃气及水生产和供应业	76	21	6	11	3	29
电力、热力生产和供应业	51	20	6	10	3	27
燃气生产和供应业	5					
水的生产和供应业	20	1		1		2
按地区分组						
杭州市	680	480	423	453	547	451
宁波市	1023	763	772	627	810	603
温州市	409	341	303	273	366	261
嘉兴市	575	411	491	334	485	320
湖州市	253	206	175	197	211	171
绍兴市	465	399	290	282	398	260
金华市	344	292	215	237	287	236
衢州市	103	73	58	62	76	65
舟山市	51	36	33	22	23	27
台州市	434	380	262	340	363	286
丽水市	87	68	35	56	72	52

4-2　续表 2

指标名称	从业人员期末人数(人)	从业人员平均人数(人)	业务收入(万元)	利润总额(万元)	工业总产值(万元)	资产总计(万元)
总计	3239457	3148666	436055389.3	38027241.3	416993439.5	565457058.4
按企业规模分组						
大型	1272632	1238649	224629759.9	20495905.6	211703677.4	296506902.0
中型	1966825	1910017	211425629.4	17531335.7	205289762.1	268950156.4
按登记注册类型分组						
内资企业	2450217	2375255	321733309.4	28662032.5	307537312.5	433269103.1
国有企业	7344	7344	2146971.8	43243.1	2118361.7	2119945.0
集体企业	1593	1582	169795.2	31810.7	164893.2	5538641.7
股份合作企业	3243	3265	351049.9	33681.2	341582.5	349717.4
有限责任公司	380495	376656	114223221.7	7316540.5	104398965.5	140488776.1
国有独资公司	61729	61430	36650028.4	848808.7	32661164.7	36430954.7
其他有限责任公司	318766	315226	77573193.3	6467731.8	71737800.8	104057821.4
股份有限公司	446107	440773	67781140.6	10492964.0	65174662.3	128713568.4
私营企业	1611435	1545635	137061130.2	10743793.0	135338847.3	156058454.5
私营独资企业	3794	3539	225117.7	15121.0	229912.1	134183.6
私营合伙企业	375	356	10001.4	239.9	10001.4	6906.1
私营有限责任公司	1302934	1244576	108895090.7	7380148.1	107723713.7	114367507.3
私营股份有限公司	304332	297164	27930920.4	3348284.0	27375220.1	41549857.5
港、澳、台商投资企业	369102	361482	49818638.1	4389288.9	48875059.2	62052749.6
合资经营企业（港或澳、台资）	143317	140117	21997496.7	1658140.6	22323238.5	24275978.0
合作经营企业（港或澳、台资）	835	939	39957.2	986.5	42053.9	42810.1
港、澳、台商独资经营企业	169798	166158	21557365.4	2075748.0	20439219.0	24295937.4
港、澳、台商投资股份有限公司	55152	54268	6223818.8	654413.8	6070547.8	13438024.1
外商投资企业	420138	411929	64503441.8	4975919.9	60581067.8	70135205.7
中外合资经营企业	166573	161251	22125028.4	1945582.4	21225145.2	23588583.2
中外合作经营企业	2288	1891	1108070.1	153643.0	1198269.8	833808.6

4-2 续表 4

指标名称	从业人员期末人数(人)	从业人员平均人数(人)	业务收入(万元)	利润总额(万元)	工业总产值(万元)	资产总计(万元)
外资企业	213096	211949	34343249.7	1889570.2	32868532.7	32637265.6
外商投资股份有限公司	35872	34482	6370174.3	951676.5	4954315.0	12189616.7
其他外商投资企业	2309	2356	556919.3	35447.8	334805.1	885931.6
按国民经济行业大类分组						
采矿业	323	319	48919.0	4521.0	50182.0	43595.0
非金属矿采选业	323	319	48919.0	4521.0	50182.0	43595.0
制造业	3168085	3077719	396763656.9	37002052.0	377778308.4	512074447.0
农副食品加工业	20909	20180	2002466.6	275407.8	1753714.9	3277629.6
食品制造业	45261	35659	3316491.7	338879.8	3073431.5	3643940.9
酒、饮料和精制茶制造业	15734	15556	2100251.8	323410.2	1742225.4	2702505.3
烟草制品业	3549	3541	9358803.1	675851.7	5576379.2	6085403.2
纺织业	255783	252516	14962228.2	1239683.2	15947800.1	19374626.6
纺织服装、服饰业	186856	189921	10254801.1	512258.2	10495019.3	14037129.3
皮革、毛皮、羽毛及其制品和制鞋业	72845	70565	2554875.3	114721.0	2827256.5	3690332.8
木材加工和木、竹、藤、棕、草制品业	24260	23147	1761867.9	190898.8	1511960.3	2070097.9
家具制造业	107946	98748	5865174.9	479904.6	5708748.2	7549052.7
造纸和纸制品业	35659	35377	6360503.9	815667.5	6213885.3	10485295.3
印刷和记录媒介复制业	18865	18954	1549637.7	166128.3	1475703.7	2582913.8
文教、工美、体育和娱乐用品制造业	90515	89062	6473028.9	497057.4	6737198.1	6918406.6
石油、煤炭及其他燃料加工业	18775	17427	18510343.2	1148944.9	21521952.3	28222997.7
化学原料和化学制品制造业	92377	91449	31738762.9	4103769.7	30512663.4	47816662.9
医药制造业	107608	107410	13745246.1	2787375.1	14165667.8	24764470.4
化学纤维制造业	85200	85390	22374224.0	682582.8	18035556.1	28521805.0
橡胶和塑料制品业	109879	109512	10778666.8	1131753.1	10048491.4	11469380.8
非金属矿物制品业	54586	52868	7581775.2	1230000.5	7085301.0	11100513.9
黑色金属冶炼和压延加工业	28482	28667	12152352.6	767657.6	11196729.7	9620079.9
有色金属冶炼和压延加工业	31361	30358	12915418.9	449438.1	11182098.8	8337215.2

4-2 续表 5

指标名称	从业人员期末人数(人)	从业人员平均人数(人)	业务收入(万元)	利润总额(万元)	工业总产值(万元)	资产总计(万元)
金属制品业	164320	157754	13373120.7	1027719.3	13117549.8	14017538.7
通用设备制造业	270438	262200	26072065.5	2740061.8	24837572.9	36202552.4
专用设备制造业	111807	108034	9873753.7	1406184.5	9891296.8	14800751.1
汽车制造业	235608	225449	33379173.8	3569500.9	32206064.8	49888851.0
铁路、船舶、航空航天和其他运输设备制造业	43471	41186	4315449.5	59075.3	4209752.5	6442405.9
电气机械和器材制造业	460958	440406	54747334.4	4289321.6	51120924.1	63199422.5
计算机、通信和其他电子设备制造业	364154	357963	48401244.2	4396115.1	45661073.6	59047599.8
仪器仪表制造业	75083	72566	7289417.5	1294411.6	7191889.3	12247520.2
其他制造业	20584	20499	1034610.1	71296.2	930876.3	1198243.9
废弃资源综合利用业	3710	3834	767593.8	65622.0	694090.7	954547.9
金属制品、机械和设备修理业	11502	11521	1152972.9	151353.4	1105434.6	1804553.8
电力、热力、燃气及水生产和供应业	71049	70628	39242813.4	1020668.3	39164949.1	53339016.4
电力、热力生产和供应业	56157	56059	37512761.1	1013781.1	37582089.0	44819374.7
燃气生产和供应业	2628	2334	756851.6	27920.1	698526.7	1156208.8
水的生产和供应业	12264	12235	973200.7	-21032.9	884333.4	7363432.9
按地区分组						
杭州市	559586	560822	98759529.9	9243529.7	87239532.7	131868607.3
宁波市	772111	744212	108998207.9	9994793.0	109184783.6	116807110.2
温州市	271375	260992	19133789.3	2206879.8	19951987.9	30581841.0
嘉兴市	412149	405197	53495977.8	3594990.2	50343744.1	64380010.9
湖州市	173748	167936	21495374.7	2031961.2	20796964.8	25506549.9
绍兴市	317827	310596	32086652.1	3778046.1	33675730.3	50175747.1
金华市	235238	223032	18312553.2	1275263.3	17658225.4	26696824.7
衢州市	68328	67613	9947167.9	900776.7	9365071.6	12432172.2
舟山市	39910	38393	11027237.0	711661.8	11509797.9	26254102.7
台州市	300716	284460	25408845.4	2827321.1	24202793.0	42745301.7
丽水市	56637	53847	6409825.5	762856.2	5867003.5	8299726.2

4–3 大中型工业企业 R&D 人员情况（2020）

指标名称	R&D 人员合计（人）	# 参加项目人员	管理和服务人员	# 女性	# 研究人员	# 全时人员	非全时人员
总计	**310994**	**294806**	**16188**	**73188**	**80943**	**227806**	**83188**
按企业规模分组							
大型	131600	125480	6120	31303	43284	96582	35018
中型	179394	169326	10068	41885	37659	131224	48170
按登记注册类型分组							
内资企业	242267	229437	12830	56212	60028	176180	66087
国有企业	281	254	27	69	85	236	45
集体企业	55	46	9	11	27	50	5
股份合作企业	309	297	12	30	60	244	65
有限责任公司	32210	30311	1899	7013	10262	22453	9757
国有独资公司	548	485	63	124	238	309	239
其他有限责任公司	31662	29826	1836	6889	10024	22144	9518
股份有限公司	63883	61036	2847	15230	22949	48947	14936
私营企业	145529	137493	8036	33859	26645	104250	41279
私营独资企业	93	87	6	20	11	69	24
私营有限责任公司	112779	106596	6183	26904	19626	80633	32146
私营股份有限公司	32657	30810	1847	6935	7008	23548	9109
港、澳、台商投资企业	37228	35820	1408	9390	11404	28363	8865
合资经营企业（港或澳、台资）	12677	12113	564	3333	2785	9420	3257
合作经营企业（港或澳、台资）	48	47	1	13	3	42	6
港、澳、台商独资经营企业	17006	16479	527	4098	6164	13524	3482
港、澳、台商投资股份有限公司	7497	7181	316	1946	2452	5377	2120
外商投资企业	31499	29549	1950	7586	9511	23263	8236
中外合资经营企业	14861	13922	939	3261	4426	10381	4480

4-3 续表 1

指标名称	R&D 人员合计(人)	# 参加项目人员	管理和服务人员	# 女性	# 研究人员	# 全时人员	非全时人员
中外合作经营企业	169	165	4	68	5	49	120
外资企业	12788	12003	785	3308	3818	10198	2590
外商投资股份有限公司	3531	3314	217	895	1233	2529	1002
其他外商投资企业	150	145	5	54	29	106	44
按国民经济行业大类分组							
制造业	309867	293765	16102	73093	80398	227418	82449
农副食品加工业	1222	1098	124	448	267	810	412
食品制造业	1818	1714	104	697	286	772	1046
酒、饮料和精制茶制造业	678	619	59	203	129	342	336
烟草制品业	114	105	9	31	59	61	53
纺织业	24301	22833	1468	8175	3088	15770	8531
纺织服装、服饰业	8464	8081	383	4768	1355	6556	1908
皮革、毛皮、羽毛及其制品和制鞋业	5420	5148	272	2154	388	3720	1700
木材加工和木、竹、藤、棕、草制品业	1576	1484	92	460	186	1141	435
家具制造业	7478	6899	579	2011	1136	5352	2126
造纸和纸制品业	3680	3411	269	787	399	2383	1297
印刷和记录媒介复制业	2006	1904	102	604	356	1504	502
文教、工美、体育和娱乐用品制造业	6956	6678	278	2462	917	4924	2032
石油、煤炭及其他燃料加工业	1372	1042	330	133	551	1117	255
化学原料和化学制品制造业	10102	9479	623	2406	3464	7672	2430
医药制造业	13531	12576	955	5791	6053	10467	3064
化学纤维制造业	8390	8073	317	2017	942	4949	3441
橡胶和塑料制品业	8733	8173	560	1787	1591	6421	2312
非金属矿物制品业	3927	3693	234	671	902	2547	1380
黑色金属冶炼和压延加工业	2402	2267	135	214	541	1593	809
有色金属冶炼和压延加工业	3214	3014	200	449	725	1850	1364

4-3 续表2

指标名称	R&D人员合计(人)	#参加项目人员	管理和服务人员	#女性	#研究人员	#全时人员	非全时人员
金属制品业	13324	12507	817	2496	2050	9727	3597
通用设备制造业	26919	25353	1566	4666	6703	19875	7044
专用设备制造业	12065	11577	488	1936	3276	9346	2719
汽车制造业	25784	24532	1252	3741	6888	19125	6659
铁路、船舶、航空航天和其他运输设备制造业	4246	3958	288	532	910	3405	841
电气机械和器材制造业	45526	43212	2314	9423	10548	33612	11914
计算机、通信和其他电子设备制造业	51739	50038	1701	11460	21344	41704	10035
仪器仪表制造业	12538	12102	436	2062	5079	9164	3374
其他制造业	1588	1496	92	451	177	1024	564
废弃资源综合利用业	593	562	31	51	39	385	208
金属制品、机械和设备修理业	161	137	24	7	49	100	61
电力、热力、燃气及水生产和供应业	1127	1041	86	95	545	388	739
电力、热力生产和供应业	1054	969	85	78	518	351	703
水的生产和供应业	73	72	1	17	27	37	36
按地区分组							
杭州市	66525	63442	3083	15427	26648	53533	12992
宁波市	65829	64227	1602	14403	17358	50437	15392
温州市	28473	27111	1362	6644	5058	21578	6895
嘉兴市	34125	32130	1995	9119	6392	22560	11565
湖州市	14983	14269	714	3337	3193	10895	4088
绍兴市	33823	31480	2343	8214	7956	22227	11596
金华市	24438	22818	1620	6552	4785	17266	7172
衢州市	5283	4875	408	1270	806	2582	2701
舟山市	3078	2592	486	510	906	2343	735
台州市	29118	27043	2075	6458	6824	20776	8342
丽水市	5205	4714	491	1223	958	3548	1657

4-3 续表 3

指标名称	R&D 人员折合全时当量合计（人年）	# 研究人员	按活动类型分组		
			基础研究人员	应用研究人员	试验发展人员
总计	**247437**	**66150**	**236**	**2474**	**244728**
按企业规模分组					
大型	105250	35790	236	899	104115
中型	142187	30360		1574	140612
按登记注册类型分组					
内资企业	190771	48283	236	2177	188359
国有企业	246	74			246
集体企业	41	20		8	34
股份合作企业	211	44			211
有限责任公司	25247	8164	27	448	24772
国有独资公司	375	160		74	301
其他有限责任公司	24872	8004	27	374	24471
股份有限公司	51475	18935	209	601	50665
私营企业	113551	21046		1119	112432
私营独资企业	81	9			81
私营有限责任公司	87663	15464		825	86838
私营股份有限公司	25807	5574		294	25513
港、澳、台商投资企业	31895	10118		44	31851
合资经营企业（港或澳、台资）	10453	2420		5	10449
合作经营企业（港或澳、台资）	43	3			43
港、澳、台商独资经营企业	15249	5668		17	15233
港、澳、台商投资股份有限公司	6149	2027		23	6126
外商投资企业	24770	7749		253	24517
中外合资经营企业	11310	3566		7	11303
中外合作经营企业	130	4			130

4-3 续表 4

指标名称	R&D 人员折合全时当量合计（人年）	# 研究人员	按活动类型分组		
			基础研究人员	应用研究人员	试验发展人员
外资企业	10332	3163		123	10209
外商投资股份有限公司	2894	996		123	2771
其他外商投资企业	104	20			104
按国民经济行业大类分组					
制造业	246720	65822	236	2404	244081
农副食品加工业	894	184		19	875
食品制造业	1156	208			1156
酒、饮料和精制茶制造业	454	87		3	452
烟草制品业	13	7		1	13
纺织业	18929	2525		71	18858
纺织服装、服饰业	6784	1099			6784
皮革、毛皮、羽毛及其制品和制鞋业	4157	296		57	4100
木材加工和木、竹、藤、棕、草制品业	1264	147			1264
家具制造业	5743	879		123	5620
造纸和纸制品业	2992	327		100	2891
印刷和记录媒介复制业	1641	304			1641
文教、工美、体育和娱乐用品制造业	5285	720		51	5234
石油、煤炭及其他燃料加工业	1030	413	27	28	975
化学原料和化学制品制造业	8278	2827		37	8241
医药制造业	11011	4982		113	10898
化学纤维制造业	5827	747			5827
橡胶和塑料制品业	6706	1226			6706
非金属矿物制品业	3288	774		10	3279
黑色金属冶炼和压延加工业	1951	448		161	1791
有色金属冶炼和压延加工业	2439	547		94	2345

4-3　续表 5

指标名称	R&D 人员折合全时当量合计（人年）	# 研究人员	按活动类型分组		
			基础研究人员	应用研究人员	试验发展人员
金属制品业	10454	1605		99	10355
通用设备制造业	21689	5392		257	21433
专用设备制造业	9853	2731		125	9728
汽车制造业	20202	5515		240	19962
铁路、船舶、航空航天和其他运输设备制造业	3378	726			3378
电气机械和器材制造业	35779	8439		577	35203
计算机、通信和其他电子设备制造业	43623	18417		100	43523
仪器仪表制造业	10099	4047	209	140	9751
其他制造业	1211	137			1211
废弃资源综合利用业	486	33			486
金属制品、机械和设备修理业	103	33			103
电力、热力、燃气及水生产和供应业	717	328		70	647
电力、热力生产和供应业	677	314		70	607
水的生产和供应业	39	15			39
按地区分组					
杭州市	56103	22816	209	652	55242
宁波市	53674	14284			53674
温州市	22890	4119		168	22723
嘉兴市	25488	4904		111	25376
湖州市	12094	2663		135	11959
绍兴市	26099	6413		129	25969
金华市	19377	3800		270	19106
衢州市	3660	566		70	3590
舟山市	2288	689	27	28	2233
台州市	21940	5190		449	21491
丽水市	3812	698		460	3352

4–4　大中型工业企业 R&D 经费情况（2020）

单位：万元

指标名称	R&D 经费内部支出合计	按活动类型分组		
		基础研究支出	应用研究支出	试验发展支出
总计	**8582483.8**	**4675.0**	**57470.3**	**8520338.5**
按企业规模分组				
大型	4403082.6	4669.1	29547.7	4368865.8
中型	4179401.2	5.9	27922.6	4151472.7
按登记注册类型分组				
内资企业	6389049.5	4669.1	52885.7	6331494.7
国有企业	5838.1			5838.1
集体企业	930.4		138.5	791.9
股份合作企业	10625.7			10625.7
有限责任公司	1145459.5	657.3	14082.4	1130719.8
国有独资公司	14546.6		1064.3	13482.3
其他有限责任公司	1130912.9	657.3	13018.1	1117237.5
股份有限公司	2035958.4	4011.8	14346.7	2017599.9
私营企业	3190237.4		24318.1	3165919.3
私营独资企业	732.9			732.9
私营有限责任公司	2427422.4		18215.1	2409207.3
私营股份有限公司	762082.1		6103.0	755979.1
港、澳、台商投资企业	1199694.4	5.9	1205.5	1198483.0
合资经营企业（港或澳、台资）	339781.3		99.5	339681.8
合作经营企业（港或澳、台资）	425.6			425.6
港、澳、台商独资经营企业	680396.0		1022.3	679373.7
港、澳、台商投资股份有限公司	179091.5	5.9	83.7	179001.9
外商投资企业	993739.9		3379.1	990360.8
中外合资经营企业	456349.5		86.0	456263.5

4-4 续表 1 单位：万元

指标名称	R&D 经费内部支出合计	按活动类型分组		
		基础研究支出	应用研究支出	试验发展支出
中外合作经营企业	1347.0			1347.0
外资企业	396805.2		1668.2	395137.0
外商投资股份有限公司	133246.3		1624.9	131621.4
其他外商投资企业	5991.9			5991.9
按国民经济行业大类分组				
制造业	8534816.0	4675.0	48613.9	8481527.1
农副食品加工业	22241.3		680.3	21561.0
食品制造业	25173.5	5.9		25167.6
酒、饮料和精制茶制造业	9346.8		68.3	9278.5
烟草制品业	3530.0		261.2	3268.8
纺织业	356043.6		2046.5	353997.1
纺织服装、服饰业	146188.2			146188.2
皮革、毛皮、羽毛及其制品和制鞋业	69334.1		346.4	68987.7
木材加工和木、竹、藤、棕、草制品业	34000.4			34000.4
家具制造业	123562.3		1073.7	122488.6
造纸和纸制品业	112589.1		2008.0	110581.1
印刷和记录媒介复制业	42265.1			42265.1
文教、工美、体育和娱乐用品制造业	92036.6		801.5	91235.1
石油、煤炭及其他燃料加工业	132327.3	657.3	905.7	130764.3
化学原料和化学制品制造业	395934.0		1164.4	394769.6
医药制造业	518629.8		2561.8	516068.0
化学纤维制造业	334751.3			334751.3
橡胶和塑料制品业	252220.1			252220.1
非金属矿物制品业	95245.3		170.7	95074.6
黑色金属冶炼和压延加工业	76484.9		3986.7	72498.2
有色金属冶炼和压延加工业	81194.7		1086.7	80108.0

单位：万元

指标名称	R&D 经费内部支出合计	按活动类型分组		
		基础研究支出	应用研究支出	试验发展支出
金属制品业	302615.3		1306.9	301308.4
通用设备制造业	739082.0		6350.0	732732.0
专用设备制造业	330949.2		1819.8	329129.4
汽车制造业	598650.8		2672.2	595978.6
铁路、船舶、航空航天和其他运输设备制造业	118085.4			118085.4
电气机械和器材制造业	1313615.0		13512.1	1300102.9
计算机、通信和其他电子设备制造业	1827016.1		2517.1	1824499.0
仪器仪表制造业	340137.0	4011.8	3273.9	332851.3
其他制造业	21987.6			21987.6
废弃资源综合利用业	13855.8			13855.8
金属制品、机械和设备修理业	5723.4			5723.4
电力、热力、燃气及水生产和供应业	47667.8		8856.4	38811.4
电力、热力生产和供应业	47208.0		8856.4	38351.6
水的生产和供应业	459.8			459.8
按地区分组				
杭州市	2266262.3	4011.8	13733.8	2248516.7
宁波市	1882286.9			1882286.9
温州市	564955.8		2744.2	562211.6
嘉兴市	1024587.4		2874.0	1021713.4
湖州市	479541.7		3088.9	476452.8
绍兴市	891270.3		2646.9	888623.4
金华市	444107.3		6307.7	437799.6
衢州市	131391.2	5.9	1801.1	129584.2
舟山市	169245.1	657.3	905.7	167682.1
台州市	623848.6		14438.9	609409.7
丽水市	101457.2		8667.9	92789.3

4-4 续表 3 单位：万元

指标名称	R&D经费内部支出合计				
	按支出用途分组				
	经常费支出	# 人员劳务费	资产性支出	# 土地和建筑物	仪器和设备
总计	**7995262.1**	**3307051.3**	**587221.7**	**9616.7**	**577605.0**
按企业规模分组					
大型	4121559.1	1793452.9	281523.5	3740.3	277783.2
中型	3873703.0	1513598.4	305698.2	5876.4	299821.8
按登记注册类型分组					
内资企业	5923342.3	2380658.2	465707.2	7526.9	458180.3
国有企业	5554.4	2239.3	283.7	-9.2	292.9
集体企业	930.4	536.6			
股份合作企业	10099.3	3583.2	526.4	-17.1	543.5
有限责任公司	1044572.4	320507.1	100887.1	955.2	99931.9
国有独资公司	13614.1	6673.6	932.5	-17.5	950.0
其他有限责任公司	1030958.3	313833.5	99954.6	972.7	98981.9
股份有限公司	1932823.3	871338.1	103135.1	1636.6	101498.5
私营企业	2929362.5	1182453.9	260874.9	4961.4	255913.5
私营独资企业	732.9	359.9			
私营有限责任公司	2211334.7	878832.3	216087.7	3670.6	212417.1
私营股份有限公司	717294.9	303261.7	44787.2	1290.8	43496.4
港、澳、台商投资企业	1140330.9	542247.2	59363.5	919.9	58443.6
合资经营企业（港或澳、台资）	321022.6	122188.5	18758.7	370.8	18387.9
合作经营企业（港或澳、台资）	425.6	337.3			
港、澳、台商独资经营企业	653692.0	345444.4	26704.0	403.1	26300.9
港、澳、台商投资股份有限公司	165190.7	74277.0	13900.8	146.0	13754.8
外商投资企业	931588.9	384145.9	62151.0	1169.9	60981.1
中外合资经营企业	423890.2	156823.3	32459.3	618.3	31841.0
中外合作经营企业	1347.0	999.1			
外资企业	376357.7	183480.7	20447.5	439.9	20007.6

4-4　续表 4　　　　单位：万元

指标名称	R&D 经费内部支出合计				
	按支出用途分组				
	经常费支出	# 人员劳务费	资产性支出	# 土地和建筑物	仪器和设备
外商投资股份有限公司	124008.1	40688.0	9238.2	105.7	9132.5
其他外商投资企业	5985.9	2154.8	6.0	6.0	
按国民经济行业大类分组					
制造业	7951794.0	3293250.8	583022.0	9445.3	573576.7
农副食品加工业	20698.0	7563.2	1543.3	13.3	1530.0
食品制造业	22932.4	11546.8	2241.1	40.9	2200.2
酒、饮料和精制茶制造业	6245.3	3903.8	3101.5	35.7	3065.8
烟草制品业	3174.5	2483.9	355.5		355.5
纺织业	321625.7	159715.0	34417.9	848.7	33569.2
纺织服装、服饰业	142880.4	70449.7	3307.8	2.6	3305.2
皮革、毛皮、羽毛及其制品和制鞋业	67290.8	32591.6	2043.3	4.0	2039.3
木材加工和木、竹、藤、棕、草制品业	33535.2	10993.7	465.2	20.3	444.9
家具制造业	121175.4	50547.0	2386.9	202.7	2184.2
造纸和纸制品业	97621.9	27901.6	14967.2	585.8	14381.4
印刷和记录媒介复制业	41060.3	18148.4	1204.8	139.4	1065.4
文教、工美、体育和娱乐用品制造业	87414.9	45356.3	4621.7	274.7	4347.0
石油、煤炭及其他燃料加工业	99664.3	17267.1	32663.0	0.9	32662.1
化学原料和化学制品制造业	354728.5	127135.6	41205.5	371.6	40833.9
医药制造业	456204.3	152380.3	62425.5	544.3	61881.2
化学纤维制造业	319813.7	47706.3	14937.6	303.0	14634.6
橡胶和塑料制品业	234990.7	69410.7	17229.4	106.3	17123.1
非金属矿物制品业	89374.4	35871.6	5870.9	86.0	5784.9
黑色金属冶炼和压延加工业	74890.2	21364.2	1594.7	67.6	1527.1
有色金属冶炼和压延加工业	75221.3	22691.1	5973.4	145.6	5827.8
金属制品业	284705.4	87756.0	17909.9	443.0	17466.9

4-4 续表 5

单位：万元

指标名称	R&D经费内部支出合计				
	按支出用途分组				
	经常费支出	# 人员劳务费	资产性支出	# 土地和建筑物	仪器和设备
通用设备制造业	696674.7	268866.8	42407.3	360.3	42047.0
专用设备制造业	317242.0	136938.4	13707.2	302.2	13405.0
汽车制造业	548580.0	264656.0	50070.8	1329.0	48741.8
铁路、船舶、航空航天和其他运输设备制造业	112897.5	38558.3	5187.9	121.0	5066.9
电气机械和器材制造业	1237248.8	447179.8	76366.2	1525.8	74840.4
计算机、通信和其他电子设备制造业	1741468.7	935998.4	85547.4	1368.1	84179.3
仪器仪表制造业	301957.0	163674.3	38180.0	193.4	37986.6
其他制造业	21776.7	9692.3	210.9	10.5	200.4
废弃资源综合利用业	13455.3	3441.9	400.5		400.5
金属制品、机械和设备修理业	5245.7	1460.7	477.7	-1.4	479.1
电力、热力、燃气及水生产和供应业	43468.1	13800.5	4199.7	171.4	4028.3
电力、热力生产和供应业	43008.3	13539.0	4199.7	171.4	4028.3
水的生产和供应业	459.8	261.5			
按地区分组					
杭州市	2170840.2	1033714.4	95422.1	1160.6	94261.5
宁波市	1762210.5	795393.5	120076.4	2204.1	117872.3
温州市	537378.4	267168.3	27577.4	400.2	27177.2
嘉兴市	973235.0	346560.7	51352.4	608.7	50743.7
湖州市	453460.7	117712.0	26081.0	478.7	25602.3
绍兴市	807372.1	305548.8	83898.2	1352.8	82545.4
金华市	394380.1	130679.4	49727.2	1870.0	47857.2
衢州市	105038.7	27688.5	26352.5	355.8	25996.7
舟山市	133068.7	23613.0	36176.4	51.9	36124.5
台州市	561794.9	222547.7	62053.7	956.9	61096.8
丽水市	93308.3	33941.1	8148.9	177.0	7971.9

4-4 续表 6

单位：万元

指标名称	R&D 经费内部支出合计			
	按资金来源分组			
	政府资金	企业资金	境外资金	其他资金
总计	**78652.3**	**8490605.3**	**9857.1**	**3369.1**
按企业规模分组				
大型	36025.7	4358445.0	7289.4	1322.5
中型	42626.6	4132160.3	2567.7	2046.6
按登记注册类型分组				
内资企业	60240.4	6321005.5	6025.9	1777.7
国有企业	94.0	5744.1		
集体企业		930.4		
股份合作企业	86.5	10501.7		37.5
有限责任公司	9890.4	1134622.3	946.8	
国有独资公司	375.2	14171.4		
其他有限责任公司	9515.2	1120450.9	946.8	
股份有限公司	30032.4	2001086.4	4652.9	186.7
私营企业	20137.1	3168120.6	426.2	1553.5
私营独资企业		732.9		
私营有限责任公司	12816.3	2413399.8	426.2	780.1
私营股份有限公司	7320.8	753987.9		773.4
港、澳、台商投资企业	8874.8	1188797.9	757.1	1264.6
合资经营企业（港或澳、台资）	1687.0	336528.2	757.1	809.0
合作经营企业（港或澳、台资）		425.6		
港、澳、台商独资经营企业	3279.2	676667.6		449.2
港、澳、台商投资股份有限公司	3908.6	175176.5		6.4
外商投资企业	9537.1	980801.9	3074.1	326.8
中外合资经营企业	6334.2	449425.7	589.6	
中外合作经营企业		1347.0		
外资企业	984.8	394194.3	1299.3	326.8

指标名称	R&D经费内部支出合计			
	按资金来源分组			
	政府资金	企业资金	境外资金	其他资金
外商投资股份有限公司	2218.1	129843.0	1185.2	
其他外商投资企业		5991.9		
按国民经济行业大类分组				
制造业	77196.2	8444393.6	9857.1	3369.1
农副食品加工业	1028.4	21142.0		70.9
食品制造业	567.1	24606.4		
酒、饮料和精制茶制造业	118.2	9228.6		
烟草制品业		3530.0		
纺织业	2590.3	352782.1		671.2
纺织服装、服饰业	1509.6	144678.6		
皮革、毛皮、羽毛及其制品和制鞋业	365.2	68968.9		
木材加工和木、竹、藤、棕、草制品业	527.4	33286.3		186.7
家具制造业	507.9	122902.4	152.0	
造纸和纸制品业	1122.0	111467.1		
印刷和记录媒介复制业	83.1	42182.0		
文教、工美、体育和娱乐用品制造业	432.0	91604.6		
石油、煤炭及其他燃料加工业	440.6	131886.7		
化学原料和化学制品制造业	2930.9	393003.1		
医药制造业	10977.9	501813.8	5838.1	
化学纤维制造业	1308.9	332633.4		809.0
橡胶和塑料制品业	763.0	251457.1		
非金属矿物制品业	729.4	94515.9		
黑色金属冶炼和压延加工业	190.8	76294.1		
有色金属冶炼和压延加工业	1397.2	79797.5		
金属制品业	2695.0	299882.8		37.5
通用设备制造业	9622.5	728030.0	1428.7	0.8

4-4 续表 8

单位：万元

指标名称	R&D经费内部支出合计			
	按资金来源分组			
	政府资金	企业资金	境外资金	其他资金
专用设备制造业	5893.5	325055.7		
汽车制造业	2675.5	595549.1	426.2	
铁路、船舶、航空航天和其他运输设备制造业	553.2	117141.7	275.2	115.3
电气机械和器材制造业	6640.3	1306210.3	437.6	326.8
计算机、通信和其他电子设备制造业	12255.3	1813012.3	1299.3	449.2
仪器仪表制造业	9100.5	330334.8		701.7
其他制造业	88.0	21899.6		
废弃资源综合利用业	82.5	13773.3		
金属制品、机械和设备修理业		5723.4		
电力、热力、燃气及水生产和供应业	1456.1	46211.7		
电力、热力生产和供应业	1456.1	45751.9		
水的生产和供应业		459.8		
按地区分组				
杭州市	21625.6	2240879.4	3308.1	449.2
宁波市	11845.3	1869817.8	437.6	186.2
温州市	6114.7	558139.4		701.7
嘉兴市	4440.1	1019005.1		1142.2
湖州市	4784.2	474570.8		186.7
绍兴市	9075.4	876576.8	4953.3	664.8
金华市	6749.7	437320.1		37.5
衢州市	2453.6	128937.6		
舟山市	1450.4	167519.5	275.2	
台州市	8721.2	614243.7	882.9	0.8
丽水市	1392.1	100065.1		

4-4　续表 9　　单位：万元

指标名称	R&D 经费外部支出合计	对境内研究机构支出	对境内高等学校支出	对境内企业支出	对境外支出
总计	**530981.0**	**98627.8**	**26016.9**	**320073.0**	**86263.3**
按企业规模分组					
大型	335690.2	73456.1	11603.1	215358.5	35272.5
中型	195290.8	25171.7	14413.8	104714.5	50990.8
按登记注册类型分组					
内资企业	298286.8	50766.7	19307.2	191799.8	36413.1
国有企业	5.3	5.3			
集体企业	133.8				133.8
股份合作企业	28.0		28.0		
有限责任公司	54993.2	26719.7	2761.5	24645.8	866.2
国有独资公司	258.6	76.7	146.6	35.3	
其他有限责任公司	54734.6	26643.0	2614.9	24610.5	866.2
股份有限公司	118028.5	13537.0	9995.5	73420.9	21075.1
私营企业	125098.0	10504.7	6522.2	93733.1	14338.0
私营独资企业					
私营有限责任公司	104591.1	8895.2	4357.1	83275.3	8063.5
私营股份有限公司	20506.9	1609.5	2165.1	10457.8	6274.5
港、澳、台商投资企业	74386.6	2463.4	4890.3	53798.5	13234.4
合资经营企业（港或澳、台资）	15740.1	759.8	1684.7	11486.4	1809.2
合作经营企业（港或澳、台资）					
港、澳、台商独资经营企业	41645.4	1219.1	747.7	30209.3	9469.3
港、澳、台商投资股份有限公司	17001.1	484.5	2457.9	12102.8	1955.9
外商投资企业	158307.6	45397.7	1819.4	74474.7	36615.8
中外合资经营企业	55482.0	5312.7	1231.7	48123.3	814.3
中外合作经营企业					
外资企业	101139.0	39839.2	144.3	26351.4	34804.1

4-4 续表 10

单位：万元

指标名称	R&D 经费外部支出合计	对境内研究机构支出	对境内高等学校支出	对境内企业支出	对境外支出
外商投资股份有限公司	1185.8	245.8	443.4		496.6
其他外商投资企业	500.8				500.8
按国民经济行业大类分组					
制造业	520413.1	92211.1	25852.0	316355.9	85994.1
农副食品加工业	528.1	81.2	201.2	245.7	
食品制造业	1035.2	4.9	890.4	111.3	28.6
酒、饮料和精制茶制造业	291.4	77.2	175.9	38.3	
烟草制品业	257.6	76.7	146.6	34.3	
纺织业	10325.5	97.9	188.3	9350.3	689.0
纺织服装、服饰业	3694.9		258.0	93.3	3343.6
皮革、毛皮、羽毛及其制品和制鞋业	95.2	90.3	4.9		
木材加工和木、竹、藤、棕、草制品业	200.0	10.8	77.7	111.5	
家具制造业	1511.6		990.9	154.4	366.3
造纸和纸制品业	922.4	244.7	578.1	95.9	3.7
印刷和记录媒介复制业	1261.8	34.9		36.8	1190.1
文教、工美、体育和娱乐用品制造业	1329.1	919.8	107.6	248.3	53.4
石油、煤炭及其他燃料加工业	4964.5	1922.1	620.7	2421.7	
化学原料和化学制品制造业	17616.8	2046.6	2825.0	12289.6	455.6
医药制造业	85375.0	17585.4	6716.5	58389.9	2683.2
化学纤维制造业	392.2	24.0	322.9	45.3	
橡胶和塑料制品业	2191.1	505.5	476.2	1209.4	
非金属矿物制品业	1572.7	357.8	134.4	391.0	689.5
黑色金属冶炼和压延加工业	3042.0	2940.1	101.8	0.1	
有色金属冶炼和压延加工业	1016.1		193.3	822.8	
金属制品业	1654.9	53.0	373.8	742.7	485.4
通用设备制造业	12499.6	2376.0	1653.5	6587.7	1882.4

4-4　续表 11　　单位：万元

指标名称	R&D经费外部支出合计	对境内研究机构支出	对境内高等学校支出	对境内企业支出	对境外支出
专用设备制造业	7029.5	1287.1	1033.6	2288.6	2420.2
汽车制造业	169123.9	58698.2	2564.9	91823.9	16036.9
铁路、船舶、航空航天和其他运输设备制造业	7592.1	884.8	5.0	5957.3	745.0
电气机械和器材制造业	70259.3	1104.7	2460.1	42144.2	24550.3
计算机、通信和其他电子设备制造业	102908.5	597.7	847.4	73118.9	28344.5
仪器仪表制造业	11411.5	24.7	1757.7	7602.7	2026.4
其他制造业	310.6	165.0	145.6		
废弃资源综合利用业					
金属制品、机械和设备修理业					
电力、热力、燃气及水生产和供应业	10567.9	6416.7	164.9	3717.1	269.2
电力、热力生产和供应业	10567.9	6416.7	164.9	3717.1	269.2
水的生产和供应业					
按地区分组					
杭州市	127533.3	10139.7	4833.4	90904.1	21656.1
宁波市	171456.6	49262.0	5946.5	72049.5	44198.6
温州市	46001.1	1094.4	1419.9	43127.7	359.1
嘉兴市	23865.5	583.7	1158.7	10525.6	11597.5
湖州市	10581.8	3681.3	1304.1	3931.9	1664.5
绍兴市	21363.6	3548.4	3662.2	13718.8	434.2
金华市	22302.8	1709.7	2211.1	18201.2	180.8
衢州市	3507.4	18.6	523.1	2937.1	28.6
舟山市	1662.7	215.3	46.4	1401.0	
台州市	96646.4	27889.3	4646.7	58591.6	5518.8
丽水市	5802.2	408.7	118.2	4650.2	625.1

4–5 大中型工业企业全部 R&D 项目情况 (2020)

指标名称	项目数（项）	参加项目人员（人）	项目人员折合全时当量（人年）	项目经费内部支出（万元）	
					政府资金
总计	**34841**	**294806**	**234846**	**9241836.6**	**61912.1**
按企业规模分组					
大型	9577	125480	100515	4894184.6	26247.1
中型	25264	169326	134332	4347652.0	35665.0
按登记注册类型分组					
内资企业	28155	229437	180894	6766202.4	44716.9
国有企业	38	254	223	6270.9	10.0
集体企业	19	46	35	1117.8	
股份合作企业	71	297	203	10688.3	93.0
有限责任公司	3492	30311	23794	1212804.2	8573.1
国有独资公司	61	485	336	11227.0	342.4
其他有限责任公司	3431	29826	23458	1201577.2	8230.7
股份有限公司	5961	61036	49242	2284943.3	20479.2
私营企业	18574	137493	107398	3250377.9	15561.6
私营独资企业	4	87	76	618.1	
私营有限责任公司	14061	106596	82946	2469491.5	8892.2
私营股份有限公司	4509	30810	24375	780268.3	6669.4
港、澳、台商投资企业	3353	35820	30728	1286280.9	7456.3
合资经营企业（港或澳、台资）	1439	12113	9996	358940.6	2043.5
合作经营企业（港或澳、台资）	5	47	43	430.5	
港、澳、台商独资经营企业	1145	16479	14793	730745.2	1109.0
港、澳、台商投资股份有限公司	764	7181	5897	196164.6	4303.8
外商投资企业	3333	29549	23224	1189353.3	9738.9
中外合资经营企业	1510	13922	10598	507889.3	6279.0

4-5　续表 1

指标名称	项目数（项）	参加项目人员（人）	项目人员折合全时当量（人年）	项目经费内部支出（万元）	政府资金
中外合作经营企业	13	165	128	1366.8	
外资企业	1366	12003	9697	537789.6	862.4
外商投资股份有限公司	410	3314	2701	135760.5	2597.5
其他外商投资企业	34	145	100	6547.1	
按国民经济行业大类分组					
制造业	34652	293765	234191	9187925.2	60116.7
农副食品加工业	168	1098	807	22180.2	1103.2
食品制造业	223	1714	1094	26035.4	597.7
酒、饮料和精制茶制造业	77	619	411	7612.6	36.0
烟草制品业	20	105	12	643.3	
纺织业	2286	22833	17764	359986.7	2312.2
纺织服装、服饰业	769	8081	6479	144421.0	911.9
皮革、毛皮、羽毛及其制品和制鞋业	512	5148	3967	69788.8	228.3
木材加工和木、竹、藤、棕、草制品业	181	1484	1192	36078.2	663.2
家具制造业	808	6899	5291	127042.1	394.9
造纸和纸制品业	463	3411	2765	108719.2	1429.0
印刷和记录媒介复制业	300	1904	1558	44562.0	89.8
文教、工美、体育和娱乐用品制造业	853	6678	5071	93869.4	400.7
石油加工、炼焦和核燃料加工业	181	1042	786	148806.0	335.0
化学原料和化学制品制造业	1516	9479	7764	403925.5	3214.1
医药制造业	2162	12576	10214	592358.4	7813.0
化学纤维制造业	885	8073	5590	341533.6	1659.8
橡胶和塑料制品业	1160	8173	6296	249059.4	304.6
非金属矿物制品业	528	3693	3099	99057.3	505.1
黑色金属冶炼和压延加工业	372	2267	1846	92134.0	126.5
有色金属冶炼和压延加工业	397	3014	2288	83310.2	537.5

4-5 续表 2

指标名称	项目数（项）	参加项目人员（人）	项目人员折合全时当量（人年）	项目经费内部支出（万元）	政府资金
金属制品业	1684	12507	9821	306394.3	3066.6
通用设备制造业	4089	25353	20477	749083.3	9820.8
专用设备制造业	1951	11577	9457	341527.6	5238.7
汽车制造业	3009	24532	19253	834851.4	1703.4
铁路、船舶、航空航天和其他运输设备制造业	637	3958	3157	122712.3	566.5
电气机械和器材制造业	5292	43212	33979	1350678.8	4274.8
计算机、通信和其他电子设备制造业	2945	50038	42318	2054708.1	9130.0
仪器仪表制造业	955	12102	9744	332646.9	3430.1
其他制造业	141	1496	1144	23728.9	115.3
废弃资源综合利用业	52	562	459	14874.2	108.0
金属制品、机械和设备修理业	36	137	86	5596.1	
电力、热力、燃气及水生产和供应业	189	1041	655	53911.4	1795.4
电力、热力生产和供应业	182	969	617	53209.8	1795.4
水的生产和供应业	7	72	39	701.6	
按地区分组					
杭州市	5109	63442	53620	2517669.8	9037.6
宁波市	8624	64227	52376	2088771.9	10369.8
温州市	3160	27111	21805	605815.4	4993.9
嘉兴市	3464	32130	23990	1070167.2	3417.6
湖州市	2305	14269	11520	497556.8	4785.2
绍兴市	3548	31480	24268	888627.0	8477.6
金华市	2638	22818	18124	472070.3	7756.0
衢州市	729	4875	3373	119142.9	2395.4
舟山市	324	2592	1936	169353.3	1500.9
台州市	4275	27043	20356	705294.0	8044.9
丽水市	645	4714	3467	106724.7	1133.2

4–6 大中型工业企业办研发机构情况（2020）

指标名称	机构数（个）	企业在境外设立的研究开发机构数（个）	机构人员数（人）			机构经费支出（万元）	仪器和设备原价（万元）
				#博士	#硕士		
总计	**3452**	**109**	**303115**	**2043**	**25605**	**10357375.9**	**6415183.6**
按企业规模分组							
大型	609	54	132969	996	17603	5472669.7	2731778.1
中型	2843	55	170146	1047	8002	4884706.2	3683405.5
按登记注册类型分组							
内资企业	2721	85	230961	1506	18519	7578013.9	4706799.6
国有企业	12		238	1	10	7162.5	5587.2
集体企业	5		124	8	47	6249.3	6711.0
股份合作企业	7		376		7	11839.3	11159.3
有限责任公司	301	6	28753	189	2908	1413510.5	825554.2
国有独资公司	6		455	13	95	26660.1	45069.5
其他有限责任公司	295	6	28298	176	2813	1386850.4	780484.7
股份有限公司	473	47	67052	718	11312	2652049.5	1431913.6
私营企业	1923	32	134418	590	4235	3487202.8	2425874.3
私营有限责任公司	1515	18	102228	364	2914	2649016.9	1798048.1
私营股份有限公司	408	14	32190	226	1321	838185.9	627826.2
港、澳、台商投资企业	357	14	37885	251	3945	1420932.1	1012934.9
合资经营企业（港或澳、台资）	145	1	12310	44	279	426385.1	340905.8
合作经营企业（港或澳、台资）	2	1	79			1056.7	154.9
港、澳、台商独资经营企业	128	5	17854	80	3204	761740.4	357335.1
港、澳、台商投资股份有限公司	82	7	7642	127	462	231749.9	314539.1
外商投资企业	374	10	34269	286	3141	1358429.9	695449.1
中外合资经营企业	152		15533	114	1318	545657.9	273145.9
中外合作经营企业	3		166		1	1492.7	9267.0

4-6 续表1

指标名称	机构数（个）	企业在境外设立的研究开发机构数（个）	机构人员数（人）	#博士	#硕士	机构经费支出（万元）	仪器和设备原价（万元）
外资企业	178	5	13963	79	1266	608699.5	309572.5
外商投资股份有限公司	39	5	4305	90	550	181489.3	102701.7
其他外商投资企业	2		302	3	6	21090.5	762.0
按国民经济行业大类分组							
制造业	3445	109	302499	2034	25572	10321290.5	6368072.3
农副食品加工业	30		1201	12	62	29988.0	23231.5
食品制造业	48		1821	39	140	40168.9	36020.4
酒、饮料和精制茶制造业	5		331		12	8187.4	7328.7
烟草制品业	1		204	9	61	14451.8	37962.4
纺织业	270	2	17317	26	167	364991.8	305151.3
纺织服装、服饰业	114	1	7490	10	136	150019.6	50153.6
皮革、毛皮、羽毛及其制品和制鞋业	73		5049	18	17	67848.1	27691.2
木材加工和木、竹、藤、棕、草制品业	22		1804	15	43	39828.3	27713.8
家具制造业	86	4	5737	6	61	114940.3	29981.6
造纸和纸制品业	44	1	3503	14	96	177427.9	117263.5
印刷和记录媒介复制业	33		2070	24	43	47035.5	25822.3
文教、工美、体育和娱乐用品制造业	93	1	6394	21	66	117312.9	55241.4
石油、煤炭及其他燃料加工业	3		1490	8	75	286906.9	322828.8
化学原料和化学制品制造业	157	7	10955	179	1182	635181.7	374285.3
医药制造业	172	11	14745	336	2300	642918.1	466097.3
化学纤维制造业	60		9117	43	95	348877.2	223916.4
橡胶和塑料制品业	107	4	7736	20	147	207379.3	154197.7
非金属矿物制品业	75	1	4072	25	141	151886.1	81741.9
黑色金属冶炼和压延加工业	22		2286	13	92	214844.8	141857.8
有色金属冶炼和压延加工业	38		2641	40	184	108352.1	238962.2

4-6 续表 2

指标名称	机构数（个）	企业在境外设立的研究开发机构数（个）	机构人员数（人）			机构经费支出（万元）	仪器和设备原价（万元）
				# 博士	# 硕士		
金属制品业	193	4	11136	43	168	290524.5	226869.0
通用设备制造业	365	11	27012	147	1335	795542.6	602790.1
专用设备制造业	164	9	12666	80	1242	363105.3	167047.8
汽车制造业	263	10	26149	185	1430	808007.6	679767.7
铁路、船舶、航空航天和其他运输设备制造业	48	1	4033	13	249	131828.1	49129.3
电气机械和器材制造业	534	21	47376	280	2436	1508543.6	778626.5
计算机、通信和其他电子设备制造业	293	13	52601	329	11661	2252668.8	739378.7
仪器仪表制造业	99	8	14061	97	1918	369406.0	312363.0
其他制造业	21		728		5	13845.9	6531.6
废弃资源综合利用业	6		582	1	4	13766.8	41470.4
金属制品、机械和设备修理业	6		192	1	4	5504.6	16649.1
电力、热力、燃气及水生产和供应业	7		616	9	33	36085.4	47111.3
电力、热力生产和供应业	7		616	9	33	36085.4	47111.3
按地区分组							
杭州市	523	20	68508	553	15437	2894654.2	1284081.4
宁波市	792	23	72730	452	4047	2410835.8	1785196.1
温州市	322	6	26430	82	575	616949.9	320749.9
嘉兴市	529	8	44518	176	1359	1530263.8	969818.5
湖州市	197	15	13560	159	551	491231.1	416163.7
绍兴市	338	10	24679	190	1484	802602.2	507954.4
金华市	270		16862	109	538	422028.3	341388.9
衢州市	80	1	4168	69	207	160012.4	115056.5
舟山市	36	2	3004	12	109	292874.9	118839.0
台州市	321	23	24970	220	1166	617860.9	462377.4
丽水市	43	1	3482	12	71	103610.6	55595.4

4-7 大中型工业企业自主知识产权保护情况（2020）

指标名称	专利申请数(件)		有效发明专利数(件)	
		发明专利		已被实施
总计	**63418**	**20197**	**49505**	**34077**
按企业规模分组				
大型	32532	11462	24261	16062
中型	30886	8735	25244	18015
按登记注册类型分组				
内资企业	52746	16273	34553	24043
国有企业	71	28	121	99
集体企业	38	13	18	18
股份合作企业	40	10	42	37
有限责任公司	6454	2281	5031	3121
国有独资公司	281	169	606	354
其他有限责任公司	6173	2112	4425	2767
股份有限公司	16549	7004	12928	9796
私营企业	29594	6937	16413	10972
私营有限责任公司	22349	4907	11120	7097
私营股份有限公司	7245	2030	5293	3875
港、澳、台商投资企业	5215	1745	8989	6484
合资经营企业(港或澳、台资)	1415	433	1124	685
合作经营企业(港或澳、台资)	11	2	15	15
港、澳、台商独资经营企业	2439	904	6238	4850
港、澳、台商投资股份有限公司	1350	406	1612	934
外商投资企业	5457	2179	5963	3550
中外合资经营企业	2432	962	2388	1330
中外合作经营企业	28	7	4	4

4-7　续表 1

指标名称	专利申请数(件)	发明专利	有效发明专利数(件)	已被实施
外资企业	1797	779	2433	1605
外商投资股份有限公司	1098	399	1131	609
其他外商投资企业	102	32	7	2
按国民经济行业大类分组				
制造业	62893	19912	49138	33881
农副食品加工业	116	34	108	61
食品制造业	330	120	116	101
酒、饮料和精制茶制造业	9	7	51	50
烟草制品业	107	58	392	258
纺织业	1681	371	1241	973
纺织服装、服饰业	715	107	259	233
皮革、毛皮、羽毛及其制品和制鞋业	324	39	159	87
木材加工和木、竹、藤、棕、草制品业	258	65	399	289
家具制造业	2397	242	621	385
造纸和纸制品业	444	137	313	244
印刷和记录媒介复制业	301	54	235	80
文教、工美、体育和娱乐用品制造业	1214	124	463	319
石油、煤炭及其他燃料加工业	84	46	103	97
化学原料和化学制品制造业	1090	657	2345	1476
医药制造业	1063	599	2808	1918
化学纤维制造业	429	114	423	284
橡胶和塑料制品业	1460	330	911	574
非金属矿物制品业	734	296	637	561
黑色金属冶炼和压延加工业	213	62	234	160
有色金属冶炼和压延加工业	503	204	486	417
金属制品业	2501	387	1200	909

4-7 续表 2

指标名称	专利申请数(件)	发明专利	有效发明专利数(件)	已被实施
通用设备制造业	7518	2368	4752	3552
专用设备制造业	3105	957	3355	1980
汽车制造业	4396	1272	2391	1678
铁路、船舶、航空航天和其他运输设备制造业	997	195	418	231
电气机械和器材制造业	17077	4019	7277	5415
计算机、通信和其他电子设备制造业	10362	5653	15176	9613
仪器仪表制造业	2977	1310	2001	1713
其他制造业	399	72	219	181
废弃资源综合利用业	74	11	24	21
金属制品、机械和设备修理业	15	2	21	21
电力、热力、燃气及水生产和供应业	525	285	367	196
电力、热力生产和供应业	516	281	363	193
水的生产和供应业	9	4	4	3
按地区分组				
杭州市	16304	7126	18580	12040
宁波市	16581	5395	9680	6814
温州市	4209	934	2650	1926
嘉兴市	5492	1563	3947	2712
湖州市	2958	976	3129	2358
绍兴市	6929	1446	3815	2664
金华市	3803	946	2263	1853
衢州市	798	241	412	353
舟山市	229	55	196	164
台州市	4976	1265	3953	2678
丽水市	1005	170	374	250

4-7　续表 3

指标名称	专利所有权转让及许可数（件）	专利所有权转让及许可收入（万元）	拥有注册商标（件）	发表科技论文（篇）	形成国家或行业标准（项）
总计	**36052**	**403448**	**67827**	**2799**	**2499**
按企业规模分组					
大型	881	171667	29162	1512	1011
中型	35171	231781	38665	1287	1488
按登记注册类型分组					
内资企业	1087	359014	58025	2217	2128
国有企业			69	1	5
集体企业	24	1535		11	
股份合作企业			12	11	6
有限责任公司	73	2170	4279	580	259
国有独资公司			263	80	4
其他有限责任公司	73	2170	4016	500	255
股份有限公司	406	313545	21915	1115	804
私营企业	584	41764	31750	499	1054
私营有限责任公司	533	41614	22280	382	667
私营股份有限公司	51	150	9470	117	387
港、澳、台商投资企业	34738	30488	4455	296	222
合资经营企业（港或澳、台资）	25		914	146	45
合作经营企业（港或澳、台资）			12		3
港、澳、台商独资经营企业	34690	30488	2189	79	105
港、澳、台商投资股份有限公司	23		1340	71	69
外商投资企业	227	13946	5347	286	149
中外合资经营企业	88	11434	1523	136	60
中外合作经营企业			4		
外资企业	21	2512	1134	31	39

4-7 续表 4

指标名称	专利所有权转让及许可数（件）	专利所有权转让及许可收入（万元）	拥有注册商标（件）	发表科技论文（篇）	形成国家或行业标准（项）
外商投资股份有限公司	118		2580	119	36
其他外商投资企业			106		14
按国民经济行业大类分组					
制造业	36052	403448	67824	2643	2495
农副食品加工业			962	3	19
食品制造业			1596	24	11
酒、饮料和精制茶制造业			280	20	
烟草制品业			252	63	3
纺织业	96	10	1482	38	53
纺织服装、服饰业	20		6241	5	50
皮革、毛皮、羽毛及其制品和制鞋业	1	30	2612	2	63
木材加工和木、竹、藤、棕、草制品业	157		1644	51	65
家具制造业	34653	44306	2826	10	76
造纸和纸制品业	5		654	27	33
印刷和记录媒介复制业	5		373	8	22
文教、工美、体育和娱乐用品制造业	23		2606	37	71
石油、煤炭及其他燃料加工业			2	159	
化学原料和化学制品制造业	36	1865	5095	181	175
医药制造业	130	3000	5313	269	67
化学纤维制造业	11		239	24	30
橡胶和塑料制品业	6		1156	54	34
非金属矿物制品业	21		1700	32	20
黑色金属冶炼和压延加工业	1		65	85	19
有色金属冶炼和压延加工业	5		506	117	62
金属制品业	106	14121	3395	46	106

4-7 续表 5

指标名称	专利所有权转让及许可数（件）	专利所有权转让及许可收入（万元）	拥有注册商标（件）	发表科技论文（篇）	形成国家或行业标准（项）
通用设备制造业	130		6321	480	495
专用设备制造业	103	15733	2290	89	86
汽车制造业	34	10541	2147	110	32
铁路、船舶、航空航天和其他运输设备制造业	23		622	55	29
电气机械和器材制造业	120	145530	9198	339	575
计算机、通信和其他电子设备制造业	290	167447	5687	95	171
仪器仪表制造业	73	865	1663	201	96
其他制造业	3		852	14	22
废弃资源综合利用业			45		8
金属制品、机械和设备修理业				5	2
电力、热力、燃气及水生产和供应业			3	156	4
电力、热力生产和供应业			1	156	4
水的生产和供应业			2		
按地区分组					
杭州市	381	145122	14088	1085	532
宁波市	131	15817	10357	512	319
温州市	88	895	9152	223	402
嘉兴市	34705	17574	7657	63	110
湖州市	359	145342	4444	238	294
绍兴市	107	3010	5144	223	267
金华市	215	27469	6487	89	266
衢州市	6	1170	711	75	55
舟山市			209	46	8
台州市	59	47009	7371	180	222
丽水市	1	40	1955	2	21

4-8 大中型工业企业新产品开发、生产及销售情况（2020）

指标名称	新产品开发项目数（项）	新产品开发经费支出（万元）	新产品销售收入（万元）	
				#出口
总计	**38206**	**10383707.0**	**195686777.5**	**41568357.2**
按企业规模分组				
大型	10496	5077729.7	105131867.6	22722185.4
中型	27710	5305977.3	90554909.9	18846171.8
按登记注册类型分组				
内资企业	30536	7724923.1	144476167.7	29044431.3
国有企业	40	7072.8	152651.9	8.0
集体企业	44	2967.5	13545.2	
股份合作企业	82	12671.3	161194.2	22645.8
有限责任公司	3569	1338412.7	39736711.1	4332326.0
国有独资公司	55	14102.2	140081.6	21592.7
其他有限责任公司	3514	1324310.5	39596629.5	4310733.3
股份有限公司	6530	2492816.2	36222233.0	7799155.1
私营企业	20271	3870982.6	68189832.3	16890296.4
私营独资企业	4	1171.2	38463.4	
私营有限责任公司	15278	2953134.5	52265910.5	12438411.5
私营股份有限公司	4989	916676.9	15885458.4	4451884.9
港、澳、台商投资企业	3552	1356660.1	24036671.0	5810469.7
合资经营企业（港或澳、台资）	1467	446168.4	9204856.3	1431147.3
合作经营企业（港或澳、台资）	15	1423.8	39286.3	38359.9
港、澳、台商独资经营企业	1221	679089.8	10968585.7	3367263.3
港、澳、台商投资股份有限公司	849	229978.1	3823942.7	973699.2
外商投资企业	4118	1302123.8	27173938.8	6713456.2
中外合资经营企业	1722	561355.4	8314080.7	1584545.9
中外合作经营企业	16	1766.4	40085.1	4156.5

4-8 续表 1

指标名称	新产品开发项目数（项）	新产品开发经费支出（万元）	新产品销售收入（万元）	
				# 出口
外资企业	1661	524518.2	16635718.1	4417694.9
外商投资股份有限公司	670	203755.5	2099111.8	641265.9
其他外商投资企业	49	10728.3	84943.1	65793.0
按国民经济行业大类分组				
制造业	38084	10350130.2	195535775.7	41568357.2
农副食品加工业	187	26601.7	241057.8	34737.5
食品制造业	239	33977.9	642851.2	107199.2
酒、饮料和精制茶制造业	76	13512.5	349662.0	79.5
烟草制品业	12	1546.3	21699.2	305.5
纺织业	2019	433358.6	7352076.7	1450278.8
纺织服装、服饰业	817	164517.7	4634373.6	2053830.6
皮革、毛皮、羽毛及其制品和制鞋业	544	74926.0	1325188.7	586452.3
木材加工和木、竹、藤、棕、草制品业	199	43075.7	1089460.9	561741.3
家具制造业	930	169180.5	3252039.6	1941847.2
造纸和纸制品业	488	174031.3	3197435.9	399891.6
印刷和记录媒介复制业	299	43013.3	669666.6	142733.5
文教、工美、体育和娱乐用品制造业	1010	148938.2	3114052.7	1208077.1
石油、煤炭及其他燃料加工业	94	90624.1	7500433.2	265836.8
化学原料和化学制品制造业	1424	529840.8	11437529.2	1215813.1
医药制造业	2272	562416.1	6179497.7	2259617.6
化学纤维制造业	1022	378794.7	8541165.7	476960.7
橡胶和塑料制品业	1303	304898.7	4357072.3	1096579.8
非金属矿物制品业	595	157823.3	3116382.1	461960.3
黑色金属冶炼和压延加工业	393	194998.8	3287871.2	140417.0
有色金属冶炼和压延加工业	419	170861.9	4482398.6	339794.2
金属制品业	1803	369043.7	6340944.9	1976898.4

4-8 续表 2

指标名称	新产品开发项目数（项）	新产品开发经费支出（万元）	新产品销售收入（万元）	
				#出口
通用设备制造业	4567	883651.0	14477473.8	2853947.9
专用设备制造业	2256	388246.4	5887765.5	1254026.7
汽车制造业	3395	734470.4	21602434.8	1972621.8
铁路、船舶、航空航天和其他运输设备制造业	677	132580.6	2254766.5	917878.2
电气机械和器材制造业	6165	1565296.4	31534389.4	8392005.3
计算机、通信和其他电子设备制造业	3475	2127903.4	33927704.0	8579194.2
仪器仪表制造业	1166	391095.4	4044285.0	675625.1
其他制造业	166	23781.1	408487.9	188731.1
废弃资源综合利用业	33	12386.2	245953.4	13274.9
金属制品、机械和设备修理业	39	4737.5	19655.6	
电力、热力、燃气及水生产和供应业	122	33576.8	151001.8	
电力、热力生产和供应业	114	32470.4	151001.8	
水的生产和供应业	8	1106.4		
按地区分组				
杭州市	6444	3021929.6	49804705.2	7379689.3
宁波市	9627	2196565.6	45452725.5	9975520.5
温州市	3407	595650.3	9775466.3	1448164.4
嘉兴市	4415	1353721.2	29309814.0	8479632.1
湖州市	2497	572848.5	12736666.0	3219719.9
绍兴市	3179	975934.2	13934907.6	2655752.9
金华市	2651	517357.9	9341137.5	2495514.6
衢州市	731	161867.4	3668936.6	479449.3
舟山市	283	130451.1	7368396.7	601397.4
台州市	4351	721120.1	11578069.3	4330223.9
丽水市	609	134714.8	2694253.6	502987.4

4–9 大中型工业企业政府相关政策落实情况（2020）

单位：万元

指标名称	使用来自政府部门的研发资金	研究开发费用加计扣除减免税	高新技术企业减免税
总计	**8110620.4**	**1218936.8**	**1515019.7**
按企业规模分组			
大型	3930011.6	572582.9	716822.1
中型	4180608.8	646353.9	798197.6
按登记注册类型分组			
内资企业	6230065.2	952725.7	1138327.3
国有企业	6527.0	2000.4	529.3
集体企业	2693.0	3.2	3946.8
股份合作企业	10320.2	2845.4	2245.5
有限责任公司	1294025.5	156417.7	164178.6
国有独资公司	7465.5	1057.1	2592.5
其他有限责任公司	1286560.0	155360.6	161586.1
股份有限公司	1880310.0	324481.6	442906.0
私营企业	3036189.5	466977.4	524521.1
私营有限责任公司	2265746.4	351823.3	357746.5
私营股份有限公司	770443.1	115154.1	166774.6
港、澳、台商投资企业	856901.8	113243.7	194980.9
合资经营企业（港或澳、台资）	339539.1	44204.5	85157.4
合作经营企业（港或澳、台资）	836.8	100.0	95.0
港、澳、台商独资经营企业	364306.9	42648.8	74389.5
港、澳、台商投资股份有限公司	152219.0	26290.4	35339.0
外商投资企业	1023653.4	152967.4	181711.5
中外合资经营企业	427142.0	65920.2	80051.2

4-9 续表1

单位：万元

指标名称	使用来自政府部门的研发资金	研究开发费用加计扣除减免税	高新技术企业减免税
中外合作经营企业	2099.4	317.6	
外资企业	457098.1	67406.0	57587.9
外商投资股份有限公司	125780.7	18206.1	41488.6
其他外商投资企业	11533.2	1117.5	2583.8
按国民经济行业大类分组			
制造业	8096236.4	1217163.1	1509501.2
农副食品加工业	19819.3	3196.9	3987.9
食品制造业	31796.1	5594.8	7946.4
酒、饮料和精制茶制造业	6622.6	1099.9	356.7
纺织业	365874.5	60576.8	51404.8
纺织服装、服饰业	86887.2	17857.1	5577.4
皮革、毛皮、羽毛及其制品和制鞋业	45774.8	6308.1	8198.7
木材加工和木、竹、藤、棕、草制品业	45794.2	7180.1	14842.1
家具制造业	144227.3	22746.0	17781.1
造纸和纸制品业	149804.1	18559.6	36201.7
印刷和记录媒介复制业	40704.6	8265.0	11996.1
文教、工美、体育和娱乐用品制造业	102977.7	18234.3	15143.6
石油加工、炼焦和核燃料加工业	242718.5	24617.0	7872.0
化学原料和化学制品制造业	549901.1	87402.0	151657.5
医药制造业	551279.8	69240.8	160157.0
化学纤维制造业	260275.1	23949.7	25486.0
橡胶和塑料制品业	275942.9	27106.6	43069.8
非金属矿物制品业	135217.4	21481.7	51459.1
黑色金属冶炼和压延加工业	103945.1	13861.7	14605.8
有色金属冶炼和压延加工业	112856.7	20411.3	3474.4
金属制品业	242458.8	34630.4	46336.5

4-9 续表 2

单位：万元

指标名称	使用来自政府部门的研发资金	研究开发费用加计扣除减免税	高新技术企业减免税
通用设备制造业	672362.7	91955.2	145275.9
专用设备制造业	291695.6	50498.1	72493.0
汽车制造业	684622.4	108506.1	123863.1
铁路、船舶、航空航天和其他运输设备制造业	102096.3	14346.5	12750.6
电气机械和器材制造业	1181727.2	174302.7	241480.5
计算机、通信和其他电子设备制造业	1272627.8	225291.1	158327.1
仪器仪表制造业	337275.9	55713.6	75716.7
其他制造业	20323.3	3364.0	1291.4
废弃资源综合利用业	14919.2	766.7	650.4
金属制品、机械和设备修理业	3708.2	99.3	97.9
电力、热力、燃气及水生产和供应业	14384.0	1773.7	5518.5
电力、热力生产和供应业	13481.8	1604.6	5518.5
水的生产和供应业	902.2	169.1	
按地区分组			
杭州市	2124533.0	360476.8	351489.2
宁波市	1647643.5	247473.3	335083.9
温州市	493771.9	96041.3	113295.4
嘉兴市	927931.1	113391.3	172412.6
湖州市	484091.0	81076.5	130727.3
绍兴市	716451.5	99667.6	165903.0
金华市	506293.6	59925.5	62478.6
衢州市	148262.3	21218.8	31010.5
舟山市	276561.4	27197.1	4827.2
台州市	693803.4	98579.7	134417.1
丽水市	91277.7	13678.9	13374.9

4-10 大中型工业企业技术获取和技术改造情况（2020）

单位：万元

指标名称	引进境外技术经费支出	引进境外技术的消化吸收经费支出	购买境内技术经费支出	技术改造经费支出
总计	**136149.2**	**3579.8**	**127779.4**	**1914230.7**
按企业规模分组				
大型	91938.3		44624.1	1074245.5
中型	44210.9	3579.8	83155.3	839985.2
按登记注册类型分组				
内资企业	74652.2	1944.2	98009.3	1592923.9
国有企业				3178.5
股份合作企业				1143.3
有限责任公司	705.2		12481.9	596412.2
国有独资公司			258.4	60379.4
其他有限责任公司	705.2		12223.5	536032.8
股份有限公司	26018.9	1695.3	24583.1	326214.1
私营企业	47928.1	248.9	60944.3	665975.8
私营有限责任公司	37672.2	248.9	39805.9	498763.8
私营股份有限公司	10255.9		21138.4	167212.0
港、澳、台商投资企业	8675.0	1270.7	14597.7	154756.2
合资经营企业（港或澳、台资）			4606.7	26237.8
合作经营企业（港或澳、台资）				5.0
港、澳、台商独资经营企业	5603.0		1491.0	83890.0
港、澳、台商投资股份有限公司	3072.0	1270.7	8500.0	44623.4
外商投资企业	52822.0	364.9	15172.4	166550.6
中外合资经营企业	3207.2	202.0	1159.2	40217.5
中外合作经营企业				14.2

4-10 续表 1 单位：万元

指标名称	引进境外技术经费支出	引进境外技术的消化吸收经费支出	购买境内技术经费支出	技术改造经费支出
外资企业	37230.6	162.9	6255.9	76108.8
外商投资股份有限公司	12384.2		7757.3	17357.4
其他外商投资企业				32852.7
按国民经济行业大类分组				
制造业	135495.2	3579.8	127045.6	1887427.5
农副食品加工业			156.0	740.7
食品制造业	3072.0	300.0	8509.6	19363.0
酒、饮料和精制茶制造业				220.2
烟草制品业				54709.2
纺织业	297.1	136.3	2171.3	38025.2
纺织服装、服饰业			3.5	5470.6
皮革、毛皮、羽毛及其制品和制鞋业			519.1	558.6
木材加工和木、竹、藤、棕、草制品业				1395.2
家具制造业			2465.7	8640.6
造纸和纸制品业		3.7	505.0	18255.2
印刷和记录媒介复制业				7279.5
文教、工美、体育和娱乐用品制造业	1588.8	1215.9	1919.7	22154.2
石油、煤炭及其他燃料加工业	18039.7			1968.7
化学原料和化学制品制造业	3712.3		8766.2	193495.9
医药制造业	37565.9		16373.0	117816.5
化学纤维制造业	454.5		1318.2	12001.5
橡胶和塑料制品业			16173.3	246308.6
非金属矿物制品业	3642.5		2298.7	47703.5
黑色金属冶炼和压延加工业				95101.2
有色金属冶炼和压延加工业	9839.5		2815.7	12451.5

4-10　续表 2

单位：万元

指标名称	引进境外技术经费支出	引进境外技术的消化吸收经费支出	购买境内技术经费支出	技术改造经费支出
金属制品业	5747.1	1695.3	9549.5	45133.3
通用设备制造业	12731.3		4804.7	218120.8
专用设备制造业	10227.9	162.9	374.7	43639.6
汽车制造业	1779.2		13933.5	236238.7
铁路、船舶、航空航天和其他运输设备制造业	1063.2			3629.5
电气机械和器材制造业	21397.1	65.7	21729.0	211150.1
计算机、通信和其他电子设备制造业	3935.6		5803.6	172714.0
仪器仪表制造业	401.5		6803.6	52440.0
其他制造业			52.0	320.0
废弃资源综合利用业				381.9
电力、热力、燃气及水生产和供应业	654.0		733.8	26803.2
电力、热力生产和供应业	654.0		733.8	26801.2
水的生产和供应业				2.0
按地区分组				
杭州市	63414.9	309.9	20346.5	488346.5
宁波市	32018.9	971.7	52205.0	434479.5
温州市	4.0		3919.1	150799.8
嘉兴市	29629.2	1994.5	8752.8	139694.7
湖州市	2300.0	3.7	110.6	77265.6
绍兴市			1802.8	59527.1
金华市	96.2		5881.6	187361.2
衢州市	3072.0	300.0	8578.5	171982.7
舟山市				6558.4
台州市	5614.0		25818.3	137988.9
丽水市			364.2	5517.1

五、高等院校

5-1　高等学校基本情况（1978—2020）

年份	学校数（所）	招生数（人）		在校学生数（人）		毕业生数（人）		教职员工数（人）	
		本专科	研究生	本专科	研究生	本专科	研究生		# 专任教师
1978	20	14241		24223		3743		11961	5389
1979	20	9498		32227		1013		13889	6275
1980	22	9387		37815		3710		15619	6886
1981	22	9208		41020		5852		16365	6933
1982	22	10162		36088		14968		18181	7701
1983	24	12750		39008		10411		19274	8219
1984	27	15030		44883		9002		20431	8690
1985	35	19026		52688		11044		22497	9908
1986	37	17877		57352		13027		24723	10804
1987	37	18190		60072		15017		25620	11223
1988	37	19364		60419		18712		26472	11578
1989	37	18270		61045		17323		26772	11574
1990	37	18264		60327		18417		26787	11578
1991	36	18651		59822		18175		27004	11208
1992	35	21217		62226		18267		27821	11105
1993	36	27716		73586		15971		27898	11148
1994	37	30482		87428		17895		28212	11345
1995	37	28094		92857		22443		28194	11491
1996	36	30541		96480		27133		28107	11530
1997	35	33145		102302		26386		28123	11595
1998	32	36668	2155	113543	5991	24296		28327	11816
1999	36	59300	3216	151318	7460	30561	1578	30532	13140
2000	35	93516	4130	212375	9895	32477	1600	40037	18981
2001	38	120195	5577	293078	13237	37230	1882	44347	22168
2002	60	152470	6111	393145	16297	48431	2645	48481	25993
2003	64	173519	6863	484639	19269	78685	3514	48691	29945
2004	68	195617	8029	572759	22062	103123	4858	60833	35766
2005	67	215362	9577	651307	25637	133051	5558	58924	38402
2006	68	237157	10996	719869	27125	162531	8731	69730	42143
2007	77	249749	12326	777982	31409	183863	7387	73704	45622
2008	77	265696	13691	832224	35812	203203	8944	75986	47795
2009	78	261361	16184	866496	43381	218226	7941	77852	49516
2010	80	260111	16575	884867	47991	233741	11156	79785	50969
2011	104	271285	17565	907482	51846	238448	13046	81384	52296
2012	105	280824	18748	932292	54369	247537	15112	83843	54154
2013	106	283353	19535	959629	57801	244860	15592	85381	56000
2014	108	284285	20164	978216	60511	253708	16535	87375	58076
2015	108	287809	21496	991149	63528	263981	17117	88744	59472
2016	108	288798	22246	996143	67232	273342	17801	90214	60477
2017	108	293745	27368	1002346	74404	276580	18717	92654	62357
2018	109	309687	29760	1019449	82547	280634	20676	94462	63433
2019	109	350371	31771	1074688	92368	283396	20875	99551	66734
2020	110	369410	43064	1148737	110093	286558	23743	104059	70445

注：2011 年起包含独立学院。2017 年起研究生含全日制和非全日制。

5–2　普通高等教育分类情况（2020）

分类	学校数（所）	本、专科学生（人）			教职员工数（人）	
		毕业生数	招生数	在校学生数		# 专任教师
总计	**110**	**286558**	**369410**	**1148737**	**104059**	**70445**
普通本科	**60**	**152455**	**182404**	**661251**	**76830**	**51025**
# 民办本科（含中外合作办学）	27	58684	73388	246644	17462	13078
# 独立学院	19	37377	47920	157625	9501	7507
高职（高专）院校	**50**	**134103**	**187006**	**487486**	**27229**	**19420**
# 民办	10	23172	41643	97310	4402	3308

5-3　高等学校科技活动情况（1986—2020）

年份	科技活动机构数（个）	科技活动人员（人）	经费拨入总额（万元）	#政府拨款	经费支出总额（万元）	#仪器设备费
1986	31	16086	2760	2061	2191	943
1987	32	15363	2954	1836	2557	823
1988	45	19874	3167	1789	2757	639
1989	44	20166	4514	2039	3926	884
1990	45	20267	5320	2773	4068	881
1991	43	20251	6442	3234	5505	1101
1992	58	20597	11083	5250	9996	2128
1993	234	20940	26974	9129	26563	4917
1994	262	20933	25766	8965	24830	3449
1995	259	21098	28731	7522	24805	3067
1996	259	22111	32341	7404	29516	3417
1997	295	22247	38327	10791	34538	4497
1998	433	23092	45677	11598	45008	4592
1999	365	23869	58749	13654	51850	3035
2000	430	28555	81153	23554	74714	8225
2001	534	34716	108576	37059	90486	11448
2002	405	19659	150651	61506	112630	17339
2003	421	21763	178362	67396	136090	19425
2004	203	29031	209249	90951	178960	27796
2005	191	25077	271011	136055	203204	37122
2006	160	25436	314684	170843	257099	53033
2007	161	26496	350014	178132	261104	41679
2008	169	28594	398755	225555	297278	51504
2009	575	53160	449992	242782	391720	72279
2010	471	56822	596839	348846	539237	61563
2011	494	60216	660167	376049	635506	108295
2012	524	62209	718381	410322	686972	98605
2013	595	64507	722863	406115	675602	96108
2014	601	65855	750889	433034	725606	88192
2015	634	74942	847205	498600	751587	86076
2016	717	87309	972426	580644	873965	94396
2017	823	89458	1091217	627515	994536	122007
2018	846	92824	1301272	724200	1208697	153233
2019	973	96977	1720699	855391	1454735	190943
2020	1027	100816	1817161	910371	1631637	205451

5-4 高等院校自然科学领域科技人力资源情况（一）（2020）

单位：人

指标名称	合计		教师					
		# 女性	小计	教授	副教授	讲师	助教	其他
合　计	**62722**	**30956**	**30797**	**5627**	**8892**	**11294**	**2527**	**2457**
按学科分								
自然科学	7987	3075	5978	1355	1898	2081	212	432
工程与技术	22342	7898	16837	2760	5095	6505	1213	1264
医药科学	27792	17685	5669	1111	1301	1866	883	508
农业科学	2208	894	1714	370	473	586	73	212
其　　他	2393	1404	599	31	125	256	146	41
按学历分								
博士研究生	21236	6943	16349	4153	4843	5048	206	2099
硕士研究生	20035	10593	8245	620	1918	3884	1553	270
大学本科	19456	11991	5796	849	2090	2094	675	88
大学专科	1683	1267	337	5	34	219	79	
中专及以下	312	162	70		7	49	14	
按年龄分								
30 岁及以下	11624	7772	3437	2	32	1024	1430	949
31~35 岁	12835	6755	5708	91	658	3157	773	1029
36~40 岁	12735	6426	6354	462	2071	3252	213	356
41~45 岁	9896	4387	5952	1060	2423	2330	58	81
46~55 岁	11552	4741	6509	2320	2798	1316	44	31
56~60 岁	3735	811	2570	1437	899	214	9	11
61 岁及以上	345	64	267	255	11	1		

5–5　高等院校自然科学领域科技人力资源情况（二）（2020）

单位：人

指标名称	小计	其他技术职务系列人员				辅助人员
		高级	中级	初级	其他	
合　计	**31925**	**7157**	**12037**	**9649**	**2742**	**340**
按学科分						
自然科学	2009	530	822	223	417	17
工程与技术	5505	1414	2519	747	669	156
医药科学	22123	4714	7765	8242	1311	91
农业科学	494	173	194	66	43	18
其　他	1794	326	737	371	302	58
按学历分						
博士研究生	4887	2189	1890	371	437	
硕士研究生	11790	2040	4668	3508	1574	
大学本科	13660	2818	5044	5067	731	
大学专科	1346	104	396	652		194
中专及以下	242	6	39	51		146
按年龄分						
30 岁及以下	8187	24	675	5565	1823	100
31~35 岁	7127	210	3626	2672	595	24
36~40 岁	6381	1245	4060	849	203	24
41~45 岁	3944	1707	1885	262	55	35
46~55 岁	5043	3003	1600	271	55	114
56~60 岁	1165	900	183	29	11	42
61 岁及以上	78	68	8	1		1

5-6　高等院校自然科学领域科技人力资源情况（三）（2020）

单位：人

指标名称	总计	科学家和工程师				技术员	辅助人员
		小计	高级	中级	初级		
合　计	**62722**	**59640**	**21676**	**23331**	**14633**	**2742**	**340**
按学科分							
自然科学	7987	7553	3783	2903	867	417	17
工程与技术	22342	21517	9269	9024	3224	669	156
医药科学	27792	26390	7126	9631	9633	1311	91
农业科学	2208	2147	1016	780	351	43	18
其　他	2393	2033	482	993	558	302	58
按学历分							
博士研究生	21236	20799	11185	6938	2676	437	
硕士研究生	20035	18461	4578	8552	5331	1574	
大学本科	19456	18725	5757	7138	5830	731	
大学专科	1683	1489	143	615	731		194
中专及以下	312	166	13	88	65		146
按年龄分							
30 岁及以下	11624	9701	58	1699	7944	1823	100
31~35 岁	12835	12216	959	6783	4474	595	24
36~40 岁	12735	12508	3778	7312	1418	203	24
41~45 岁	9896	9806	5190	4215	401	55	35
46~55 岁	11552	11383	8121	2916	346	55	114
56~60 岁	3735	3682	3236	397	49	11	42
61 岁及以上	345	344	334	9	1		1

5–7　高等院校自然科学领域科技活动经费情况（2020）

单位：千元

经费名称	经费数
一、上年结转经费	12690189
二、当年拨入经费合计	15746296
其中：R&D 经费拨入合计	10878590
科研事业费	600664
其中 : 科研人员工资 1	7754
科研人员工资 2	449696
主管部门专项费	1990706
其中 : 平台建设经费	400808
人才队伍建设经费	874834
其他学科建设经费	619918
国家发改委、科技部专项费	1386712
国家自然科学基金项目费	1301211
国务院其他部门专项费	1150994
省、市、自治区专项费	1667575
地市厅局（含县）专项费	1085507
企、事业单位委托科技经费	4133557
其中 : 进入学校财务	4017884
当年学校科技活动经费	2366768
其中 : 为国家科技计划项目（课题）配	334995
国外资金	28682
其他资金	33920

经费名称	经费数
三、当年经费支出合计	14078333
其中：R&D 经费支出合计	9169485
转拨给外单位经费	1270801
其中：对国内研究机构	298963
对国内高等学校	606784
对国内企业	339201
对境外机构	323
内部支出经费合计	12807532
人员劳务费	4096532
业务费	5127917
固定资产购置费	2554114
其中：仪器设备费	1962329
上缴税金	72764
管理费	651565
其他支出	304640
四、当年结余经费合计	14358152
银行存款	13390765
暂付款	878520
其他	88867
附：当年科研基建投入	417430
当年科研基建支出	366573
其中：土建工程	280875
仪器设备	79835
在岗人员人均年工资	47
年末在校从业人员总数（人）	97971
年末在校博士研究生数（人）	18069

5-8 高等院校自然科学领域科技活动机构情况（一）（2020）

指标名称	机构数（个）	从业人员（人）	科技活动人员（人年）			博士毕业（人）	硕士毕业（人）	培养研究生（人）
				高级职称	中级职称			
合计	**494**	**15095**	**8429**	**5032**	**2520**	**10607**	**3326**	**22920**
R&D 机构	479	14795	8241	4942	2440	10491	3183	22618
其他机构	15	300	188	90	81	116	143	302
国家级机构	61	2055	1152	713	319	1506	386	4296
省部级机构	395	11983	6668	3999	1965	8434	2609	16978
其他主管部门机构	38	1057	609	320	237	667	331	1646
单位独办	333	10637	5916	3502	1791	7633	2246	14575
与境内高校合办	34	1021	611	384	146	625	219	2209
与境内独立研究机构	57	1433	782	467	238	998	345	2262
与境外机构合办	24	603	375	234	112	505	90	1474
与境内注册其他企业	45	1366	736	443	231	846	395	2400
其他	1	35	7	3	3		31	

5-9 高等院校自然科学领域科技活动机构情况（二）（2020）

指标名称	内部支出（千元）		承担课题数（项）	固定资产原值（千元）		
		R&D 支出			仪器设备	
						进口
合计	**3947791**	**3351235**	**21841**	**13686356**	**11996218**	**6467691**
R&D 机构	3889639	3305044	21512	13451309	11801496	6409784
其他机构	58152	46191	329	235047	194722	57907
国家级机构	954468	827692	4609	2869239	2553772	1548947
省部级机构	2873942	2425867	15885	10138030	8860744	4584866
其他主管部门机构	119381	97676	1347	679087	581702	333878
单位独办	3026787	2563669	16087	10011868	8817155	4893236
与境内高校合办	263037	230450	1226	906489	845693	497372
与境内独立研究机构	276822	248326	2084	1138755	928777	442804
与境外机构合办	87798	73988	721	340703	307647	165498
与境内注册其他企业	292976	234431	1711	1281741	1091746	468781
其他	371	371	12	6800	5200	

5-10　高等院校自然科学领域科技项目情况（一）（2020）

研究类别	课题数（项）	当年投入经费（千元）	当年支出经费（千元）	当年投入人员（人年）	
					# 女性
合计	**45025**	**9723439**	**7726884**	**16995**	**5761**
按研究类型分					
基础研究	14273	3292414	2499609	5676	2029
应用研究	22385	4318679	3516874	8331	2838
试验与发展	3295	585365	437751	1015	298
R&D 成果应用	2626	990179	794910	956	283
其他科技服务	2446	536802	477740	1016	313
按学科分					
自然科学	6715	1475478	1232881	2531	794
工程与技术	26512	5995164	4453755	9622	2824
医药科学	9226	1504662	1365273	3852	1825
农业科学	2572	748135	674975	990	318

研究类别	当年投入人员（人年）				参加项目的研究生人数（人）		
	高级职务	中级职务	初级职务	其他		博士	硕士
合计	**7932**	**6530**	**1184**	**1349**	**45487**	**9332**	**36155**
按研究类型分							
基础研究	2586	2127	392	570	19639	4342	15297
应用研究	3960	3240	658	473	19387	3714	15673
试验与发展	485	434	60	36	2159	249	1910
R&D 成果应用	483	372	42	59	2490	569	1921
其他科技服务	418	357	31	211	1812	458	1354
按学科分							
自然科学	1232	1019	68	212	7536	1449	6087
工程与技术	4782	3727	434	680	23749	4921	18828
医药科学	1434	1408	643	366	11144	2239	8905
农业科学	484	377	39	91	3058	723	2335

5-11 高等院校自然科学领域科技项目情况（二）（2020）

研究类别	课题数（项）	当年投入经费（千元）	当年支出经费（千元）	当年投入人员（人年）	
					#女性
合计	**45025**	**9723439**	**7726884**	**16995**	**5761**
国家“973”计划	2	740	592		
国家科技支撑计划	10	320	419	3	1
国家“863”计划	3	88	280	1	
国家科技重大专项	113	162029	250966	62	18
国家重点研发计划	1534	1238651	1136163	763	234
国家自然科学基金项目	7081	1394580	1094922	2849	950
主管部门科技项目	1032	38595	26513	361	181
国家部委其它科技项目	1090	1127883	983620	476	136
省、市、自治区科技项目	6507	1101069	827507	2726	1088
地市厅局（含县）项目	4298	404575	305733	1631	644
企事业单位委托科技项目	20727	4008569	2899203	7271	2189
国际合作项目	109	29216	22667	44	11
自选课题	2332	192743	167434	718	271
其他课题	187	24381	10865	90	38

研究类别	当年投入人员（人年）				参加项目的研究生人数（人）		
	高级职务	中级职务	初级职务	其他		博士	硕士
合计	**7932**	**6530**	**1184**	**1349**	**45487**	**9332**	**36155**
国家“973”计划					12	2	10
国家科技支撑计划	1	2			13	4	9
国家“863”计划	1				7		7
国家科技重大专项	33	15	3	11	251	86	165
国家重点研发计划	428	180	24	132	3075	976	2099
国家自然科学基金项目	1360	1083	134	272	11391	2598	8793
主管部门科技项目	123	165	71	4	281	29	252
国家部委其它科技项目	275	117	15	69	2029	579	1450
省、市、自治区科技项目	1207	1077	246	196	7095	1277	5818
地市厅局（含县）项目	596	724	261	49	4030	436	3594
企事业单位委托科技项目	3589	2780	322	580	15921	3156	12765
国际合作项目	26	10	3	5	171	57	114
自选课题	260	337	95	27	963	94	869
其他课题	34	41	11	4	248	38	210

5-12 高等院校自然科学领域交流情况（2020）

形　式	合计	国（境）内	国（境）外
合作研究丨派遣丨（人次）	706	540	166
合作研究丨接受丨（人）	801	778	23
国际学术会议丨出席人员丨（人次）	3466	2948	518
国际学术会议丨交流论文丨（篇）	2276	1622	654
国际学术会议丨特邀报告丨（篇）	461	394	67
国际学术会议丨主办丨（次）	59	59	

5-13 高等院校自然科学领域技术转让与知识产权情况（一）（2020）

受让方类型	合同数（项）	合同金额（千元）	当年实际收入（千元）
合计	**1724**	**427383**	**198470**
其中：专利出售	1472	366423	168760
其他知识产权出售	208	59412	28159
国有企业	27	16204	10940
外资企业	2	130	130
民营企业	1664	409145	185496
其他	31	1904	1904

5-14 高等院校自然科学领域技术转让与知识产权情况（二）（2020）

知识产权类别	申请数（项）	授权数（项）	专利拥有数（项）
合计	**22576**	**20119**	**69429**
其中：国外	239	120	503
发明专利	14456	10396	39636
实用新型	6991	8456	26677
外观设计	1129	1267	3116
其他知识产权		2559	4206
其中：集成电路布图设计登记数		94	
植物新品种权授予数		14	
国家或行业标准数		104	

5-15 高等院校自然科学领域科技成果情况（2020）

学科门类	发表学术论文数（篇）		三大检索收录论文数（篇）		
		国外学术刊物发表	SCIE	E1	ISTP
合 计	**43221**	**27791**	**23731**	**9342**	**825**
自然科学	8125	5923	5010	1127	74
工程与技术	18481	11391	9012	6978	646
医药科学	12886	7957	7640	534	95
农业科学	3729	2520	2069	703	10

学科门类	科技专著				大专院校教科书		编著	
			国（境）外出版					
	（部）	（千字）	（部）	（千字）	（部）	（千字）	（部）	（千字）
合计	**169**	**38412**	**18**	**1784**	**229**	**50290**	**148**	**27593**
自然科学	17	3469	3	329	30	7255	12	1897
工程与技术	83	19425	8	684	107	27536	28	6215
医药科学	56	10526	6	675	84	13345	95	16614
农业科学	13	4992	1	96	8	2154	13	2867

指标名称	合计		项目来源				
		与其他单位合作	“973”计划	国家科技支撑计划	“863”计划	国家自然科学基金重点、重大项目	军工项目
国家级项目验收（项）	130	19			1	26	103

指标名称	合计		鉴定结论			
		其中：与其他单位合作	国际水平	国内首创	国内先进	其他
鉴定成果（项）	0	0	0	0	0	0

六、高技术产业

6-1　高技术产业基本情况（2020）

指标名称	企业数（个）	从业人员平均人数（人）	资产总计（亿元）	主营业务收入（亿元）	利润总额（亿元）
总计	**3622**	**881256**	**14175.2**	**9809.4**	**1096.4**
按行业分组					
医药制造业	533	154126	3090.1	1768.2	331.9
化学药品制造	200	92408	2153.2	1171.4	214.1
化学药品原料药制造	127	59227	1478.8	637.5	126.3
化学药品制剂制造	73	33181	674.4	533.9	87.7
中药饮品加工	36	4458	59.7	45.5	3.4
中成药生产	47	14045	283.7	101.8	21.3
兽用药品制造	19	2987	47.5	38.1	4.4
生物药品制品制造	73	17777	330.5	189.8	46.8
生物药品制造	69	16979	304.8	177.3	42.8
基因工程药物和疫苗制造	4	798	25.6	12.5	4.0
卫生材料及医药用品制造	112	17095	174.3	190.5	39.7
药用辅料及包装材料	46	5356	41.3	31.2	2.2
航空、航天器及设备制造业	14	2284	79.0	20.9	2.3
飞机制造	10	1580	73.0	17.9	2.1
航天器及运载火箭制造	1	226	0.9	1.2	0.0
航空、航天相关设备制造	2	395	4.2	1.4	0.1
航空相关设备制造	2	395	4.2	1.4	0.1
其他航空航天器制造	1	83	0.8	0.4	0.1
电子及通信设备制造业	1968	510508	8189.2	5956.0	497.8
电子工业专用设备制造	93	10853	238.0	134.6	24.4
半导体器件专用设备制造	26	2618	148.2	54.1	14.9
电子元器件与机电组件设备制造	17	2117	28.9	24.8	4.2
其他电子专用设备制造	50	6118	60.9	55.8	5.4
光纤、光缆及锂离子电池制造	123	27689	876.9	390.0	12.5
光纤制造	24	2700	62.8	33.7	-0.7
光缆制造	23	3208	309.1	132.1	7.5

6-1　续表 1

指标名称	企业数（个）	从业人员平均人数（人）	资产总计（亿元）	主营业务收入（亿元）	利润总额（亿元）
锂离子电池制造	76	21781	505.0	224.3	5.7
通信设备制造、雷达及配套设备制造	191	118080	2905.4	2548.7	280.4
通信系统设备制造	125	71216	2207.4	1829.1	245.8
通信终端设备制造	62	46103	671.6	692.8	36.9
雷达及配套设备制造	4	761	26.3	26.8	-2.3
广播电视设备制造	64	24207	280.4	303.1	7.9
广播电视节目制作及发射设备制造	2	269	1.8	1.9	0.4
广播电视接收设备制造	20	4084	27.0	17.3	1.2
广播电视专用配件制造	9	857	3.9	4.4	0.0
专用音响设备制造	16	11172	97.0	156.0	2.3
应用电视设备及其他广播电视设备制造	17	7825	150.6	123.5	4.1
非专业视听设备制造	87	14949	144.6	93.1	-9.1
电视机制造	5	1654	71.0	26.3	-12.8
音响设备制造	71	11224	49.1	50.7	2.5
影视录放设备制造	11	2071	24.5	16.1	1.2
电子器件制造	344	98131	1393.4	888.8	29.9
电子真空器件制造	44	13508	58.7	58.9	2.3
半导体分立器件制造	36	7742	116.1	74.7	10.7
集成电路制造	81	18682	452.4	234.4	-9.6
显示器件制造	41	20763	244.6	262.7	7.1
半导体照明器件制造	54	15413	231.1	96.8	5.8
光电子器件制造	49	14861	189.9	106.5	8.6
其他电子器件制造	39	7162	100.5	54.7	4.9
电子元件及电子专用设备制造	830	164688	1837.3	1214.9	109.2
电阻电容电感元件制造	143	23326	177.7	138.2	9.8
电子电路制造	97	14101	82.5	74.0	4.5
敏感元件及传感器制造	40	15167	173.5	106.1	14.9
电声器件及零件制造	44	6167	32.3	28.3	1.1
电子专用材料制造	297	56961	966.9	575.2	47.6
其他电子元件制造	209	48966	404.4	293.1	31.2

6-1　续表 2

指标名称	企业数（个）	从业人员平均人数（人）	资产总计（亿元）	主营业务收入（亿元）	利润总额（亿元）
智能消费设备制造	175	42257	400.2	303.2	29.0
可穿戴智能设备制造	4	307	2.7	2.3	0.3
智能车载设备制造	14	1739	52.2	19.0	0.1
智能无人飞行器制造	6	2606	30.8	16.1	1.2
其他智能消费设备制造	151	37605	314.6	265.8	27.4
其他电子设备制造	61	9654	113.1	79.5	13.5
计算机及办公设备制造业	142	41887	530.4	599.4	29.5
计算机整机制造	4	2284	44.9	196.6	1.9
计算机零部件制造	34	20124	176.8	161.0	12.4
计算机外围设备制造	43	9220	88.5	94.1	6.6
工业控制计算机及系统制造	7	588	5.7	3.3	0.2
信息安全设备制造	3	163	6.9	3.7	0.2
其他计算机制造	19	4895	159.6	109.9	6.2
办公设备制造	32	4613	48.0	30.9	2.1
复印和胶印设备制造	8	819	13.2	4.1	-0.2
计算器及货币专用设备制造	24	3794	34.8	26.8	2.3
医疗仪器设备及仪器仪表制造业	946	170203	2239.5	1439.2	232.8
医疗仪器设备及器械制造	207	35766	347.6	241.0	49.4
医疗诊断、监护及治疗设备制造	56	9859	135.3	106.0	29.1
口腔科用设备及器具制造	9	1030	8.4	7.7	1.6
医疗实验室及医用消毒设备和器具制造	9	767	6.5	5.1	0.9
医疗、外科及兽医用器械制造	83	17635	148.8	88.7	14.3
机械治疗及病房护理设备制造	11	1503	15.8	8.7	1.6
康复辅具制造	13	1266	12.7	6.9	-0.1
其他医疗设备及器械制造	26	3706	20.0	17.8	1.9
通用仪器仪表制造	559	93199	1306.6	824.5	108.5
工业自动控制系统装置制造	292	46551	672.0	428.4	53.5
电工仪器仪表制造	86	16897	352.4	186.4	27.7
绘图、计算及测量仪器制造	23	3548	15.7	14.8	0.9
实验分析仪器制造	30	4416	31.6	30.3	6.1

6-1 续表 3

指标名称	企业数（个）	从业人员平均人数（人）	资产总计（亿元）	主营业务收入（亿元）	利润总额（亿元）
试验机制造	11	705	4.8	3.6	0.0
供应用仪器仪表制造	82	13941	126.2	108.9	11.6
其他通用仪器制造	35	7141	103.8	52.1	8.7
专用仪器仪表制造	127	24036	342.8	213.3	29.6
环境监测专用仪器仪表制造	23	2302	24.0	21.8	3.3
运输设备及生产用计数仪表制造	36	11183	172.8	102.9	7.8
导航、测绘、气象及海洋专用仪器制造	7	1336	23.6	16.0	3.7
农林牧渔专用仪器仪表制造	3	400	6.1	3.1	0.7
地质勘探和地震专用仪器制造	3	168	2.9	1.3	0.2
教学专用仪器制造	19	3215	25.9	17.7	1.3
电子测量仪器制造	23	4085	75.1	40.5	11.7
其他专用仪器制造	13	1347	12.5	9.9	0.9
光学仪器制造	45	15817	226.9	151.4	44.0
其他仪器仪表制造业	8	1385	15.6	9.0	1.4
信息化学品制造业	19	2248	47.0	25.7	2.2
信息化学品制造	19	2248	47.0	25.7	2.2
文化用信息化学品制造	15	2001	43.8	20.6	2.0
医学生产用信息化学品制造	4	247	3.2	5.1	0.1
按地区分组					
杭州市	840	250912	5451.4	4021.7	513.1
宁波市	846	191598	2398.9	1933.8	177.8
温州市	438	70622	657.2	459.7	50.3
嘉兴市	474	131607	1684.4	1324.1	79.5
湖州市	197	34062	467.3	330.7	46.4
绍兴市	258	57501	1205.1	571.2	100.9
金华市	232	56909	784.1	438.3	35.9
衢州市	83	12009	150.7	110.6	8.9
舟山市	15	1351	10.4	8.3	0.2
台州市	194	67926	1292.0	570.8	77.3
丽水市	45	6759	73.6	40.3	6.0

6–2 高技术产业 R&D 人员情况（2020）

指标名称	有 R&D 活动的企业数（个）	R&D 人员（人）	# 全时人员	# 研究人员	R&D 人员折合全时当量（人年）
总计	**2391**	**119891**	**93646**	**44475**	**97364**
按行业分组					
医药制造业	405	19241	14833	7878	15444
化学药品制造	165	12506	9620	5570	10173
化学药品原料药制造	106	8972	6912	3933	7312
化学药品制剂制造	59	3534	2708	1637	2861
中药饮品加工	20	371	299	100	291
中成药生产	40	1556	1096	576	1219
兽用药品制造	16	375	321	153	302
生物药品制品制造	61	2233	1792	943	1675
生物药品制造	58	2110	1681	890	1561
基因工程药物和疫苗制造	3	123	111	53	114
卫生材料及医药用品制造	66	1614	1294	437	1311
药用辅料及包装材料	37	586	411	99	473
航空、航天器及设备制造业	12	454	356	196	364
飞机制造	8	346	260	159	270
航天器及运载火箭制造	1	26	23	7	26
航空、航天相关设备制造	2	56	50	28	46
航空相关设备制造	2	56	50	28	46
其他航空航天器制造	1	26	23	2	23
电子及通信设备制造业	1209	70286	55662	26151	57705
电子工业专用设备制造	64	1500	1182	455	1139
半导体器件专用设备制造	19	494	380	207	368
电子元器件与机电组件设备制造	10	230	165	80	142
其他电子专用设备制造	35	776	637	168	629
光纤、光缆及锂离子电池制造	80	3403	2571	1045	2684
光纤制造	12	235	154	49	181
光缆制造	16	552	433	149	440

6–2 续表 1

指标名称	有 R&D 活动的企业数（个）	R&D 人员（人）	# 全时人员	# 研究人员	R&D 人员折合全时当量（人年）
锂离子电池制造	52	2616	1984	847	2063
通信设备制造、雷达及配套设备制造	117	28748	25080	14866	25705
通信系统设备制造	80	23901	21199	12757	21613
通信终端设备制造	33	4660	3766	2038	3972
雷达及配套设备制造	4	187	115	71	120
广播电视设备制造	36	2678	1872	854	1957
广播电视节目制作及发射设备制造	2	61	48	26	44
广播电视接收设备制造	13	434	320	92	327
广播电视专用配件制造	5	103	76	10	71
专用音响设备制造	7	1227	724	369	770
应用电视设备及其他广播电视设备制造	9	853	704	357	746
非专业视听设备制造	46	1560	1170	482	1209
电视机制造	4	113	100	51	98
音响设备制造	37	1018	716	223	765
影视录放设备制造	5	429	354	208	346
电子器件制造	221	8774	6993	3027	6814
电子真空器件制造	24	646	548	185	571
半导体分立器件制造	24	1048	759	379	831
集成电路制造	63	2744	2239	1162	2080
显示器件制造	25	617	492	131	438
半导体照明器件制造	28	1621	1245	511	1221
光电子器件制造	33	1575	1279	507	1283
其他电子器件制造	24	523	431	152	391
电子元件及电子专用设备制造	485	17295	11913	3828	13352
电阻电容电感元件制造	97	2521	1908	494	2089
电子电路制造	42	988	693	107	785
敏感元件及传感器制造	31	2269	1397	579	1462
电声器件及零件制造	22	459	391	73	385
电子专用材料制造	167	6219	3954	1594	4779
其他电子元件制造	126	4839	3570	981	3853

6–2　续表 2

指标名称	有 R&D 活动的企业数（个）	R&D 人员（人）	# 全时人员	# 研究人员	R&D 人员折合全时当量（人年）
智能消费设备制造	116	4881	3629	1143	3601
可穿戴智能设备制造	2	71	64	18	68
智能车载设备制造	10	406	305	155	317
智能无人飞行器制造	2	40	34	21	34
其他智能消费设备制造	102	4364	3226	949	3182
其他电子设备制造	44	1447	1252	451	1245
计算机及办公设备制造业	91	4352	3637	1410	3670
计算机整机制造	1	180	162	85	117
计算机零部件制造	20	1389	1165	222	1276
计算机外围设备制造	27	872	726	264	731
工业控制计算机及系统制造	5	89	74	34	60
信息安全设备制造	1	41	37	19	30
其他计算机制造	14	882	717	411	677
办公设备制造	23	899	756	375	779
复印和胶印设备制造	7	126	97	38	107
计算器及货币专用设备制造	16	773	659	337	672
医疗仪器设备及仪器仪表制造业	663	25244	18916	8739	19943
医疗仪器设备及器械制造	150	3974	2805	1108	2880
医疗诊断、监护及治疗设备制造	41	1549	998	511	990
口腔科用设备及器具制造	7	134	79	39	111
医疗实验室及医用消毒设备和器具制造	8	97	72	19	72
医疗、外科及兽医用器械制造	64	1647	1233	411	1290
机械治疗及病房护理设备制造	8	202	163	66	166
康复辅具制造	5	57	44	10	36
其他医疗设备及器械制造	17	288	216	52	215
通用仪器仪表制造	391	14046	11067	4702	11384
工业自动控制系统装置制造	221	7612	6096	2624	6262
电工仪器仪表制造	53	2493	1997	830	2048
绘图、计算及测量仪器制造	14	353	272	38	292
实验分析仪器制造	23	832	665	384	616

6–2 续表 3

指标名称	有 R&D 活动的企业数（个）	R&D 人员（人）	# 全时人员	# 研究人员	R&D 人员折合全时当量（人年）
试验机制造	8	80	66	14	68
供应用仪器仪表制造	52	1802	1374	412	1439
其他通用仪器制造	20	874	597	400	661
专用仪器仪表制造	89	3272	2733	1120	2676
环境监测专用仪器仪表制造	18	458	382	212	349
运输设备及生产用计数仪表制造	24	1113	952	361	935
导航、测绘、气象及海洋专用仪器制造	5	68	62	17	50
农林牧渔专用仪器仪表制造	2	71	64	36	40
地质勘探和地震专用仪器制造	2	15	14	3	15
教学专用仪器制造	13	465	348	106	407
电子测量仪器制造	17	913	760	331	730
其他专用仪器制造	8	169	151	54	150
光学仪器制造	26	3818	2202	1783	2899
其他仪器仪表制造业	7	134	109	26	105
信息化学品制造业	11	314	242	101	238
信息化学品制造	11	314	242	101	238
文化用信息化学品制造	9	213	175	67	166
医学生产用信息化学品制造	2	101	67	34	72
按地区分组					
杭州市	528	44550	37870	21071	37858
宁波市	529	22610	16477	7575	17862
温州市	282	9128	7207	2002	7695
嘉兴市	273	12686	9905	3773	9861
湖州市	145	4109	3089	1185	3372
绍兴市	213	8306	5952	2991	6414
金华市	160	7040	4894	2040	5579
衢州市	43	1219	578	209	891
舟山市	12	145	111	54	115
台州市	168	9243	6949	3351	7092
丽水市	38	855	614	224	623

6–3 高技术产业R&D经费情况（2020）

单位：万元

指标名称	R&D经费内部支出	#人员劳务费	#仪器和设备	#政府资金	#企业资金	R&D经费外部支出
总计	**3683425.9**	**1639465.2**	**250250.2**	**59284.9**	**3614375.5**	**282967.8**
按行业分组						
医药制造业	655908.4	199157.1	72352.3	13261.3	636595.4	105283.0
化学药品制造	455191.3	136195.9	57672.1	9095.3	440257.9	83159.7
化学药品原料药制造	256847.2	90786.6	26009.4	4869.8	251851.6	42607.1
化学药品制剂制造	198344.1	45409.3	31662.7	4225.5	188406.3	40552.6
中药饮品加工	8152.6	2223.9	769.8	151.7	8000.9	958.1
中成药生产	29475.3	13278.0	562.2	1233.3	28206.2	9923.4
兽用药品制造	13068.1	4935.6	1033.6	226.9	12663.4	838.6
生物药品制品制造	91075.6	26389.1	7115.7	1840.6	89235.0	9130.3
生物药品制造	82871.5	24591.7	6632.7	1840.6	81030.9	9113.0
基因工程药物和疫苗制造	8204.1	1797.4	483.0		8204.1	17.3
卫生材料及医药用品制造	48992.9	12374.6	4202.2	563.6	48429.3	698.8
药用辅料及包装材料	9952.6	3760.0	996.7	149.9	9802.7	574.1
航空、航天器及设备制造业	15102.8	6799.3	99.5	1101.9	14000.9	801.6
飞机制造	13308.2	6084.7	75.0	1086.6	12221.6	801.6
航天器及运载火箭制造	474.4	192.6			474.4	
航空、航天相关设备制造	1066.3	473.4		15.3	1051.0	
航空相关设备制造	1066.3	473.4		15.3	1051.0	
其他航空航天器制造	253.9	48.6	24.5		253.9	
电子及通信设备制造业	2227200.9	1074882.2	119957.8	25552.5	2199833.3	110664.0
电子工业专用设备制造	51494.6	17141.9	6039.8	1523.4	49971.2	1125.3
半导体器件专用设备制造	23358.8	7316.0	2391.0	1376.1	21982.7	272.8
电子元器件与机电组件设备制造	7182.7	2329.6	1539.3		7182.7	108.5
其他电子专用设备制造	20953.1	7496.3	2109.5	147.3	20805.8	744.0
光纤、光缆及锂离子电池制造	135859.3	29461.0	16942.6	1334.1	134257.5	13643.1
光纤制造	8859.3	1168.7	224.2	76.4	8782.9	20.8
光缆制造	42840.9	3205.1	7428.2		42840.9	1273.6

6-3 续表 1

单位：万元

指标名称	R&D 经费内部支出	# 人员劳务费	# 仪器和设备	# 政府资金	# 企业资金	R&D 经费外部支出
锂离子电池制造	84159.1	25087.2	9290.2	1257.7	82633.7	12348.7
通信设备制造、雷达及配套设备制造	1107936.7	666931.5	6294.2	5472.6	1102415.8	64677.0
通信系统设备制造	860702.7	584660.1	2071.5	2723.8	857978.9	49742.7
通信终端设备制造	242702.0	80595.7	4214.1	2586.8	240066.9	14319.2
雷达及配套设备制造	4532.0	1675.7	8.6	162.0	4370.0	615.1
广播电视设备制造	100104.1	37725.5	22745.3	135.4	99968.7	364.5
广播电视节目制作及发射设备制造	1001.5	733.5		20.5	981.0	24.0
广播电视接收设备制造	6338.4	2883.1	915.3	114.9	6223.5	340.5
广播电视专用配件制造	1377.2	678.2	169.4		1377.2	
专用音响设备制造	74672.2	24342.0	20328.2		74672.2	
应用电视设备及其他广播电视设备制造	16714.8	9088.7	1332.4		16714.8	
非专业视听设备制造	28804.0	14242.2	755.3	204.9	28521.8	557.8
电视机制造	2787.8	1267.2		97.0	2690.8	17.2
音响设备制造	17371.2	7962.2	755.3	62.1	17231.8	67.3
影视录放设备制造	8645.0	5012.8		45.8	8599.2	473.3
电子器件制造	295923.8	109620.0	33857.9	9614.9	284887.1	11032.3
电子真空器件制造	17902.2	4923.1	4233.9	648.0	17254.2	141.6
半导体分立器件制造	29579.5	14302.9	1280.5	190.8	28089.4	3944.1
集成电路制造	136241.3	45975.8	20161.5	6430.5	129810.8	6403.8
显示器件制造	14639.1	5009.5	527.1	585.7	14053.4	41.8
半导体照明器件制造	31160.8	14181.2	1297.4	1105.1	30055.7	307.6
光电子器件制造	50268.5	18396.8	6194.4	538.9	49729.6	183.5
其他电子器件制造	16132.4	6830.7	163.1	115.9	15894.0	9.9
电子元件及电子专用设备制造	371929.5	137417.6	29044.1	5753.5	366176.0	5229.1
电阻电容电感元件制造	49752.8	19389.2	1897.9	423.0	49329.8	285.4
电子电路制造	12690.0	4874.1	1121.3	70.7	12619.3	406.8
敏感元件及传感器制造	43701.8	19337.1	3059.0	82.8	43619.0	386.0
电声器件及零件制造	8495.3	3998.1	229.5	129.4	8365.9	80.3
电子专用材料制造	154992.9	47854.6	9905.7	3358.6	151634.3	1311.5
其他电子元件制造	102296.7	41964.5	12830.7	1689.0	100607.7	2759.1

单位：万元

指标名称	R&D 经费内部支出	# 人员劳务费	# 仪器和设备	# 政府资金	# 企业资金	R&D 经费外部支出
智能消费设备制造	104125.0	48008.5	2826.9	716.7	103408.3	13158.7
可穿戴智能设备制造	613.7	359.8			613.7	47.2
智能车载设备制造	11949.0	5782.6	245.9	265.0	11684.0	10874.5
智能无人飞行器制造	1017.5	433.6			1017.5	
其他智能消费设备制造	90544.8	41432.5	2581.0	451.7	90093.1	2237.0
其他电子设备制造	31023.9	14334.0	1451.7	797.0	30226.9	876.2
计算机及办公设备制造业	177390.8	74852.0	6027.4	931.9	175359.8	37919.7
计算机整机制造	4337.0	763.6			4337.0	
计算机零部件制造	75916.5	31514.3	923.2	267.0	75649.5	
计算机外围设备制造	23999.1	12783.1	307.3	32.3	22867.7	81.5
工业控制计算机及系统制造	2631.9	1471.7	94.0	61.9	2570.0	1094.1
信息安全设备制造	638.9	238.6			638.9	3899.2
其他计算机制造	51548.8	17532.7	4661.8	245.8	51303.0	31881.8
办公设备制造	18318.6	10548.0	41.1	324.9	17993.7	963.1
复印和胶印设备制造	3073.0	1315.9	9.7	323.8	2749.2	72.1
计算器及货币专用设备制造	15245.6	9232.1	31.4	1.1	15244.5	891.0
医疗仪器设备及仪器仪表制造业	601525.1	280407.7	50920.2	18023.4	582702.1	28069.5
医疗仪器设备及器械制造	90925.1	36112.3	6112.7	3510.2	87399.8	5164.1
医疗诊断、监护及治疗设备制造	37999.4	15846.8	1019.8	1250.3	36749.1	2282.9
口腔科用设备及器具制造	2897.9	1397.0	278.8	13.8	2884.1	75.6
医疗实验室及医用消毒设备和器具制造	1336.0	737.1	3.3		1336.0	53.4
医疗、外科及兽医用器械制造	37801.3	14057.8	3891.0	2224.9	35561.3	1416.1
机械治疗及病房护理设备制造	4035.5	1905.8	28.1		4035.5	931.6
康复辅具制造	1072.3	203.9	67.8	3.7	1068.6	1.0
其他医疗设备及器械制造	5782.7	1963.9	823.9	17.5	5765.2	403.5
通用仪器仪表制造	317554.0	164604.5	14142.1	11411.1	305358.4	15478.9
工业自动控制系统装置制造	177619.5	92765.6	6034.5	8256.3	168661.5	10996.0
电工仪器仪表制造	60281.5	29200.8	2577.7	615.8	59632.9	1846.2
绘图、计算及测量仪器制造	4252.8	1983.3	21.4	37.8	4215.0	217.0
实验分析仪器制造	17367.3	9629.1	2574.2	1076.2	16241.1	1022.9

6-3 续表 3

单位：万元

指标名称	R&D 经费内部支出	# 人员劳务费	# 仪器和设备	# 政府资金	# 企业资金	R&D 经费外部支出
试验机制造	1439.5	465.8	19.9	11.5	1428.0	174.0
供应用仪器仪表制造	29381.6	13607.2	1911.1	712.3	28669.3	1095.7
其他通用仪器制造	27211.8	16952.7	1003.3	701.2	26510.6	127.1
专用仪器仪表制造	74067.7	33668.9	3989.9	1803.3	72264.4	5550.9
环境监测专用仪器仪表制造	8474.8	4240.0	223.1	746.6	7728.2	1104.9
运输设备及生产用计数仪表制造	30218.3	11538.9	1974.1	313.0	29905.3	3473.9
导航、测绘、气象及海洋专用仪器制造	1341.9	591.6	74.3	69.5	1272.4	3.0
农林牧渔专用仪器仪表制造	1733.6	1079.8		280.6	1453.0	6.8
地质勘探和地震专用仪器制造	596.0	154.0	257.9		596.0	
教学专用仪器制造	7706.7	3217.3	477.4	95.1	7611.6	144.3
电子测量仪器制造	19965.5	11244.8	884.7	281.7	19683.8	818.0
其他专用仪器制造	4030.9	1602.5	98.4	16.8	4014.1	
光学仪器制造	117140.5	45036.9	26656.3	1255.7	115884.8	1861.0
其他仪器仪表制造业	1837.8	985.1	19.2	43.1	1794.7	14.6
信息化学品制造业	6297.9	3366.9	893.0	413.9	5884.0	230.0
信息化学品制造	6297.9	3366.9	893.0	413.9	5884.0	230.0
文化用信息化学品制造	5274.0	2676.2	832.8	68.7	5205.3	230.0
医学生产用信息化学品制造	1023.9	690.7	60.2	345.2	678.7	
按地区分组						
杭州市	1505019.8	830962.8	62728.9	26872.5	1474357.5	118953.3
宁波市	682699.1	274757.7	55136.3	10720.5	671648.4	68774.2
温州市	186328.0	82231.6	9368.8	3761.5	181864.8	7974.2
嘉兴市	460674.5	181457.3	34884.2	2944.0	457475.4	8966.7
湖州市	108798.4	29031.6	15614.3	673.2	108125.2	5080.2
绍兴市	290754.1	90645.0	26760.6	5216.1	281010.9	15761.6
金华市	151969.4	43331.2	12641.4	3126.7	148842.7	9597.6
衢州市	26126.8	7546.7	2682.4	437.2	25672.9	811.3
舟山市	4258.7	999.1	899.3	150.4	4108.3	397.8
台州市	249183.7	93081.6	28241.0	4985.0	244053.8	44791.3
丽水市	17613.4	5420.6	1293.0	397.8	17215.6	1859.6

6–4　高技术产业企业办研发机构情况（2020）

指标名称	有研发机构的企业数（个）	机构数（个）	机构人员（人）	机构经费支出（万元）	机构仪器设备（万元）
总计	**2040**	**2212**	**122715**	**4409306.7**	**2266863.8**
按行业分组					
医药制造业	331	394	19747	794541.4	584259.0
化学药品制造	142	194	12981	563529.0	426709.1
化学药品原料药制造	89	128	8669	295265.5	262325.1
化学药品制剂制造	53	66	4312	268263.5	164384.0
中药饮品加工	12	12	196	6642.3	3907.8
中成药生产	35	41	1662	38746.7	32909.6
兽用药品制造	11	12	336	12118.6	8225.4
生物药品制品制造	49	52	2311	108346.6	71043.6
生物药品制造	47	50	2224	100911.1	67711.0
基因工程药物和疫苗制造	2	2	87	7435.5	3332.6
卫生材料及医药用品制造	49	49	1683	54023.8	29621.8
药用辅料及包装材料	33	34	578	11134.4	11841.7
航空、航天器及设备制造业	10	10	500	16985.9	7597.5
飞机制造	6	6	384	14794.0	4262.9
航天器及运载火箭制造	1	1	25	497.7	240.1
航空、航天相关设备制造	2	2	66	1294.7	1560.0
航空相关设备制造	2	2	66	1294.7	1560.0
其他航空航天器制造	1	1	25	399.5	1534.5
电子及通信设备制造业	1035	1106	70572	2686510.9	1091331.2
电子工业专用设备制造	59	64	1722	56392.1	30771.7
半导体器件专用设备制造	19	22	730	30456.4	16482.4
电子元器件与机电组件设备制造	6	6	158	6293.7	3066.1
其他电子专用设备制造	34	36	834	19642.0	11223.2
光纤、光缆及锂离子电池制造	80	86	3146	139685.1	104655.1
光纤制造	13	14	235	9554.1	5723.0
光缆制造	16	17	495	33461.3	41080.3

6-4 续表 1

指标名称	有研发机构的企业数（个）	机构数（个）	机构人员（人）	机构经费支出（万元）	机构仪器设备（万元）
锂离子电池制造	51	55	2416	96669.7	57851.8
通信设备制造、雷达及配套设备制造	122	142	30583	1496451.9	264413.1
通信系统设备制造	80	100	23919	1161787.1	194255.0
通信终端设备制造	38	38	6250	310839.0	66566.0
雷达及配套设备制造	4	4	414	23825.8	3592.1
广播电视设备制造	30	33	2739	84802.9	48290.1
广播电视节目制作及发射设备制造	1	1	25	303.0	911.9
广播电视接收设备制造	11	11	383	6588.2	4111.2
广播电视专用配件制造	5	5	103	1611.5	1102.5
专用音响设备制造	7	7	1390	58180.3	35423.2
应用电视设备及其他广播电视设备制造	6	9	838	18119.9	6741.3
非专业视听设备制造	36	37	1375	28870.9	14634.7
电视机制造	2	3	82	3058.8	4297.8
音响设备制造	29	29	788	15655.6	7013.5
影视录放设备制造	5	5	505	10156.5	3323.4
电子器件制造	184	192	9577	342230.6	223553.5
电子真空器件制造	17	17	505	11191.5	15951.5
半导体分立器件制造	15	15	1027	38700.0	26737.6
集成电路制造	51	51	3616	165952.4	76884.8
显示器件制造	21	22	840	20578.4	15482.8
半导体照明器件制造	28	30	1561	40167.2	40163.9
光电子器件制造	34	39	1615	50249.1	43139.7
其他电子器件制造	18	18	413	15392.0	5193.2
电子元件及电子专用设备制造	390	412	15033	372395.0	344403.3
电阻电容电感元件制造	69	70	1870	41611.9	47691.4
电子电路制造	40	43	1147	17372.0	19868.9
敏感元件及传感器制造	25	26	2514	42631.1	29448.8
电声器件及零件制造	23	23	444	9602.0	5403.3
电子专用材料制造	138	153	5003	173647.1	178856.7
其他电子元件制造	95	97	4055	87530.9	63134.2

6-4 续表 2

指标名称	有研发机构的企业数（个）	机构数（个）	机构人员（人）	机构经费支出（万元）	机构仪器设备（万元）
智能消费设备制造	101	105	4812	124676.5	45730.1
可穿戴智能设备制造	2	2	90	1252.8	670.5
智能车载设备制造	7	7	412	23557.0	5201.0
智能无人飞行器制造	1	1	6	65.0	26.7
其他智能消费设备制造	91	95	4304	99801.7	39831.9
其他电子设备制造	33	35	1585	41005.9	14879.6
计算机及办公设备制造业	88	92	4762	226045.1	64493.5
计算机零部件制造	17	17	1367	78234.7	16610.5
计算机外围设备制造	30	30	1143	31049.2	11248.9
工业控制计算机及系统制造	6	6	186	6088.0	1306.9
信息安全设备制造	1	1	40	4211.9	134.6
其他计算机制造	11	15	1150	84785.3	27143.7
办公设备制造	23	23	876	21676.0	8048.9
复印和胶印设备制造	4	4	93	3096.9	1418.5
计算器及货币专用设备制造	19	19	783	18579.1	6630.4
医疗仪器设备及仪器仪表制造业	565	599	26792	675011.3	497704.8
医疗仪器设备及器械制造	108	116	3510	92044.4	54329.9
医疗诊断、监护及治疗设备制造	33	37	1382	37373.1	18454.6
口腔科用设备及器具制造	6	6	138	3072.2	5216.0
医疗实验室及医用消毒设备和器具制造	5	5	54	857.5	256.3
医疗、外科及兽医用器械制造	37	41	1368	37263.1	24996.0
机械治疗及病房护理设备制造	5	5	203	4472.4	786.5
康复辅具制造	5	5	76	2507.5	222.1
其他医疗设备及器械制造	17	17	289	6498.6	4398.4
通用仪器仪表制造	346	361	15244	371075.1	326887.0
工业自动控制系统装置制造	198	207	7837	192281.8	247903.7
电工仪器仪表制造	46	50	2815	79076.2	23546.9
绘图、计算及测量仪器制造	16	16	423	5970.6	2607.8
实验分析仪器制造	22	22	1257	21634.2	11487.6

6-4 续表 3

指标名称	有研发机构的企业数（个）	机构数（个）	机构人员（人）	机构经费支出（万元）	机构仪器设备（万元）
试验机制造	5	5	56	954.6	284.3
供应用仪器仪表制造	37	39	1506	32478.3	20664.0
其他通用仪器制造	22	22	1350	38679.4	20392.7
专用仪器仪表制造	76	85	3950	91153.9	39173.8
环境监测专用仪器仪表制造	13	16	466	10915.5	2192.6
运输设备及生产用计数仪表制造	20	25	1371	36262.4	16942.5
导航、测绘、气象及海洋专用仪器制造	6	6	157	3676.8	1705.1
农林牧渔专用仪器仪表制造	2	2	108	1136.3	1686.9
地质勘探和地震专用仪器制造	2	2	56	1962.3	2694.7
教学专用仪器制造	12	13	609	9507.8	3293.9
电子测量仪器制造	15	15	1022	22674.1	6410.2
其他专用仪器制造	6	6	161	5018.7	4247.9
光学仪器制造	29	31	3868	116698.5	76019.7
其他仪器仪表制造业	6	6	220	4039.4	1294.4
信息化学品制造业	11	11	342	10212.1	21477.8
信息化学品制造	11	11	342	10212.1	21477.8
文化用信息化学品制造	9	9	257	8526.7	20300.1
医学生产用信息化学品制造	2	2	85	1685.4	1177.7
按地区分组					
杭州市	458	510	48140	2036740.6	622245.3
宁波市	495	502	23620	767566.1	515406.2
温州市	233	236	8213	180381.6	130592.2
嘉兴市	346	371	16669	575372.5	331436.1
湖州市	116	122	3562	102867.8	90697.2
绍兴市	129	142	7420	293333.0	192985.3
金华市	110	130	4870	158611.5	125865.3
衢州市	30	34	1037	31721.9	30815.8
舟山市	12	13	158	3812.5	5904.0
台州市	95	132	8617	247738.7	213191.6
丽水市	16	20	409	11160.5	7724.8

6-5　高技术产业企业专利情况（2020）

单位：件

指标名称	专利申请数	#发明专利	有效发明专利
总计	**27058**	**11298**	**30818**
按行业分组			
医药制造业	1953	854	4384
化学药品制造	727	486	2654
化学药品原料药制造	378	256	1740
化学药品制剂制造	349	230	914
中药饮品加工	73	34	124
中成药生产	109	44	366
兽用药品制造	48	16	106
生物药品制品制造	317	115	537
生物药品制造	310	110	529
基因工程药物和疫苗制造	7	5	8
卫生材料及医药用品制造	518	128	448
药用辅料及包装材料	161	31	149
航空、航天器及设备制造业	137	71	173
飞机制造	114	67	150
航天器及运载火箭制造	3		14
航空、航天相关设备制造	13	4	8
航空相关设备制造	13	4	8
其他航空航天器制造	7		1
电子及通信设备制造业	16498	7479	19779
电子工业专用设备制造	629	195	355
半导体器件专用设备制造	322	138	206
电子元器件与机电组件设备制造	60	10	13
其他电子专用设备制造	247	47	136
光纤、光缆及锂离子电池制造	972	416	1052
光纤制造	39	14	26
光缆制造	110	65	232

6-5 续表 1

单位：件

指标名称	专利申请数	# 发明专利	有效发明专利
锂离子电池制造	823	337	794
通信设备制造、雷达及配套设备制造	5355	3643	9708
通信系统设备制造	4408	3173	9006
通信终端设备制造	898	441	636
雷达及配套设备制造	49	29	66
广播电视设备制造	689	120	335
广播电视节目制作及发射设备制造	15	5	7
广播电视接收设备制造	103	7	70
广播电视专用配件制造	50	6	15
专用音响设备制造	204	20	12
应用电视设备及其他广播电视设备制造	317	82	231
非专业视听设备制造	247	52	156
电视机制造	38	12	39
音响设备制造	176	25	106
影视录放设备制造	33	15	11
电子器件制造	3010	1394	3834
电子真空器件制造	116	20	85
半导体分立器件制造	249	75	180
集成电路制造	1327	835	1985
显示器件制造	242	127	192
半导体照明器件制造	497	129	575
光电子器件制造	399	155	580
其他电子器件制造	180	53	237
电子元件及电子专用设备制造	3517	1226	3332
电阻电容电感元件制造	326	70	366
电子电路制造	248	30	68
敏感元件及传感器制造	384	161	478
电声器件及零件制造	119	18	29
电子专用材料制造	1394	749	1580
其他电子元件制造	1046	198	811

6-5 续表 2

单位：件

指标名称	专利申请数	#发明专利	有效发明专利
智能消费设备制造	1719	296	768
可穿戴智能设备制造	32	4	9
智能车载设备制造	86	36	42
智能无人飞行器制造	31	17	128
其他智能消费设备制造	1570	239	589
其他电子设备制造	360	137	239
计算机及办公设备制造业	921	336	700
计算机零部件制造	151	97	243
计算机外围设备制造	326	84	179
工业控制计算机及系统制造	52	16	63
信息安全设备制造			3
其他计算机制造	218	88	105
办公设备制造	174	51	107
复印和胶印设备制造	36	19	36
计算器及货币专用设备制造	138	32	71
医疗仪器设备及仪器仪表制造业	7506	2532	5701
医疗仪器设备及器械制造	1362	381	1608
医疗诊断、监护及治疗设备制造	555	154	487
口腔科用设备及器具制造	65	16	48
医疗实验室及医用消毒设备和器具制造	49	13	14
医疗、外科及兽医用器械制造	489	148	857
机械治疗及病房护理设备制造	81	6	40
康复辅具制造	35	17	61
其他医疗设备及器械制造	88	27	101
通用仪器仪表制造	4112	1417	3070
工业自动控制系统装置制造	2428	938	1873
电工仪器仪表制造	738	232	565
绘图、计算及测量仪器制造	91	20	56
实验分析仪器制造	239	83	92

6-5　续表 3　　　　单位：件

指标名称	专利申请数	# 发明专利	有效发明专利
试验机制造	37	5	20
供应用仪器仪表制造	396	89	246
其他通用仪器制造	183	50	218
专用仪器仪表制造	1203	361	655
环境监测专用仪器仪表制造	164	47	82
运输设备及生产用计数仪表制造	326	81	183
导航、测绘、气象及海洋专用仪器制造	104	56	83
农林牧渔专用仪器仪表制造	68	11	14
地质勘探和地震专用仪器制造	10	1	10
教学专用仪器制造	162	23	69
电子测量仪器制造	258	99	147
其他专用仪器制造	111	43	67
光学仪器制造	803	369	350
其他仪器仪表制造业	26	4	18
信息化学品制造业	43	26	81
信息化学品制造	43	26	81
文化用信息化学品制造	29	14	56
医学生产用信息化学品制造	14	12	25
按地区分组			
杭州市	11059	6051	16779
宁波市	5525	2053	4271
温州市	2194	435	1195
嘉兴市	3034	885	2219
湖州市	891	323	1175
绍兴市	1595	574	1648
金华市	1215	472	1461
衢州市	430	90	180
舟山市	37	6	34
台州市	888	378	1723
丽水市	190	31	133

6-6 高技术产业企业新产品开发、生产及销售情况（2020）

指标名称	新产品开发项目数（项）	新产品开发经费（万元）	新产品销售收入（万元）	# 出口
总计	**20757**	**4428792.2**	**56879436.9**	**13737407.5**
按行业分组				
医药制造业	4385	736090.0	7591518.6	2468030.3
化学药品制造	2213	467694.4	5318891.2	1694082.8
化学药品原料药制造	1165	217075.8	3560704.0	1553751.1
化学药品制剂制造	1048	250618.6	1758187.2	140331.7
中药饮品加工	131	9870.7	61553.0	4278.8
中成药生产	364	33196.4	434429.8	5301.8
兽用药品制造	139	11774.4	155845.5	13003.8
生物药品制品制造	834	132355.9	850362.4	456938.1
生物药品制造	811	122272.1	847559.0	456938.1
基因工程药物和疫苗制造	23	10083.8	2803.4	
卫生材料及医药用品制造	518	68348.3	635328.8	279828.4
药用辅料及包装材料	186	12849.9	135107.9	14596.6
航空、航天器及设备制造业	127	17668.0	52518.7	9714.6
飞机制造	105	14941.2	36180.0	9714.6
航天器及运载火箭制造	6	476.7	6724.2	
航空、航天相关设备制造	10	1278.3	7969.3	
航空相关设备制造	10	1278.3	7969.3	
其他航空航天器制造	6	971.8	1645.2	
电子及通信设备制造业	9542	2738641.0	39327877.5	8642146.0
电子工业专用设备制造	476	64258.5	914679.7	97849.2
半导体器件专用设备制造	144	29706.2	432685.4	19356.8
电子元器件与机电组件设备制造	69	9141.9	155131.5	17567.6
其他电子专用设备制造	263	25410.4	326862.8	60924.8
光纤、光缆及锂离子电池制造	763	150532.4	2047033.7	173609.0
光纤制造	75	11381.7	117007.5	3347.6
光缆制造	129	46578.4	561038.5	16946.6

6-6 续表 1

指标名称	新产品开发项目数（项）	新产品开发经费（万元）	新产品销售收入（万元）	
				# 出口
锂离子电池制造	559	92572.3	1368987.7	153314.8
通信设备制造、雷达及配套设备制造	1193	1349325.2	21971532.5	4119018.2
通信系统设备制造	720	1053308.6	16019592.8	2679263.7
通信终端设备制造	434	285993.7	5892608.6	1438508.7
雷达及配套设备制造	39	10022.9	59331.1	1245.8
广播电视设备制造	268	104092.9	2495327.7	1388171.4
广播电视节目制作及发射设备制造	19	1227.7	17024.6	5506.1
广播电视接收设备制造	98	8025.4	108699.8	72644.8
广播电视专用配件制造	33	1519.5	8681.5	1763.2
专用音响设备制造	51	75792.2	1480265.9	1190749.6
应用电视设备及其他广播电视设备制造	67	17528.1	880655.9	117507.7
非专业视听设备制造	290	36723.0	354023.0	98917.6
电视机制造	18	4610.5	109559.4	
音响设备制造	208	19927.2	184155.0	98917.6
影视录放设备制造	64	12185.3	60308.6	
电子器件制造	1870	407855.2	3461730.3	710493.5
电子真空器件制造	157	27596.3	335104.4	14904.5
半导体分立器件制造	196	41052.0	269898.2	24962.8
集成电路制造	551	194106.9	991217.0	172190.4
显示器件制造	194	24013.5	341517.4	65024.7
半导体照明器件制造	337	45002.6	665380.8	147934.7
光电子器件制造	250	53624.9	682994.3	239419.5
其他电子器件制造	185	22459.0	175618.2	46056.9
电子元件及电子专用设备制造	3213	439464.0	6074833.2	1394968.1
电阻电容电感元件制造	528	51435.1	717771.4	145618.6
电子电路制造	287	23408.0	293430.5	21645.9
敏感元件及传感器制造	271	46880.2	610797.8	285880.7
电声器件及零件制造	120	10329.3	112502.2	18105.6
电子专用材料制造	1146	182857.9	2767761.8	560398.3
其他电子元件制造	861	124553.5	1572569.5	363319.0

6-6　续表 2

指标名称	新产品开发项目数（项）	新产品开发经费（万元）	新产品销售收入（万元）	
				# 出口
智能消费设备制造	1142	134566.4	1711055.7	567428.4
可穿戴智能设备制造	16	1526.5	9091.2	1182.7
智能车载设备制造	78	13102.6	110699.8	5371.6
智能无人飞行器制造	45	10494.0	71494.4	5179.2
其他智能消费设备制造	1003	109443.3	1519770.3	555694.9
其他电子设备制造	327	51823.4	297661.7	91690.6
计算机及办公设备制造业	916	146262.1	2581285.1	1040860.3
计算机整机制造	33	11126.4	473072.9	68437.8
计算机零部件制造	140	15862.9	1094616.4	788332.7
计算机外围设备制造	200	33306.0	237914.5	102929.6
工业控制计算机及系统制造	26	4841.1	14563.2	1411.7
信息安全设备制造	2	984.6	22966.6	
其他计算机制造	375	61861.1	560930.2	45407.4
办公设备制造	140	18280.0	177221.3	34341.1
复印和胶印设备制造	23	1008.4	12877.0	864.6
计算器及货币专用设备制造	117	17271.6	164344.3	33476.5
医疗仪器设备及仪器仪表制造业	5716	774025.4	7219993.1	1535970.3
医疗仪器设备及器械制造	1446	136422.5	1006960.8	524989.8
医疗诊断、监护及治疗设备制造	607	62114.0	507270.8	329533.9
口腔科用设备及器具制造	43	3256.3	30926.9	9426.7
医疗实验室及医用消毒设备和器具制造	37	2989.7	7462.4	1146.6
医疗、外科及兽医用器械制造	525	48953.6	325490.2	133921.7
机械治疗及病房护理设备制造	55	4354.8	18194.7	2878.6
康复辅具制造	36	4144.0	24595.5	9381.8
其他医疗设备及器械制造	143	10610.1	93020.3	38700.5
通用仪器仪表制造	3127	404273.5	4733480.3	731277.2
工业自动控制系统装置制造	1777	212993.0	2640543.4	330227.7
电工仪器仪表制造	456	82112.4	1319483.9	231971.0
绘图、计算及测量仪器制造	89	5531.4	48591.2	27754.6
实验分析仪器制造	185	25741.4	102548.6	10479.9

6-6　续表 3

指标名称	新产品开发项目数（项）	新产品开发经费（万元）	新产品销售收入（万元）	
				# 出口
试验机制造	59	2340.5	2815.3	
供应用仪器仪表制造	388	43509.7	378763.2	117897.4
其他通用仪器制造	173	32045.1	240734.7	12946.6
专用仪器仪表制造	847	103232.0	920930.9	117227.3
环境监测专用仪器仪表制造	171	14438.9	90756.9	40.2
运输设备及生产用计数仪表制造	249	34368.1	505551.2	52007.0
导航、测绘、气象及海洋专用仪器制造	29	2921.0	14412.7	1183.3
农林牧渔专用仪器仪表制造	21	2136.9	13216.3	884.3
地质勘探和地震专用仪器制造	26	2290.1	6664.3	
教学专用仪器制造	119	13040.7	91220.3	8904.5
电子测量仪器制造	163	26423.6	153182.9	53529.1
其他专用仪器制造	69	7612.7	45926.3	678.9
光学仪器制造	254	125575.1	533728.1	161414.1
其他仪器仪表制造业	42	4522.3	24893.0	1061.9
信息化学品制造业	71	16105.7	106243.9	40686.0
信息化学品制造	71	16105.7	106243.9	40686.0
文化用信息化学品制造	62	14407.3	100497.4	39586.3
医学生产用信息化学品制造	9	1698.4	5746.5	1099.7
按地区分组				
杭州市	5744	2087595.8	24870797.7	4677169.3
宁波市	4744	753631.6	9085392.3	1683692.6
温州市	2008	198722.4	2428122.3	376495.1
嘉兴市	2434	496192.6	8803721.4	3794770.3
湖州市	1089	131430.0	2203674.6	488689.0
绍兴市	1445	295067.3	3527195.6	1050382.8
金华市	1201	166892.8	2237214.7	449570.2
衢州市	307	31408.5	606675.7	81601.3
舟山市	56	5521.0	27432.3	532.2
台州市	1523	244275.5	2913191.7	1117221.8
丽水市	206	18054.7	176018.6	17282.9

6-7 高技术产业企业技术获取和技术改造情况（2020）

单位：万元

指标名称	技术改造经费支出	购买境内技术经费支出	引进境外技术经费支出	引进境外技术的消化吸收经费支出
总计	**430621.7**	**41858.7**	**45532.1**	**928.5**
按行业分组				
医药制造业	130927.9	20005.9	37565.9	
化学药品制造	111571.4	17738.7	37565.9	
化学药品原料药制造	65803.5	9442.6	68.1	
化学药品制剂制造	45767.9	8296.1	37497.8	
中药饮品加工	2156.2	19.8		
中成药生产	6144.6	485.6		
兽用药品制造	484.8	792.9		
生物药品制品制造	6474.2	907.7		
生物药品制造	6474.2	907.7		
卫生材料及医药用品制造	1515.0			
药用辅料及包装材料	2581.7	61.2		
航空、航天器及设备制造业	14.4			
飞机制造	14.4			
电子及通信设备制造业	212990.3	10981.6	6170.8	711.1
电子工业专用设备制造	1805.2	55.7		
半导体器件专用设备制造	261.4			
电子元器件与机电组件设备制造	49.6	18.0		
其他电子专用设备制造	1494.2	37.7		
光纤、光缆及锂离子电池制造	12480.6	706.2		
光纤制造	869.0			
锂离子电池制造	11611.6	706.2		
通信设备制造、雷达及配套设备制造	36545.3	614.7		
通信系统设备制造	3591.1	384.2		
通信终端设备制造	32954.2	230.5		
广播电视设备制造	6068.1	601.9		
广播电视接收设备制造	708.0	601.9		
广播电视专用配件制造	238.6			
应用电视设备及其他广播电视设备制造	5121.5			

6-7　续表 1　　　　单位：万元

指标名称	技术改造经费支出	购买境内技术经费支出	引进境外技术经费支出	引进境外技术的消化吸收经费支出
非专业视听设备制造	3743.2			
音响设备制造	3743.2			
电子器件制造	56785.6	5438.5	3486.0	
电子真空器件制造	38030.5	7.0		
半导体分立器件制造	1075.5	258.4		
集成电路制造	15922.4	4211.9	3212.0	
半导体照明器件制造	123.3			
光电子器件制造	1595.9	961.2	274.0	
其他电子器件制造	38.0			
电子元件及电子专用设备制造	77848.9	3156.4	2683.1	711.1
电阻电容电感元件制造	5151.1	1731.2		
电子电路制造	1907.7	307.5		
敏感元件及传感器制造	14329.7	105.0	35.8	633.1
电声器件及零件制造	286.3	230.8		
电子专用材料制造	32476.4	18.8		
其他电子元件制造	23697.7	763.1	2647.3	78.0
智能消费设备制造	16553.4	248.2	1.7	
可穿戴智能设备制造	38.6	38.6		
智能车载设备制造	8353.0			
其他智能消费设备制造	8161.8	209.6	1.7	
其他电子设备制造	1160.0	160.0		
计算机及办公设备制造业	23574.8	1530.1	1207.9	
计算机零部件制造	20030.7			
计算机外围设备制造	1891.5	1402.2		
工业控制计算机及系统制造		63.8	195.3	
其他计算机制造	1467.6		1012.6	
办公设备制造	185.0	64.1		
复印和胶印设备制造	185.0			
计算器及货币专用设备制造		64.1		
医疗仪器设备及仪器仪表制造业	63045.7	9341.1	587.5	217.4
医疗仪器设备及器械制造	2442.3	198.2	186.0	217.4
医疗诊断、监护及治疗设备制造	459.5	198.2	186.0	186.0

6-7 续表 2

单位：万元

指标名称	技术改造经费支出	购买境内技术经费支出	引进境外技术经费支出	引进境外技术的消化吸收经费支出
口腔科用设备及器具制造	9.8			
医疗、外科及兽医用器械制造	1837.3			
康复辅具制造	135.7			
其他医疗设备及器械制造				31.4
通用仪器仪表制造	25002.1	8872.5	401.5	
工业自动控制系统装置制造	12088.5	1979.5	401.5	
电工仪器仪表制造	7012.5	5222.5		
绘图、计算及测量仪器制造	292.5			
实验分析仪器制造	23.2	20.0		
供应用仪器仪表制造	5314.2	1424.5		
其他通用仪器制造	271.2	226.0		
专用仪器仪表制造	18874.5	176.4		
环境监测专用仪器仪表制造	453.0			
运输设备及生产用计数仪表制造	15715.4	176.4		
电子测量仪器制造	2551.7			
其他专用仪器制造	154.4			
光学仪器制造	16552.8	94.0		
其他仪器仪表制造业	174.0			
信息化学品制造业	68.6			
信息化学品制造	68.6			
文化用信息化学品制造	68.6			
按地区分组				
杭州市	66842.0	11901.1	40718.3	
宁波市	88475.2	12443.9	1496.2	850.5
温州市	33960.7	2598.2		
嘉兴市	61560.7	1540.3	3247.8	
湖州市	53016.3	860.9		78.0
绍兴市	26541.3	1112.6		
金华市	54321.6	1089.0		
衢州市	9856.6	3.0		
舟山市	362.0	38.5		
台州市	33404.8	10259.0	69.8	
丽水市	2280.5	12.2		

6-8 医药制造业产业基本情况（2020）

指标名称	企业数（个）	从业人员平均人数（人）	资产总计（亿元）	主营业务收入（亿元）	利润总额（亿元）
总计	**533**	**154126**	**3090.1**	**1768.2**	**331.9**
按行业分组					
医药制造业	533	154126	3090.1	1768.2	331.9
化学药品制造	200	92408	2153.2	1171.4	214.1
化学药品原料药制造	127	59227	1478.8	637.5	126.3
化学药品制剂制造	73	33181	674.4	533.9	87.7
中药饮品加工	36	4458	59.7	45.5	3.4
中成药生产	47	14045	283.7	101.8	21.3
兽用药品制造	19	2987	47.5	38.1	4.4
生物药品制品制造	73	17777	330.5	189.8	46.8
生物药品制造	69	16979	304.8	177.3	42.8
基因工程药物和疫苗制造	4	798	25.6	12.5	4.0
卫生材料及医药用品制造	112	17095	174.3	190.5	39.7
药用辅料及包装材料	46	5356	41.3	31.2	2.2
按地区分组					
杭州市	125	42659	793.3	626.1	105.3
宁波市	49	9052	151.8	91.6	15.1
温州市	30	4319	50.3	33.7	5.7
嘉兴市	32	6004	101.1	39.4	3.9
湖州市	52	9921	143.3	101.8	31.0
绍兴市	94	27033	620.6	321.5	75.8
金华市	50	13120	237.9	128.9	17.0
衢州市	17	2384	24.3	20.5	2.0
舟山市	2	383	2.8	2.8	-0.1
台州市	67	36444	921.7	382.6	71.3
丽水市	15	2807	43.0	19.4	5.0

6–9 医药制造业产业 R&D 人员情况（2020）

指标名称	有 R&D 活动的企业数（个）	R&D 人员（人）			R&D 人员折合全时当量（人年）
			# 全时人员	# 研究人员	
总计	**405**	**19241**	**14833**	**7878**	**15444**
按行业分组					
医药制造业	405	19241	14833	7878	15444
化学药品制造	165	12506	9620	5570	10173
化学药品原料药制造	106	8972	6912	3933	7312
化学药品制剂制造	59	3534	2708	1637	2861
中药饮品加工	20	371	299	100	291
中成药生产	40	1556	1096	576	1219
兽用药品制造	16	375	321	153	302
生物药品制品制造	61	2233	1792	943	1675
生物药品制造	58	2110	1681	890	1561
基因工程药物和疫苗制造	3	123	111	53	114
卫生材料及医药用品制造	66	1614	1294	437	1311
药用辅料及包装材料	37	586	411	99	473
按地区分组					
杭州市	85	4149	3291	1848	3400
宁波市	40	1329	1028	469	1022
温州市	19	426	324	128	354
嘉兴市	22	560	457	184	443
湖州市	37	975	753	313	715
绍兴市	81	3763	2910	1654	3282
金华市	36	1975	1511	698	1632
衢州市	8	182	116	42	131
舟山市	2	32	25	17	27
台州市	61	5442	4145	2397	4123
丽水市	14	408	273	128	315

6–10 医药制造业产业 R&D 经费情况（2020）

单位：万元

指标名称	R&D 经费内部支出	# 人员劳务费	# 仪器和设备	# 政府资金	# 企业资金	R&D 经费外部支出
总计	**655908.4**	**199157.1**	**72352.3**	**13261.3**	**636595.4**	**105283.0**
按行业分组						
医药制造业	655908.4	199157.1	72352.3	13261.3	636595.4	105283.0
化学药品制造	455191.3	136195.9	57672.1	9095.3	440257.9	83159.7
化学药品原料药制造	256847.2	90786.6	26009.4	4869.8	251851.6	42607.1
化学药品制剂制造	198344.1	45409.3	31662.7	4225.5	188406.3	40552.6
中药饮品加工	8152.6	2223.9	769.8	151.7	8000.9	958.1
中成药生产	29475.3	13278.0	562.2	1233.3	28206.2	9923.4
兽用药品制造	13068.1	4935.6	1033.6	226.9	12663.4	838.6
生物药品制品制造	91075.6	26389.1	7115.7	1840.6	89235.0	9130.3
生物药品制造	82871.5	24591.7	6632.7	1840.6	81030.9	9113.0
基因工程药物和疫苗制造	8204.1	1797.4	483.0		8204.1	17.3
卫生材料及医药用品制造	48992.9	12374.6	4202.2	563.6	48429.3	698.8
药用辅料及包装材料	9952.6	3760.0	996.7	149.9	9802.7	574.1
按地区分组						
杭州市	207431.3	51097.9	29836.2	3671.7	202574.4	34071.9
宁波市	33306.8	14115.6	1737.7	604.1	32702.7	4138.5
温州市	8292.8	3719.2	677.9	21.0	8271.8	1697.3
嘉兴市	13117.8	5983.4	975.1	160.4	12779.6	1439.6
湖州市	21392.5	6704.1	1292.2	79.7	21312.8	1724.3
绍兴市	139868.7	41099.9	12558.6	3035.8	132305.8	11119.3
金华市	47045.9	12637.0	2572.8	929.9	46116.0	8256.8
衢州市	3486.7	962.5	451.3	5.3	3464.7	688.5
舟山市	1017.8	236.9	236.3		1017.8	206.3
台州市	172651.8	60176.5	21407.7	4442.3	168064.6	40150.2
丽水市	8296.3	2424.1	606.5	311.1	7985.2	1790.3

6-11 医药制造业企业办研发机构情况（2020）

指标名称	有研发机构的企业数（个）	机构数（个）	机构人员（人）	机构经费支出（万元）	机构仪器设备（万元）
总计	**331**	**394**	**19747**	**794541.4**	**584259.0**
按行业分组					
医药制造业	331	394	19747	794541.4	584259.0
化学药品制造	142	194	12981	563529.0	426709.1
化学药品原料药制造	89	128	8669	295265.5	262325.1
化学药品制剂制造	53	66	4312	268263.5	164384.0
中药饮品加工	12	12	196	6642.3	3907.8
中成药生产	35	41	1662	38746.7	32909.6
兽用药品制造	11	12	336	12118.6	8225.4
生物药品制品制造	49	52	2311	108346.6	71043.6
生物药品制造	47	50	2224	100911.1	67711.0
基因工程药物和疫苗制造	2	2	87	7435.5	3332.6
卫生材料及医药用品制造	49	49	1683	54023.8	29621.8
药用辅料及包装材料	33	34	578	11134.4	11841.7
按地区分组					
杭州市	75	86	4625	274408.1	169465.4
宁波市	35	35	1381	43838.0	26917.5
温州市	20	20	517	10899.7	19596.7
嘉兴市	25	25	796	22493.3	16311.1
湖州市	26	27	1035	28044.2	23303.6
绍兴市	61	68	3224	156933.3	106239.7
金华市	27	31	1944	61817.5	33756.2
衢州市	6	6	151	3929.1	4132.0
舟山市	2	3	25	1343.2	1779.7
台州市	46	81	5776	181827.9	176226.3
丽水市	8	12	273	9007.1	6530.8

6-12　医药制造业企业专利情况（2020）

单位：件

指标名称	专利申请数	#发明专利	有效发明专利
总计	**1953**	**854**	**4384**
按行业分组			
医药制造业	1953	854	4384
化学药品制造	727	486	2654
化学药品原料药制造	378	256	1740
化学药品制剂制造	349	230	914
中药饮品加工	73	34	124
中成药生产	109	44	366
兽用药品制造	48	16	106
生物药品制品制造	317	115	537
生物药品制造	310	110	529
基因工程药物和疫苗制造	7	5	8
卫生材料及医药用品制造	518	128	448
药用辅料及包装材料	161	31	149
按地区分组			
杭州市	637	320	1157
宁波市	165	62	318
温州市	78	19	89
嘉兴市	116	31	198
湖州市	131	40	289
绍兴市	474	146	788
金华市	55	36	293
衢州市	30	8	30
舟山市			14
台州市	200	176	1134
丽水市	67	16	74

6-13 医药制造业企业新产品开发、生产及销售情况（2020）

指标名称	新产品开发项目数（项）	新产品开发经费（万元）	新产品销售收入（万元）	# 出口
总计	**4385**	**736090.0**	**7591518.6**	**2468030.3**
按行业分组				
医药制造业	4385	736090.0	7591518.6	2468030.3
化学药品制造	2213	467694.4	5318891.2	1694082.8
化学药品原料药制造	1165	217075.8	3560704.0	1553751.1
化学药品制剂制造	1048	250618.6	1758187.2	140331.7
中药饮品加工	131	9870.7	61553.0	4278.8
中成药生产	364	33196.4	434429.8	5301.8
兽用药品制造	139	11774.4	155845.5	13003.8
生物药品制品制造	834	132355.9	850362.4	456938.1
生物药品制造	811	122272.1	847559.0	456938.1
基因工程药物和疫苗制造	23	10083.8	2803.4	
卫生材料及医药用品制造	518	68348.3	635328.8	279828.4
药用辅料及包装材料	186	12849.9	135107.9	14596.6
按地区分组				
杭州市	1206	284143.3	1886705.1	374649.0
宁波市	420	41936.3	263628.4	51661.2
温州市	167	11450.0	105255.5	16798.7
嘉兴市	235	18289.1	227461.6	39428.9
湖州市	380	31037.4	625868.7	313090.4
绍兴市	655	136871.9	1934782.4	794253.3
金华市	390	46135.5	455072.7	38928.3
衢州市	76	5258.3	83803.9	5087.6
舟山市	9	1275.4		
台州市	764	153164.0	1932714.2	833126.3
丽水市	83	6528.8	76226.1	1006.6

6–14 医药制造业企业技术获取和技术改造情况（2020）

单位：万元

指标名称	技术改造经费支出	购买境内技术经费支出	引进境外技术经费支出	引进境外技术的消化吸收经费支出
总计	**130927.9**	**20005.9**	**37565.9**	**0**
按行业分组				
医药制造业	130927.9	20005.9	37565.9	
化学药品制造	111571.4	17738.7	37565.9	
化学药品原料药制造	65803.5	9442.6	68.1	
化学药品制剂制造	45767.9	8296.1	37497.8	
中药饮品加工	2156.2	19.8		
中成药生产	6144.6	485.6		
兽用药品制造	484.8	792.9		
生物药品制品制造	6474.2	907.7		
生物药品制造	6474.2	907.7		
卫生材料及医药用品制造	1515.0			
药用辅料及包装材料	2581.7	61.2		
按地区分组				
杭州市	32192.1	6779.7	37497.8	
宁波市	2295.8	50.0		
温州市	1066.1	33.0		
嘉兴市	726.6			
湖州市	472.7	782.2		
绍兴市	16323.4	1007.6		
金华市	48040.5	1089.0		
衢州市	659.3			
台州市	27138.2	10252.2	68.1	
丽水市	2013.2	12.2		

6–15　航空、航天器及设备制造业基本情况（2020）

指标名称	企业数（个）	从业人员平均人数（人）	资产总计（亿元）	主营业务收入（亿元）	利润总额（亿元）
总计	**14**	**2284**	**79.0**	**20.9**	**2.3**
按行业分组					
航空、航天器及设备制造业	14	2284	79.0	20.9	2.3
飞机制造	10	1580	73.0	17.9	2.1
航天器及运载火箭制造	1	226	0.9	1.2	0.0
航空、航天相关设备制造	2	395	4.2	1.4	0.1
航空相关设备制造	2	395	4.2	1.4	0.1
其他航空航天器制造	1	83	0.8	0.4	0.1
按地区分组					
杭州市	6	673	6.7	3.2	-0.1
宁波市	3	726	5.0	3.0	0.2
绍兴市	2	260	37.4	2.3	0.2
台州市	3	625	29.9	12.4	2.0

6–16　航空、航天器及设备制造业 R&D 人员情况（2020）

指标名称	有 R&D 活动的企业数（个）	R&D 人员（人）			R&D 人员折合全时当量(人年)
			# 全时人员	# 研究人员	
总计	**12**	**454**	**356**	**196**	**364.2**
按行业分组					
航空、航天器及设备制造业	12	454	356	196	364.2
飞机制造	8	346	260	159	269.5
航天器及运载火箭制造	1	26	23	7	25.5
航空、航天相关设备制造	2	56	50	28	46.2
航空相关设备制造	2	56	50	28	46.2
其他航空航天器制造	1	26	23	2	23.1
按地区分组					
杭州市	4	94	83	33	53.4
宁波市	3	100	90	43	89.3
绍兴市	2	60	46	22	45.5
台州市	3	200	137	98	176

6–17 航空、航天器及设备制造业 R&D 经费情况（2020）

单位：万元

指标名称	R&D 经费内部支出	# 人员劳务费	# 仪器和设备	# 企业资金	R&D 经费外部支出
总计	**15102.8**	**6799.3**	**99.5**	**14000.9**	**801.6**
按行业分组					
航空、航天器及设备制造业	15102.8	6799.3	99.5	14000.9	801.6
飞机制造	13308.2	6084.7	75.0	12221.6	801.6
航天器及运载火箭制造	474.4	192.6		474.4	
航空、航天相关设备制造	1066.3	473.4		1051.0	
航空相关设备制造	1066.3	473.4		1051.0	
其他航空航天器制造	253.9	48.6	24.5	253.9	
按地区分组					
杭州市	2198.6	544.0	82.2	1112.0	
宁波市	3288.7	1436.2		3288.7	
绍兴市	1399.2	365.9		1383.9	
台州市	8216.3	4453.2	17.3	8216.3	801.6

6–18 航空、航天器及设备制造业企业办研发机构情况（2020）

指标名称	有研发机构的企业数（个）	机构数（个）	机构人员（人）	机构经费支出（万元）	机构仪器设备（万元）
总计	**10**	**10**	**500**	**16985.9**	**7597.5**
按行业分组					
航空、航天器及设备制造业	10	10	500	16985.9	7597.5
飞机制造	6	6	384	14794.0	4262.9
航天器及运载火箭制造	1	1	25	497.7	240.1
航空、航天相关设备制造	2	2	66	1294.7	1560.0
航空相关设备制造	2	2	66	1294.7	1560.0
其他航空航天器制造	1	1	25	399.5	1534.5
按地区分组					
杭州市	3	3	98	3057.4	3543.0
宁波市	3	3	99	3748.0	2812.1
绍兴市	2	2	70	1676.1	444.3
台州市	2	2	233	8504.4	798.1

6-19 航空、航天器及设备制造业企业专利情况（2020）

单位：件

指标名称	专利申请数	#发明专利	有效发明专利
总计	**137**	**71**	**173**
按行业分组			
航空、航天器及设备制造业	137	71	173
飞机制造	114	67	150
航天器及运载火箭制造	3		14
航空、航天相关设备制造	13	4	8
航空相关设备制造	13	4	8
其他航空航天器制造	7		1
按地区分组			
杭州市	14	6	26
宁波市	30	19	23
绍兴市	21	2	10
台州市	72	44	114

6-20 航空、航天器及设备制造业企业新产品开发、生产及销售情况（2020）

指标名称	新产品开发项目数（项）	新产品开发经费（万元）	新产品销售收入（万元）	#出口
总计	**127**	**17668.0**	**52518.7**	**9714.6**
按行业分组				
航空、航天器及设备制造业	127	17668.0	52518.7	9714.6
飞机制造	105	14941.2	36180.0	9714.6
航天器及运载火箭制造	6	476.7	6724.2	
航空、航天相关设备制造	10	1278.3	7969.3	
航空相关设备制造	10	1278.3	7969.3	
其他航空航天器制造	6	971.8	1645.2	
按地区分组				
杭州市	33	4463.9	14643.6	9036.4
宁波市	45	3291.0	9747.7	
绍兴市	13	1674.0	18501.3	678.2
台州市	36	8239.1	9626.1	

6–21 航空、航天器及设备制造业企业技术获取和技术改造情况（2020）

指标名称	技术改造经费支出（万元）	购买境内技术经费支出（万元）	引进境外技术经费支出（万元）	引进境外技术的消化吸收经费支出（万元）
总计	**14.4**	**0**	**0**	**0**
按行业分组				
航空、航天器及设备制造业	14.4			
飞机制造	14.4			
按地区分组				
杭州市	14.4			

6–22 电子及通信设备制造业基本情况（2020）

指标名称	企业数（个）	从业人员平均人数（人）	资产总计（亿元）	主营业务收入（亿元）	利润总额（亿元）
总计	**1968**	**510508**	**8189.2**	**5956.0**	**497.8**
按行业分组					
电子及通信设备制造业	1968	510508	8189.2	5956.0	497.8
电子工业专用设备制造	93	10853	238.0	134.6	24.4
半导体器件专用设备制造	26	2618	148.2	54.1	14.9
电子元器件与机电组件设备制造	17	2117	28.9	24.8	4.2
其他电子专用设备制造	50	6118	60.9	55.8	5.4
光纤、光缆及锂离子电池制造	123	27689	876.9	390.0	12.5
光纤制造	24	2700	62.8	33.7	-0.7
光缆制造	23	3208	309.1	132.1	7.5
锂离子电池制造	76	21781	505.0	224.3	5.7
通信设备制造、雷达及配套设备制造	191	118080	2905.4	2548.7	280.4
通信系统设备制造	125	71216	2207.4	1829.1	245.8
通信终端设备制造	62	46103	671.6	692.8	36.9
雷达及配套设备制造	4	761	26.3	26.8	-2.3
广播电视设备制造	64	24207	280.4	303.1	7.9
广播电视节目制作及发射设备制造	2	269	1.8	1.9	0.4
广播电视接收设备制造	20	4084	27.0	17.3	1.2
广播电视专用配件制造	9	857	3.9	4.4	0.0
专用音响设备制造	16	11172	97.0	156.0	2.3

6-22 续表 1

指标名称	企业数（个）	从业人员平均人数（人）	资产总计（亿元）	主营业务收入（亿元）	利润总额（亿元）
应用电视设备及其他广播电视设备制造	17	7825	150.6	123.5	4.1
非专业视听设备制造	87	14949	144.6	93.1	-9.1
电视机制造	5	1654	71.0	26.3	-12.8
音响设备制造	71	11224	49.1	50.7	2.5
影视录放设备制造	11	2071	24.5	16.1	1.2
电子器件制造	344	98131	1393.4	888.8	29.9
电子真空器件制造	44	13508	58.7	58.9	2.3
半导体分立器件制造	36	7742	116.1	74.7	10.7
集成电路制造	81	18682	452.4	234.4	-9.6
显示器件制造	41	20763	244.6	262.7	7.1
半导体照明器件制造	54	15413	231.1	96.8	5.8
光电子器件制造	49	14861	189.9	106.5	8.6
其他电子器件制造	39	7162	100.5	54.7	4.9
电子元件及电子专用设备制造	830	164688	1837.3	1214.9	109.2
电阻电容电感元件制造	143	23326	177.7	138.2	9.8
电子电路制造	97	14101	82.5	74.0	4.5
敏感元件及传感器制造	40	15167	173.5	106.1	14.9
电声器件及零件制造	44	6167	32.3	28.3	1.1
电子专用材料制造	297	56961	966.9	575.2	47.6
其他电子元件制造	209	48966	404.4	293.1	31.2
智能消费设备制造	175	42257	400.2	303.2	29.0
可穿戴智能设备制造	4	307	2.7	2.3	0.3
智能车载设备制造	14	1739	52.2	19.0	0.1
智能无人飞行器制造	6	2606	30.8	16.1	1.2
其他智能消费设备制造	151	37605	314.6	265.8	27.4
其他电子设备制造	61	9654	113.1	79.5	13.5
按地区分组					
杭州市	396	144179	3590.3	2599.3	298.1
宁波市	531	126014	1463.8	1300.1	85.8
温州市	221	34799	271.5	194.9	19.6
嘉兴市	324	95944	1253.4	1015.4	51.0
湖州市	107	19381	275.2	186.1	9.9
绍兴市	112	24416	453.9	197.1	16.1
金华市	143	38157	490.6	268.8	16.0
衢州市	56	7881	113.1	77.7	5.0
舟山市	6	369	4.0	2.3	0.2
台州市	48	15957	247.3	97.3	-4.5
丽水市	24	3411	26.0	17.0	0.8

6–23 电子及通信设备制造业产业 R&D 人员情况（2020）

指标名称	有 R&D 活动的企业数（个）	R&D 人员（人）	# 全时人员	# 研究人员	R&D 人员折合全时当量（人年）
总计	**1209**	**70286**	**55662**	**26151**	**57705**
按行业分组					
电子及通信设备制造业	1209	70286	55662	26151	57705
电子工业专用设备制造	64	1500	1182	455	1139
半导体器件专用设备制造	19	494	380	207	368
电子元器件与机电组件设备制造	10	230	165	80	142
其他电子专用设备制造	35	776	637	168	629
光纤、光缆及锂离子电池制造	80	3403	2571	1045	2684
光纤制造	12	235	154	49	181
光缆制造	16	552	433	149	440
锂离子电池制造	52	2616	1984	847	2063
通信设备制造、雷达及配套设备制造	117	28748	25080	14866	25705
通信系统设备制造	80	23901	21199	12757	21613
通信终端设备制造	33	4660	3766	2038	3972
雷达及配套设备制造	4	187	115	71	120
广播电视设备制造	36	2678	1872	854	1957
广播电视节目制作及发射设备制造	2	61	48	26	44
广播电视接收设备制造	13	434	320	92	327
广播电视专用配件制造	5	103	76	10	71
专用音响设备制造	7	1227	724	369	770
应用电视设备及其他广播电视设备制造	9	853	704	357	746
非专业视听设备制造	46	1560	1170	482	1209
电视机制造	4	113	100	51	98
音响设备制造	37	1018	716	223	765
影视录放设备制造	5	429	354	208	346
电子器件制造	221	8774	6993	3027	6814
电子真空器件制造	24	646	548	185	571
半导体分立器件制造	24	1048	759	379	831

6–23 续表

指标名称	有R&D活动的企业数（个）	R&D人员（人）	#全时人员	#研究人员	R&D人员折合全时当量（人年）
集成电路制造	63	2744	2239	1162	2080
显示器件制造	25	617	492	131	438
半导体照明器件制造	28	1621	1245	511	1221
光电子器件制造	33	1575	1279	507	1283
其他电子器件制造	24	523	431	152	391
电子元件及电子专用设备制造	485	17295	11913	3828	13352
电阻电容电感元件制造	97	2521	1908	494	2089
电子电路制造	42	988	693	107	785
敏感元件及传感器制造	31	2269	1397	579	1462
电声器件及零件制造	22	459	391	73	385
电子专用材料制造	167	6219	3954	1594	4779
其他电子元件制造	126	4839	3570	981	3853
智能消费设备制造	116	4881	3629	1143	3601
可穿戴智能设备制造	2	71	64	18	68
智能车载设备制造	10	406	305	155	317
智能无人飞行器制造	2	40	34	21	34
其他智能消费设备制造	102	4364	3226	949	3182
其他电子设备制造	44	1447	1252	451	1245
按地区分组					
杭州市	227	31491	27301	15617	27487
宁波市	309	12328	9408	3633	9940
温州市	132	4155	3187	749	3454
嘉兴市	186	9158	7050	2654	6941
湖州市	77	2522	1803	674	2140
绍兴市	89	3569	2253	1038	2352
金华市	95	4312	2772	1133	3342
衢州市	27	689	350	129	495
舟山市	5	53	45	26	45
台州市	43	1630	1196	415	1241
丽水市	19	379	297	83	270

6–24 电子及通信设备制造业 R&D 经费情况（2020）

单位：万元

指标名称	R&D 经费内部支出	# 人员劳务费	# 仪器和设备	# 政府资金	# 企业资金	R&D 经费外部支出
总计	**2227200.9**	**1074882.2**	**119957.8**	**25552.5**	**2199833.3**	**110664.0**
按行业分组						
电子及通信设备制造业	2227200.9	1074882.2	119957.8	25552.5	2199833.3	110664.0
电子工业专用设备制造	51494.6	17141.9	6039.8	1523.4	49971.2	1125.3
半导体器件专用设备制造	23358.8	7316.0	2391.0	1376.1	21982.7	272.8
电子元器件与机电组件设备制造	7182.7	2329.6	1539.3		7182.7	108.5
其他电子专用设备制造	20953.1	7496.3	2109.5	147.3	20805.8	744.0
光纤、光缆及锂离子电池制造	135859.3	29461.0	16942.6	1334.1	134257.5	13643.1
光纤制造	8859.3	1168.7	224.2	76.4	8782.9	20.8
光缆制造	42840.9	3205.1	7428.2		42840.9	1273.6
锂离子电池制造	84159.1	25087.2	9290.2	1257.7	82633.7	12348.7
通信设备制造、雷达及配套设备制造	1107936.7	666931.5	6294.2	5472.6	1102415.8	64677.0
通信系统设备制造	860702.7	584660.1	2071.5	2723.8	857978.9	49742.7
通信终端设备制造	242702.0	80595.7	4214.1	2586.8	240066.9	14319.2
雷达及配套设备制造	4532.0	1675.7	8.6	162.0	4370.0	615.1
广播电视设备制造	100104.1	37725.5	22745.3	135.4	99968.7	364.5
广播电视节目制作及发射设备制造	1001.5	733.5		20.5	981.0	24.0
广播电视接收设备制造	6338.4	2883.1	915.3	114.9	6223.5	340.5
广播电视专用配件制造	1377.2	678.2	169.4		1377.2	
专用音响设备制造	74672.2	24342.0	20328.2		74672.2	
应用电视设备及其他广播电视设备制造	16714.8	9088.7	1332.4		16714.8	
非专业视听设备制造	28804.0	14242.2	755.3	204.9	28521.8	557.8
电视机制造	2787.8	1267.2		97.0	2690.8	17.2
音响设备制造	17371.2	7962.2	755.3	62.1	17231.8	67.3
影视录放设备制造	8645.0	5012.8		45.8	8599.2	473.3
电子器件制造	295923.8	109620.0	33857.9	9614.9	284887.1	11032.3
电子真空器件制造	17902.2	4923.1	4233.9	648.0	17254.2	141.6
半导体分立器件制造	29579.5	14302.9	1280.5	190.8	28089.4	3944.1

单元：万元

指标名称	R&D 经费内部支出	# 人员劳务费	# 仪器和设备	# 政府资金	# 企业资金	R&D 经费外部支出
集成电路制造	136241.3	45975.8	20161.5	6430.5	129810.8	6403.8
显示器件制造	14639.1	5009.5	527.1	585.7	14053.4	41.8
半导体照明器件制造	31160.8	14181.2	1297.4	1105.1	30055.7	307.6
光电子器件制造	50268.5	18396.8	6194.4	538.9	49729.6	183.5
其他电子器件制造	16132.4	6830.7	163.1	115.9	15894.0	9.9
电子元件及电子专用设备制造	371929.5	137417.6	29044.1	5753.5	366176.0	5229.1
电阻电容电感元件制造	49752.8	19389.2	1897.9	423.0	49329.8	285.4
电子电路制造	12690.0	4874.1	1121.3	70.7	12619.3	406.8
敏感元件及传感器制造	43701.8	19337.1	3059.0	82.8	43619.0	386.0
电声器件及零件制造	8495.3	3998.1	229.5	129.4	8365.9	80.3
电子专用材料制造	154992.9	47854.6	9905.7	3358.6	151634.3	1311.5
其他电子元件制造	102296.7	41964.5	12830.7	1689.0	100607.7	2759.1
智能消费设备制造	104125.0	48008.5	2826.9	716.7	103408.3	13158.7
可穿戴智能设备制造	613.7	359.8			613.7	47.2
智能车载设备制造	11949.0	5782.6	245.9	265.0	11684.0	10874.5
智能无人飞行器制造	1017.5	433.6			1017.5	
其他智能消费设备制造	90544.8	41432.5	2581.0	451.7	90093.1	2237.0
其他电子设备制造	31023.9	14334.0	1451.7	797.0	30226.9	876.2
按地区分组						
杭州市	1092200.9	674624.6	21502.6	10215.8	1080515.0	71847.8
宁波市	376121.7	143155.1	20582.0	6927.6	368926.4	26550.3
温州市	80127.2	35356.1	4546.5	1995.7	78131.5	384.3
嘉兴市	327666.1	121088.0	31791.2	1863.0	325725.8	5735.7
湖州市	70367.8	16904.2	12624.5	332.0	70035.8	1665.8
绍兴市	126985.1	37421.6	13089.4	1421.2	125563.9	1471.8
金华市	90669.4	25290.5	9056.0	1891.6	88777.8	748.3
衢州市	16228.0	3414.1	1883.1	422.4	15805.6	69.3
舟山市	1770.8	423.7	212.1	148.9	1621.9	191.5
台州市	38069.0	14882.3	3983.9	322.8	37746.2	1965.2
丽水市	6994.9	2322.0	686.5	11.5	6983.4	34.0

6-25 电子及通信设备制造业企业办研发机构情况（2020）

指标名称	有研发机构的企业数（个）	机构数（个）	机构人员（人）	机构经费支出（万元）	机构仪器设备（万元）
总计	**1035**	**1106**	**70572**	**2686510.9**	**1091331.2**
按行业分组					
电子及通信设备制造业	1035	1106	70572	2686510.9	1091331.2
电子工业专用设备制造	59	64	1722	56392.1	30771.7
半导体器件专用设备制造	19	22	730	30456.4	16482.4
电子元器件与机电组件设备制造	6	6	158	6293.7	3066.1
其他电子专用设备制造	34	36	834	19642.0	11223.2
光纤、光缆及锂离子电池制造	80	86	3146	139685.1	104655.1
光纤制造	13	14	235	9554.1	5723.0
光缆制造	16	17	495	33461.3	41080.3
锂离子电池制造	51	55	2416	96669.7	57851.8
通信设备制造、雷达及配套设备制造	122	142	30583	1496451.9	264413.1
通信系统设备制造	80	100	23919	1161787.1	194255.0
通信终端设备制造	38	38	6250	310839.0	66566.0
雷达及配套设备制造	4	4	414	23825.8	3592.1
广播电视设备制造	30	33	2739	84802.9	48290.1
广播电视节目制作及发射设备制造	1	1	25	303.0	911.9
广播电视接收设备制造	11	11	383	6588.2	4111.2
广播电视专用配件制造	5	5	103	1611.5	1102.5
专用音响设备制造	7	7	1390	58180.3	35423.2
应用电视设备及其他广播电视设备制造	6	9	838	18119.9	6741.3
非专业视听设备制造	36	37	1375	28870.9	14634.7
电视机制造	2	3	82	3058.8	4297.8
音响设备制造	29	29	788	15655.6	7013.5
影视录放设备制造	5	5	505	10156.5	3323.4
电子器件制造	184	192	9577	342230.6	223553.5
电子真空器件制造	17	17	505	11191.5	15951.5
半导体分立器件制造	15	15	1027	38700.0	26737.6

6–25 续表

指标名称	有研发机构的企业数（个）	机构数（个）	机构人员（人）	机构经费支出（万元）	机构仪器设备（万元）
集成电路制造	51	51	3616	165952.4	76884.8
显示器件制造	21	22	840	20578.4	15482.8
半导体照明器件制造	28	30	1561	40167.2	40163.9
光电子器件制造	34	39	1615	50249.1	43139.7
其他电子器件制造	18	18	413	15392.0	5193.2
电子元件及电子专用设备制造	390	412	15033	372395.0	344403.3
电阻电容电感元件制造	69	70	1870	41611.9	47691.4
电子电路制造	40	43	1147	17372.0	19868.9
敏感元件及传感器制造	25	26	2514	42631.1	29448.8
电声器件及零件制造	23	23	444	9602.0	5403.3
电子专用材料制造	138	153	5003	173647.1	178856.7
其他电子元件制造	95	97	4055	87530.9	63134.2
智能消费设备制造	101	105	4812	124676.5	45730.1
可穿戴智能设备制造	2	2	90	1252.8	670.5
智能车载设备制造	7	7	412	23557.0	5201.0
智能无人飞行器制造	1	1	6	65.0	26.7
其他智能消费设备制造	91	95	4304	99801.7	39831.9
其他电子设备制造	33	35	1585	41005.9	14879.6
按地区分组					
杭州市	199	217	32561	1487433.3	342434.0
宁波市	287	294	12839	408025.7	182001.8
温州市	97	97	3414	71535.5	52411.6
嘉兴市	236	256	12198	411307.2	252538.9
湖州市	62	66	1925	57425.0	57644.9
绍兴市	42	47	3297	110553.0	75122.3
金华市	59	71	2232	82469.2	81213.9
衢州市	20	23	550	20115.2	19249.2
舟山市	5	5	54	1165.4	794.0
台州市	20	22	1366	34328.0	26726.6
丽水市	8	8	136	2153.4	1194.0

6–26 电子及通信设备制造业企业专利情况（2020）

单位：件

指标名称	专利申请数	# 发明专利	有效发明专利
总计	**16498**	**7479**	**19779**
按行业分组			
电子及通信设备制造业	16498	7479	19779
电子工业专用设备制造	629	195	355
半导体器件专用设备制造	322	138	206
电子元器件与机电组件设备制造	60	10	13
其他电子专用设备制造	247	47	136
光纤、光缆及锂离子电池制造	972	416	1052
光纤制造	39	14	26
光缆制造	110	65	232
锂离子电池制造	823	337	794
通信设备制造、雷达及配套设备制造	5355	3643	9708
通信系统设备制造	4408	3173	9006
通信终端设备制造	898	441	636
雷达及配套设备制造	49	29	66
广播电视设备制造	689	120	335
广播电视节目制作及发射设备制造	15	5	7
广播电视接收设备制造	103	7	70
广播电视专用配件制造	50	6	15
专用音响设备制造	204	20	12
应用电视设备及其他广播电视设备制造	317	82	231
非专业视听设备制造	247	52	156
电视机制造	38	12	39
音响设备制造	176	25	106
影视录放设备制造	33	15	11
电子器件制造	3010	1394	3834
电子真空器件制造	116	20	85
半导体分立器件制造	249	75	180

6-26 续表

指标名称	专利申请数	#发明专利	有效发明专利
集成电路制造	1327	835	1985
显示器件制造	242	127	192
半导体照明器件制造	497	129	575
光电子器件制造	399	155	580
其他电子器件制造	180	53	237
电子元件及电子专用设备制造	3517	1226	3332
电阻电容电感元件制造	326	70	366
电子电路制造	248	30	68
敏感元件及传感器制造	384	161	478
电声器件及零件制造	119	18	29
电子专用材料制造	1394	749	1580
其他电子元件制造	1046	198	811
智能消费设备制造	1719	296	768
可穿戴智能设备制造	32	4	9
智能车载设备制造	86	36	42
智能无人飞行器制造	31	17	128
其他智能消费设备制造	1570	239	589
其他电子设备制造	360	137	239
按地区分组			
杭州市	7183	4373	12615
宁波市	3067	1226	2535
温州市	870	142	419
嘉兴市	2363	651	1455
湖州市	525	197	714
绍兴市	778	335	683
金华市	971	383	1042
衢州市	320	62	116
舟山市	21	5	12
台州市	310	91	134
丽水市	90	14	54

6-27 电子及通信设备制造业企业新产品开发、生产及销售情况（2020）

指标名称	新产品开发项目数（项）	新产品开发经费（万元）	新产品销售收入（万元）	# 出口
总计	**9542**	**2738641.0**	**39327877.5**	**8642146.0**
按行业分组				
电子及通信设备制造业	9542	2738641.0	39327877.5	8642146.0
电子工业专用设备制造	476	64258.5	914679.7	97849.2
半导体器件专用设备制造	144	29706.2	432685.4	19356.8
电子元器件与机电组件设备制造	69	9141.9	155131.5	17567.6
其他电子专用设备制造	263	25410.4	326862.8	60924.8
光纤、光缆及锂离子电池制造	763	150532.4	2047033.7	173609.0
光纤制造	75	11381.7	117007.5	3347.6
光缆制造	129	46578.4	561038.5	16946.6
锂离子电池制造	559	92572.3	1368987.7	153314.8
通信设备制造、雷达及配套设备制造	1193	1349325.2	21971532.5	4119018.2
通信系统设备制造	720	1053308.6	16019592.8	2679263.7
通信终端设备制造	434	285993.7	5892608.6	1438508.7
雷达及配套设备制造	39	10022.9	59331.1	1245.8
广播电视设备制造	268	104092.9	2495327.7	1388171.4
广播电视节目制作及发射设备制造	19	1227.7	17024.6	5506.1
广播电视接收设备制造	98	8025.4	108699.8	72644.8
广播电视专用配件制造	33	1519.5	8681.5	1763.2
专用音响设备制造	51	75792.2	1480265.9	1190749.6
应用电视设备及其他广播电视设备制造	67	17528.1	880655.9	117507.7
非专业视听设备制造	290	36723.0	354023.0	98917.6
电视机制造	18	4610.5	109559.4	
音响设备制造	208	19927.2	184155.0	98917.6
影视录放设备制造	64	12185.3	60308.6	
电子器件制造	1870	407855.2	3461730.3	710493.5
电子真空器件制造	157	27596.3	335104.4	14904.5
半导体分立器件制造	196	41052.0	269898.2	24962.8

指标名称	新产品开发项目数（项）	新产品开发经费（万元）	新产品销售收入（万元）	#出口
集成电路制造	551	194106.9	991217.0	172190.4
显示器件制造	194	24013.5	341517.4	65024.7
半导体照明器件制造	337	45002.6	665380.8	147934.7
光电子器件制造	250	53624.9	682994.3	239419.5
其他电子器件制造	185	22459.0	175618.2	46056.9
电子元件及电子专用设备制造	3213	439464.0	6074833.2	1394968.1
电阻电容电感元件制造	528	51435.1	717771.4	145618.6
电子电路制造	287	23408.0	293430.5	21645.9
敏感元件及传感器制造	271	46880.2	610797.8	285880.7
电声器件及零件制造	120	10329.3	112502.2	18105.6
电子专用材料制造	1146	182857.9	2767761.8	560398.3
其他电子元件制造	861	124553.5	1572569.5	363319.0
智能消费设备制造	1142	134566.4	1711055.7	567428.4
可穿戴智能设备制造	16	1526.5	9091.2	1182.7
智能车载设备制造	78	13102.6	110699.8	5371.6
智能无人飞行器制造	45	10494.0	71494.4	5179.2
其他智能消费设备制造	1003	109443.3	1519770.3	555694.9
其他电子设备制造	327	51823.4	297661.7	91690.6
按地区分组				
杭州市	2339	1453473.5	19728148.1	3421759.2
宁波市	2559	414836.5	6471903.4	1268015.9
温州市	875	82622.9	972718.6	172229.8
嘉兴市	1590	396005.0	6922676.6	2809379.0
湖州市	495	81485.6	1268677.1	157666.8
绍兴市	473	133575.8	1253560.8	178708.5
金华市	627	102099.4	1595248.1	385487.4
衢州市	172	19516.1	441026.5	75634.4
舟山市	22	1897.0	10031.5	
台州市	284	43899.5	585403.6	159380.8
丽水市	106	9229.7	78483.2	13884.2

6–28　电子及通信设备制造业企业技术获取和技术改造情况（2020）

单位：万元

指标名称	技术改造经费支出	购买境内技术经费支出	引进境外技术经费支出	引进境外技术的消化吸收经费支出
总计	**212990.3**	**10981.6**	**6170.8**	**711.1**
按行业分组				
电子及通信设备制造业	212990.3	10981.6	6170.8	711.1
电子工业专用设备制造	1805.2	55.7		
半导体器件专用设备制造	261.4			
电子元器件与机电组件设备制造	49.6	18.0		
其他电子专用设备制造	1494.2	37.7		
光纤、光缆及锂离子电池制造	12480.6	706.2		
光纤制造	869.0			
锂离子电池制造	11611.6	706.2		
通信设备制造、雷达及配套设备制造	36545.3	614.7		
通信系统设备制造	3591.1	384.2		
通信终端设备制造	32954.2	230.5		
广播电视设备制造	6068.1	601.9		
广播电视接收设备制造	708.0	601.9		
广播电视专用配件制造	238.6			
应用电视设备及其他广播电视设备制造	5121.5			
非专业视听设备制造	3743.2			
音响设备制造	3743.2			
电子器件制造	56785.6	5438.5	3486.0	
电子真空器件制造	38030.5	7.0		
半导体分立器件制造	1075.5	258.4		
集成电路制造	15922.4	4211.9	3212.0	
半导体照明器件制造	123.3			

6-28 续表

单元：万元

指标名称	技术改造经费支出	购买境内技术经费支出	引进境外技术经费支出	引进境外技术的消化吸收经费支出
光电子器件制造	1595.9	961.2	274.0	
其他电子器件制造	38.0			
电子元件及电子专用设备制造	77848.9	3156.4	2683.1	711.1
电阻电容电感元件制造	5151.1	1731.2		
电子电路制造	1907.7	307.5		
敏感元件及传感器制造	14329.7	105.0	35.8	633.1
电声器件及零件制造	286.3	230.8		
电子专用材料制造	32476.4	18.8		
其他电子元件制造	23697.7	763.1	2647.3	78.0
智能消费设备制造	16553.4	248.2	1.7	
可穿戴智能设备制造	38.6	38.6		
智能车载设备制造	8353.0			
其他智能消费设备制造	8161.8	209.6	1.7	
其他电子设备制造	1160.0	160.0		
按地区分组				
杭州市	24450.2	4285.2	2647.3	
宁波市	58965.6	2740.4	274.0	633.1
温州市	15844.7	2235.7		
嘉兴市	40631.5	1508.3	3247.8	
湖州市	52533.0	58.7		78.0
绍兴市	4081.2	105.0		
金华市	5679.1			
衢州市	9197.3	3.0		
舟山市	207.6	38.5		
台州市	1132.8	6.8	1.7	
丽水市	267.3			

6–29 计算机及办公设备制造业基本情况（2020）

指标名称	企业数（个）	从业人员平均人数（人）	资产总计（亿元）	主营业务收入（亿元）	利润总额（亿元）
总计	**142**	**41887**	**530.4**	**599.4**	**29.5**
按行业分组					
计算机及办公设备制造业	142	41887	530.4	599.4	29.5
计算机整机制造	4	2284	44.9	196.6	1.9
计算机零部件制造	34	20124	176.8	161.0	12.4
计算机外围设备制造	43	9220	88.5	94.1	6.6
工业控制计算机及系统制造	7	588	5.7	3.3	0.2
信息安全设备制造	3	163	6.9	3.7	0.2
其他计算机制造	19	4895	159.6	109.9	6.2
办公设备制造	32	4613	48.0	30.9	2.1
复印和胶印设备制造	8	819	13.2	4.1	-0.2
计算器及货币专用设备制造	24	3794	34.8	26.8	2.3
按地区分组					
杭州市	40	9320	142.7	254.9	9.7
宁波市	32	10449	151.7	152.1	6.4
温州市	28	3446	27.0	21.3	1.6
嘉兴市	30	16977	184.0	149.9	11.0
湖州市	4	656	7.9	12.9	1.0
绍兴市	4	340	8.9	1.9	
金华市	2	524	7.2	5.5	-0.3
衢州市	1	56	0.3	0.4	
台州市	1	119	0.6	0.6	

6–30 计算机及办公设备制造业 R&D 人员情况（2020）

指标名称	有 R&D 活动的企业数（个）	R&D 人员（人）			R&D 人员折合全时当量（人年）
			# 全时人员	# 研究人员	
总计	**91**	**4352**	**3637**	**1410**	**3670**
按行业分组					
计算机及办公设备制造业	91	4352	3637	1410	3670
计算机整机制造	1	180	162	85	117
计算机零部件制造	20	1389	1165	222	1276
计算机外围设备制造	27	872	726	264	731
工业控制计算机及系统制造	5	89	74	34	60
信息安全设备制造	1	41	37	19	30
其他计算机制造	14	882	717	411	677
办公设备制造	23	899	756	375	779
复印和胶印设备制造	7	126	97	38	107
计算器及货币专用设备制造	16	773	659	337	672
按地区分组					
杭州市	30	1130	952	452	902
宁波市	18	1057	829	406	798
温州市	18	436	373	119	371
嘉兴市	15	1485	1289	344	1379
湖州市	4	108	98	44	103
绍兴市	3	81	66	28	73
金华市	1	32	18	13	25
衢州市	1	9	8	3	6
台州市	1	14	4	1	12

6–31 计算机及办公设备制造业 R&D 经费情况（2020）

单位：万元

指标名称	R&D 经费内部支出	#人员劳务费	#仪器和设备	#政府资金	#企业资金	R&D 经费外部支出
总计	**177390.8**	**74852.0**	**6027.4**	**931.9**	**175359.8**	**37919.7**
按行业分组						
计算机及办公设备制造业	177390.8	74852.0	6027.4	931.9	175359.8	37919.7
计算机整机制造	4337.0	763.6			4337.0	
计算机零部件制造	75916.5	31514.3	923.2	267.0	75649.5	
计算机外围设备制造	23999.1	12783.1	307.3	32.3	22867.7	81.5
工业控制计算机及系统制造	2631.9	1471.7	94.0	61.9	2570.0	1094.1
信息安全设备制造	638.9	238.6			638.9	3899.2
其他计算机制造	51548.8	17532.7	4661.8	245.8	51303.0	31881.8
办公设备制造	18318.6	10548.0	41.1	324.9	17993.7	963.1
复印和胶印设备制造	3073.0	1315.9	9.7	323.8	2749.2	72.1
计算器及货币专用设备制造	15245.6	9232.1	31.4	1.1	15244.5	891.0
按地区分组						
杭州市	26939.2	13734.0	247.6	342.8	25497.3	1387.5
宁波市	55739.1	19465.2	4659.9	15.3	55723.8	31793.2
温州市	7912.1	3753.9	158.7	1.1	7911.0	3949.6
嘉兴市	77505.0	35128.5	402.9	203.1	77301.9	748.0
湖州市	6154.0	1413.7	558.3		6154.0	3.8
绍兴市	2586.2	1149.9		323.8	2262.4	37.6
金华市	102.8	62.1		45.8	57.0	
衢州市	208.1	29.3			208.1	
台州市	244.3	115.4			244.3	

6-32 计算机及办公设备制造业企业办研发机构情况（2020）

指标名称	有研发机构的企业数（个）	机构数（个）	机构人员（人）	机构经费支出（万元）	机构仪器设备（万元）
总计	**88**	**92**	**4762**	**226045.1**	**64493.5**
按行业分组					
计算机及办公设备制造业	88	92	4762	226045.1	64493.5
计算机零部件制造	17	17	1367	78234.7	16610.5
计算机外围设备制造	30	30	1143	31049.2	11248.9
工业控制计算机及系统制造	6	6	186	6088.0	1306.9
信息安全设备制造	1	1	40	4211.9	134.6
其他计算机制造	11	15	1150	84785.3	27143.7
办公设备制造	23	23	876	21676.0	8048.9
复印和胶印设备制造	4	4	93	3096.9	1418.5
计算器及货币专用设备制造	19	19	783	18579.1	6630.4
按地区分组					
杭州市	22	26	1273	35832.4	13073.7
宁波市	19	19	1220	86196.3	27800.6
温州市	20	20	464	12092.8	5764.8
嘉兴市	21	21	1630	83533.6	16023.8
湖州市	4	4	125	6316.2	1237.8
绍兴市	1	1	36	1777.6	555.2
金华市	1	1	14	296.2	37.6

6–33 计算机及办公设备制造业企业专利情况（2020）

单位：件

指标名称	专利申请数	#发明专利	有效发明专利
总计	**921**	**336**	**700**
按行业分组			
计算机及办公设备制造业	921	336	700
计算机零部件制造	151	97	243
计算机外围设备制造	326	84	179
工业控制计算机及系统制造	52	16	63
信息安全设备制造			3
其他计算机制造	218	88	105
办公设备制造	174	51	107
复印和胶印设备制造	36	19	36
计算器及货币专用设备制造	138	32	71
按地区分组			
杭州市	300	105	213
宁波市	215	70	143
温州市	173	31	66
嘉兴市	172	106	241
湖州市	36	13	21
绍兴市	18	11	12
金华市	7		2
台州市			2

6–34 计算机及办公设备制造业企业新产品开发、生产及销售情况（2020）

指标名称	新产品开发项目数（项）	新产品开发经费（万元）	新产品销售收入（万元）	
				# 出口
总计	**916**	**146262.1**	**2581285.1**	**1040860.3**
按行业分组				
计算机及办公设备制造业	916	146262.1	2581285.1	1040860.3
计算机整机制造	33	11126.4	473072.9	68437.8
计算机零部件制造	140	15862.9	1094616.4	788332.7
计算机外围设备制造	200	33306.0	237914.5	102929.6
工业控制计算机及系统制造	26	4841.1	14563.2	1411.7
信息安全设备制造	2	984.6	22966.6	
其他计算机制造	375	61861.1	560930.2	45407.4
办公设备制造	140	18280.0	177221.3	34341.1
复印和胶印设备制造	23	1008.4	12877.0	864.6
计算器及货币专用设备制造	117	17271.6	164344.3	33476.5
按地区分组				
杭州市	247	54530.8	731686.2	144559.6
宁波市	384	57858.4	546895.1	52995.9
温州市	108	8828.8	115303.0	24715.1
嘉兴市	132	17576.1	1053446.8	810343.4
湖州市	11	5350.0	115929.5	881.0
绍兴市	14	967.5	10565.8	7365.3
金华市	10	698.1	591.6	
衢州市	4	208.1	4088.4	
台州市	6	244.3	2778.7	

6–35　计算机及办公设备制造业企业技术获取和技术改造情况（2020）

单位：万元

指标名称	技术改造经费支出	购买境内技术经费支出	引进境外技术经费支出	引进境外技术的消化吸收经费支出
总计	**23574.8**	**1530.1**	**1207.9**	**0**
按行业分组				
计算机及办公设备制造业	23574.8	1530.1	1207.9	
计算机零部件制造	20030.7			
计算机外围设备制造	1891.5	1402.2		
工业控制计算机及系统制造		63.8	195.3	
其他计算机制造	1467.6		1012.6	
办公设备制造	185.0	64.1		
复印和胶印设备制造	185.0			
计算器及货币专用设备制造		64.1		
按地区分组				
杭州市	2044.5	63.8	195.3	
宁波市	1467.6	1434.3	1012.6	
嘉兴市	20062.7	32		

6-36 医疗仪器设备及仪器仪表制造业基本情况（2020）

指标名称	企业数（个）	从业人员平均人数（人）	资产总计（亿元）	主营业务收入（亿元）	利润总额（亿元）
总计	**946**	**170203**	**2239.5**	**1439.2**	**232.8**
按行业分组					
医疗仪器设备及仪器仪表制造业	946	170203	2239.5	1439.2	232.8
医疗仪器设备及器械制造	207	35766	347.6	241.0	49.4
医疗诊断、监护及治疗设备制造	56	9859	135.3	106.0	29.1
口腔科用设备及器具制造	9	1030	8.4	7.7	1.6
医疗实验室及医用消毒设备和器具制造	9	767	6.5	5.1	0.9
医疗、外科及兽医用器械制造	83	17635	148.8	88.7	14.3
机械治疗及病房护理设备制造	11	1503	15.8	8.7	1.6
康复辅具制造	13	1266	12.7	6.9	-0.1
其他医疗设备及器械制造	26	3706	20.0	17.8	1.9
通用仪器仪表制造	559	93199	1306.6	824.5	108.5
工业自动控制系统装置制造	292	46551	672.0	428.4	53.5
电工仪器仪表制造	86	16897	352.4	186.4	27.7
绘图、计算及测量仪器制造	23	3548	15.7	14.8	0.9
实验分析仪器制造	30	4416	31.6	30.3	6.1
试验机制造	11	705	4.8	3.6	0.0
供应用仪器仪表制造	82	13941	126.2	108.9	11.6
其他通用仪器制造	35	7141	103.8	52.1	8.7
专用仪器仪表制造	127	24036	342.8	213.3	29.6
环境监测专用仪器仪表制造	23	2302	24.0	21.8	3.3
运输设备及生产用计数仪表制造	36	11183	172.8	102.9	7.8
导航、测绘、气象及海洋专用仪器制造	7	1336	23.6	16.0	3.7
农林牧渔专用仪器仪表制造	3	400	6.1	3.1	0.7
地质勘探和地震专用仪器制造	3	168	2.9	1.3	0.2
教学专用仪器制造	19	3215	25.9	17.7	1.3
电子测量仪器制造	23	4085	75.1	40.5	11.7
其他专用仪器制造	13	1347	12.5	9.9	0.9
光学仪器制造	45	15817	226.9	151.4	44.0
其他仪器仪表制造业	8	1385	15.6	9.0	1.4
按地区分组					
杭州市	269	53847	916.7	536.8	100.2
宁波市	231	45357	626.6	387.0	70.3
温州市	154	27622	301.2	206.9	23.6
嘉兴市	85	12156	130.4	112.3	14.2
湖州市	32	3588	31.6	25.8	3.7
绍兴市	44	4977	72.1	41.0	7.0
金华市	37	5108	48.4	35.1	3.2
衢州市	8	1669	12.2	9.7	1.9
舟山市	7	599	3.7	3.2	0.2
台州市	73	14739	92.0	77.4	8.4
丽水市	6	541	4.6	4.0	0.2

6-37 医疗仪器设备及仪器仪表制造业 R&D 人员情况（2020）

指标名称	有 R&D 活动的企业数（个）	R&D 人员（人）	# 全时人员	# 研究人员	R&D 人员折合全时当量（人年）
总计	**663**	**25244**	**18916**	**8739**	**19943**
按行业分组					
医疗仪器设备及仪器仪表制造业	663	25244	18916	8739	19943
医疗仪器设备及器械制造	150	3974	2805	1108	2880
医疗诊断、监护及治疗设备制造	41	1549	998	511	990
口腔科用设备及器具制造	7	134	79	39	111
医疗实验室及医用消毒设备和器具制造	8	97	72	19	72
医疗、外科及兽医用器械制造	64	1647	1233	411	1290
机械治疗及病房护理设备制造	8	202	163	66	166
康复辅具制造	5	57	44	10	36
其他医疗设备及器械制造	17	288	216	52	215
通用仪器仪表制造	391	14046	11067	4702	11384
工业自动控制系统装置制造	221	7612	6096	2624	6262
电工仪器仪表制造	53	2493	1997	830	2048
绘图、计算及测量仪器制造	14	353	272	38	292
实验分析仪器制造	23	832	665	384	616
试验机制造	8	80	66	14	68
供应用仪器仪表制造	52	1802	1374	412	1439
其他通用仪器制造	20	874	597	400	661
专用仪器仪表制造	89	3272	2733	1120	2676
环境监测专用仪器仪表制造	18	458	382	212	349
运输设备及生产用计数仪表制造	24	1113	952	361	935
导航、测绘、气象及海洋专用仪器制造	5	68	62	17	50
农林牧渔专用仪器仪表制造	2	71	64	36	40
地质勘探和地震专用仪器制造	2	15	14	3	15
教学专用仪器制造	13	465	348	106	407
电子测量仪器制造	17	913	760	331	730
其他专用仪器制造	8	169	151	54	150
光学仪器制造	26	3818	2202	1783	2899
其他仪器仪表制造业	7	134	109	26	105
按地区分组					
杭州市	179	7580	6171	3085	5940
宁波市	159	7796	5122	3024	6013
温州市	110	4045	3275	993	3458
嘉兴市	48	1425	1059	566	1054
湖州市	26	477	411	145	391
绍兴市	37	784	633	232	633
金华市	28	721	593	196	580
衢州市	7	339	104	35	259
舟山市	5	60	41	11	44
台州市	59	1949	1463	439	1534
丽水市	5	68	44	13	39

6–38　医疗仪器设备及仪器仪表制造业 R&D 经费情况（2020）

单位：万元

指标名称	R&D 经费内部支出	# 人员劳务费	# 仪器和设备	# 政府资金	# 企业资金	R&D 经费外部支出
总计	**601525.1**	**280407.7**	**50920.2**	**18023.4**	**582702.1**	**28069.5**
按行业分组						
医疗仪器设备及仪器仪表制造业	601525.1	280407.7	50920.2	18023.4	582702.1	28069.5
医疗仪器设备及器械制造	90925.1	36112.3	6112.7	3510.2	87399.8	5164.1
医疗诊断、监护及治疗设备制造	37999.4	15846.8	1019.8	1250.3	36749.1	2282.9
口腔科用设备及器具制造	2897.9	1397.0	278.8	13.8	2884.1	75.6
医疗实验室及医用消毒设备和器具制造	1336.0	737.1	3.3		1336.0	53.4
医疗、外科及兽医用器械制造	37801.3	14057.8	3891.0	2224.9	35561.3	1416.1
机械治疗及病房护理设备制造	4035.5	1905.8	28.1		4035.5	931.6
康复辅具制造	1072.3	203.9	67.8	3.7	1068.6	1.0
其他医疗设备及器械制造	5782.7	1963.9	823.9	17.5	5765.2	403.5
通用仪器仪表制造	317554.0	164604.5	14142.1	11411.1	305358.4	15478.9
工业自动控制系统装置制造	177619.5	92765.6	6034.5	8256.3	168661.5	10996.0
电工仪器仪表制造	60281.5	29200.8	2577.7	615.8	59632.9	1846.2
绘图、计算及测量仪器制造	4252.8	1983.3	21.4	37.8	4215.0	217.0
实验分析仪器制造	17367.3	9629.1	2574.2	1076.2	16241.1	1022.9
试验机制造	1439.5	465.8	19.9	11.5	1428.0	174.0
供应用仪器仪表制造	29381.6	13607.2	1911.1	712.3	28669.3	1095.7
其他通用仪器制造	27211.8	16952.7	1003.3	701.2	26510.6	127.1
专用仪器仪表制造	74067.7	33668.9	3989.9	1803.3	72264.4	5550.9
环境监测专用仪器仪表制造	8474.8	4240.0	223.1	746.6	7728.2	1104.9
运输设备及生产用计数仪表制造	30218.3	11538.9	1974.1	313.0	29905.3	3473.9
导航、测绘、气象及海洋专用仪器制造	1341.9	591.6	74.3	69.5	1272.4	3.0
农林牧渔专用仪器仪表制造	1733.6	1079.8		280.6	1453.0	6.8
地质勘探和地震专用仪器制造	596.0	154.0	257.9		596.0	
教学专用仪器制造	7706.7	3217.3	477.4	95.1	7611.6	144.3
电子测量仪器制造	19965.5	11244.8	884.7	281.7	19683.8	818.0
其他专用仪器制造	4030.9	1602.5	98.4	16.8	4014.1	
光学仪器制造	117140.5	45036.9	26656.3	1255.7	115884.8	1861.0
其他仪器仪表制造业	1837.8	985.1	19.2	43.1	1794.7	14.6
按地区分组						
杭州市	175108.3	90228.0	11000.1	11210.4	163862.5	11646.1
宁波市	214242.8	96585.6	28156.7	3173.5	211006.8	6292.2
温州市	88919.5	38954.1	3984.6	1743.7	86474.1	1943.0
嘉兴市	39917.0	18368.6	883.3	717.5	39199.5	843.4
湖州市	10331.8	3610.1	1139.3	192.8	10139.0	1686.3
绍兴市	18922.2	9764.2	1112.6	420.0	18502.2	3102.9
金华市	14151.3	5341.6	1012.6	259.4	13891.9	592.5
衢州市	6204.0	3140.8	348.0	9.5	6194.5	53.5
舟山市	1470.1	338.5	450.9	1.5	1468.6	
台州市	29935.9	13401.7	2832.1	219.9	29716.0	1874.3
丽水市	2322.2	674.5		75.2	2247.0	35.3

6-39 医疗仪器设备及仪器仪表制造业企业办研发机构情况（2020）

指标名称	有研发机构的企业数（个）	机构数（个）	机构人员（人）	机构经费支出（万元）	机构仪器设备（万元）
总计	**565**	**599**	**26792**	**675011.3**	**497704.8**
按行业分组					
医疗仪器设备及仪器仪表制造业	565	599	26792	675011.3	497704.8
医疗仪器设备及器械制造	108	116	3510	92044.4	54329.9
医疗诊断、监护及治疗设备制造	33	37	1382	37373.1	18454.6
口腔科用设备及器具制造	6	6	138	3072.2	5216.0
医疗实验室及医用消毒设备和器具制造	5	5	54	857.5	256.3
医疗、外科及兽医用器械制造	37	41	1368	37263.1	24996.0
机械治疗及病房护理设备制造	5	5	203	4472.4	786.5
康复辅具制造	5	5	76	2507.5	222.1
其他医疗设备及器械制造	17	17	289	6498.6	4398.4
通用仪器仪表制造	346	361	15244	371075.1	326887.0
工业自动控制系统装置制造	198	207	7837	192281.8	247903.7
电工仪器仪表制造	46	50	2815	79076.2	23546.9
绘图、计算及测量仪器制造	16	16	423	5970.6	2607.8
实验分析仪器制造	22	22	1257	21634.2	11487.6
试验机制造	5	5	56	954.6	284.3
供应用仪器仪表制造	37	39	1506	32478.3	20664.0
其他通用仪器制造	22	22	1350	38679.4	20392.7
专用仪器仪表制造	76	85	3950	91153.9	39173.8
环境监测专用仪器仪表制造	13	16	466	10915.5	2192.6
运输设备及生产用计数仪表制造	20	25	1371	36262.4	16942.5
导航、测绘、气象及海洋专用仪器制造	6	6	157	3676.8	1705.1
农林牧渔专用仪器仪表制造	2	2	108	1136.3	1686.9
地质勘探和地震专用仪器制造	2	2	56	1962.3	2694.7
教学专用仪器制造	12	13	609	9507.8	3293.9
电子测量仪器制造	15	15	1022	22674.1	6410.2
其他专用仪器制造	6	6	161	5018.7	4247.9
光学仪器制造	29	31	3868	116698.5	76019.7
其他仪器仪表制造业	6	6	220	4039.4	1294.4
按地区分组					
杭州市	157	176	9498	234324.0	92551.5
宁波市	151	151	8081	225758.1	275874.2
温州市	93	96	3762	84496.7	50402.3
嘉兴市	61	66	1968	54661.0	31569.0
湖州市	22	23	408	9425.1	6856.0
绍兴市	22	23	738	20257.9	9388.7
金华市	23	27	680	14028.6	10857.6
衢州市	4	5	336	7677.6	7434.6
舟山市	5	5	79	1303.9	3330.3
台州市	27	27	1242	23078.4	9440.6

6-40 医疗仪器设备及仪器仪表制造业企业专利情况（2020）

单位：件

指标名称	专利申请数	# 发明专利	有效发明专利
总计	**7506**	**2532**	**5701**
按行业分组			
医疗仪器设备及仪器仪表制造业	7506	2532	5701
医疗仪器设备及器械制造	1362	381	1608
医疗诊断、监护及治疗设备制造	555	154	487
口腔科用设备及器具制造	65	16	48
医疗实验室及医用消毒设备和器具制造	49	13	14
医疗、外科及兽医用器械制造	489	148	857
机械治疗及病房护理设备制造	81	6	40
康复辅具制造	35	17	61
其他医疗设备及器械制造	88	27	101
通用仪器仪表制造	4112	1417	3070
工业自动控制系统装置制造	2428	938	1873
电工仪器仪表制造	738	232	565
绘图、计算及测量仪器制造	91	20	56
实验分析仪器制造	239	83	92
试验机制造	37	5	20
供应用仪器仪表制造	396	89	246
其他通用仪器制造	183	50	218
专用仪器仪表制造	1203	361	655
环境监测专用仪器仪表制造	164	47	82
运输设备及生产用计数仪表制造	326	81	183
导航、测绘、气象及海洋专用仪器制造	104	56	83
农林牧渔专用仪器仪表制造	68	11	14
地质勘探和地震专用仪器制造	10	1	10
教学专用仪器制造	162	23	69
电子测量仪器制造	258	99	147
其他专用仪器制造	111	43	67
光学仪器制造	803	369	350
其他仪器仪表制造业	26	4	18
按地区分组			
杭州市	2910	1234	2732
宁波市	2048	676	1252
温州市	1068	243	611
嘉兴市	368	87	303
湖州市	191	70	138
绍兴市	304	80	155
金华市	182	53	124
衢州市	80	20	34
舟山市	16	1	8
台州市	306	67	339
丽水市	33	1	5

6-41 医疗仪器设备及仪器仪表制造业企业新产品开发、生产及销售情况（2020）

指标名称	新产品开发项目数（项）	新产品开发经费（万元）	新产品销售收入（万元）	#出口
总计	**5716**	**774025.4**	**7219993.1**	**1535970.3**
按行业分组				
医疗仪器设备及仪器仪表制造业	5716	774025.4	7219993.1	1535970.3
医疗仪器设备及器械制造	1446	136422.5	1006960.8	524989.8
医疗诊断、监护及治疗设备制造	607	62114.0	507270.8	329533.9
口腔科用设备及器具制造	43	3256.3	30926.9	9426.7
医疗实验室及医用消毒设备和器具制造	37	2989.7	7462.4	1146.6
医疗、外科及兽医用器械制造	525	48953.6	325490.2	133921.7
机械治疗及病房护理设备制造	55	4354.8	18194.7	2878.6
康复辅具制造	36	4144.0	24595.5	9381.8
其他医疗设备及器械制造	143	10610.1	93020.3	38700.5
通用仪器仪表制造	3127	404273.5	4733480.3	731277.2
工业自动控制系统装置制造	1777	212993.0	2640543.4	330227.7
电工仪器仪表制造	456	82112.4	1319483.9	231971.0
绘图、计算及测量仪器制造	89	5531.4	48591.2	27754.6
实验分析仪器制造	185	25741.4	102548.6	10479.9
试验机制造	59	2340.5	2815.3	
供应用仪器仪表制造	388	43509.7	378763.2	117897.4
其他通用仪器制造	173	32045.1	240734.7	12946.6
专用仪器仪表制造	847	103232.0	920930.9	117227.3
环境监测专用仪器仪表制造	171	14438.9	90756.9	40.2
运输设备及生产用计数仪表制造	249	34368.1	505551.2	52007.0
导航、测绘、气象及海洋专用仪器制造	29	2921.0	14412.7	1183.3
农林牧渔专用仪器仪表制造	21	2136.9	13216.3	884.3
地质勘探和地震专用仪器制造	26	2290.1	6664.3	
教学专用仪器制造	119	13040.7	91220.3	8904.5
电子测量仪器制造	163	26423.6	153182.9	53529.1
其他专用仪器制造	69	7612.7	45926.3	678.9
光学仪器制造	254	125575.1	533728.1	161414.1
其他仪器仪表制造业	42	4522.3	24893.0	1061.9
按地区分组				
杭州市	1906	289103.7	2503408.1	726065.4
宁波市	1336	235709.4	1793217.7	311019.6
温州市	841	94579.4	1223302.0	162035.2
嘉兴市	458	54468.5	575924.5	134957.4
湖州市	194	12192.5	177783.8	15350.2
绍兴市	281	20472.4	260918.6	32869.7
金华市	174	17959.8	186302.3	25154.5
衢州市	55	6426.0	77756.9	879.3
舟山市	25	2348.6	17400.8	532.2
台州市	429	38468.9	382669.1	124714.7
丽水市	17	2296.2	21309.3	2392.1

6-42 医疗仪器设备及仪器仪表制造业企业技术获取和技术改造情况（2020）

单位：万元

指标名称	技术改造经费支出	购买境内技术经费支出	引进境外技术经费支出	引进境外技术的消化吸收经费支出
总计	**63045.7**	**9341.1**	**587.5**	**217.4**
按行业分组				
医疗仪器设备及仪器仪表制造业	63045.7	9341.1	587.5	217.4
医疗仪器设备及器械制造	2442.3	198.2	186.0	217.4
医疗诊断、监护及治疗设备制造	459.5	198.2	186.0	186.0
口腔科用设备及器具制造	9.8			
医疗、外科及兽医用器械制造	1837.3			
康复辅具制造	135.7			
其他医疗设备及器械制造				31.4
通用仪器仪表制造	25002.1	8872.5	401.5	
工业自动控制系统装置制造	12088.5	1979.5	401.5	
电工仪器仪表制造	7012.5	5222.5		
绘图、计算及测量仪器制造	292.5			
实验分析仪器制造	23.2	20.0		
供应用仪器仪表制造	5314.2	1424.5		
其他通用仪器制造	271.2	226.0		
专用仪器仪表制造	18874.5	176.4		
环境监测专用仪器仪表制造	453.0			
运输设备及生产用计数仪表制造	15715.4	176.4		
电子测量仪器制造	2551.7			
其他专用仪器制造	154.4			
光学仪器制造	16552.8	94.0		
其他仪器仪表制造业	174.0			
按地区分组				
杭州市	8140.8	772.4	377.9	
宁波市	25746.2	8219.2	209.6	217.4
温州市	16981.3	329.5		
嘉兴市	139.9			
湖州市	10.6	20.0		
绍兴市	6136.7			
金华市	602.0			
舟山市	154.4			
台州市	5133.8			

6–43 信息化学品制造业基本情况（2020）

指标名称	企业数（个）	从业人员平均人数（人）	资产总计（亿元）	主营业务收入（亿元）	利润总额（亿元）
总计	**19**	**2248**	**47.0**	**25.7**	**2.2**
按行业分组					
信息化学品制造业	19	2248	47.0	25.7	2.2
信息化学品制造	19	2248	47.0	25.7	2.2
文化用信息化学品制造	15	2001	43.8	20.6	2.0
医学生产用信息化学品制造	4	247	3.2	5.1	0.1
按地区分组					
杭州市	4	234	1.8	1.4	
温州市	5	436	7.2	2.9	-0.1
嘉兴市	3	526	15.4	7.2	-0.5
湖州市	2	516	9.2	4.1	0.9
绍兴市	2	475	12.1	7.3	1.8
衢州市	1	19	0.7	2.2	
台州市	2	42	0.5	0.6	0.1

6–44 信息化学品制造业 R&D 人员情况（2020）

指标名称	有 R&D 活动的企业数（个）	R&D 人员（人）			R&D 人员折合全时当量（人年）
			# 全时人员	# 研究人员	
总计	**11**	**314**	**242**	**101**	**237.8**
按行业分组					
信息化学品制造业	11	314	242	101	237.8
信息化学品制造	11	314	242	101	237.8
文化用信息化学品制造	9	213	175	67	166.3
医学生产用信息化学品制造	2	101	67	34	71.5
按地区分组					
杭州市	3	106	72	36	76.5
温州市	3	66	48	13	58.8
嘉兴市	2	58	50	25	44.3
湖州市	1	27	24	9	22.4
绍兴市	1	49	44	17	29.4
台州市	1	8	4	1	6.4

6–45 信息化学品制造业 R&D 经费情况（2020）

单位：万元

指标名称	R&D 经费内部支出	# 人员劳务费	# 仪器和设备	# 政府资金	# 企业资金	R&D 经费外部支出
总计	**6297.9**	**3366.9**	**893.0**	**413.9**	**5884.0**	**230.0**
按行业分组						
信息化学品制造业	6297.9	3366.9	893.0	413.9	5884.0	230.0
信息化学品制造	6297.9	3366.9	893.0	413.9	5884.0	230.0
文化用信息化学品制造	5274.0	2676.2	832.8	68.7	5205.3	230.0
医学生产用信息化学品制造	1023.9	690.7	60.2	345.2	678.7	
按地区分组						
杭州市	1141.5	734.3	60.2	345.2	796.3	
温州市	1076.4	448.3	1.1		1076.4	
嘉兴市	2468.6	888.8	831.7		2468.6	200.0
湖州市	552.3	399.5		68.7	483.6	
绍兴市	992.7	843.5			992.7	30.0
台州市	66.4	52.5			66.4	

6–46 信息化学品制造业企业办研发机构情况（2020）

指标名称	有研发机构的企业数（个）	机构数（个）	机构人员（人）	机构经费支出（万元）	机构仪器设备（万元）
总计	**11**	**11**	**342**	**10212.1**	**21477.8**
按行业分组					
信息化学品制造业	11	11	342	10212.1	21477.8
信息化学品制造	11	11	342	10212.1	21477.8
文化用信息化学品制造	9	9	257	8526.7	20300.1
医学生产用信息化学品制造	2	2	85	1685.4	1177.7
按地区分组					
杭州市	2	2	85	1685.4	1177.7
温州市	3	3	56	1356.9	2416.8
嘉兴市	3	3	77	3377.4	14993.3
湖州市	2	2	69	1657.3	1654.9
绍兴市	1	1	55	2135.1	1235.1

6–47　信息化学品制造业企业专利情况（2020）

单位：件

指标名称	专利申请数	#发明专利	有效发明专利
总计	**43**	**26**	**81**
按行业分组			
信息化学品制造业	43	26	81
信息化学品制造	43	26	81
文化用信息化学品制造	29	14	56
医学生产用信息化学品制造	14	12	25
按地区分组			
杭州市	15	13	36
温州市	5		10
嘉兴市	15	10	22
湖州市	8	3	13

6–48　信息化学品制造业企业新产品开发、生产及销售情况（2020）

指标名称	新产品开发项目数（项）	新产品开发经费（万元）	新产品销售收入（万元）	#出口
总计	**71**	**16105.7**	**106243.9**	**40686.0**
按行业分组				
信息化学品制造业	71	16105.7	106243.9	40686.0
信息化学品制造	71	16105.7	106243.9	40686.0
文化用信息化学品制造	62	14407.3	100497.4	39586.3
医学生产用信息化学品制造	9	1698.4	5746.5	1099.7
按地区分组				
杭州市	13	1880.6	6206.6	1099.7
温州市	17	1241.3	11543.2	716.3
嘉兴市	19	9853.9	24211.9	661.6
湖州市	9	1364.5	15415.5	1700.6
绍兴市	9	1505.7	48866.7	36507.8
台州市	4	259.7		

6–49　信息化学品制造业企业技术获取和技术改造情况（2020）

指标名称	技术改造经费支出（万元）	购买境内技术经费支出（万元）	引进境外技术经费支出（万元）	引进境外技术的消化吸收经费支出（万元）
总计	**68.6**	**0**	**0**	**0**
按行业分组				
信息化学品制造业	68.6			
信息化学品制造	68.6			
文化用信息化学品制造	68.6			
按地区分组				
温州市	68.6			

主要指标解释

科技活动：指在自然科学、农业科学、医药科学、工程与技术科学、人文与社会科学领域（以下简称科学技术领域）中与科技知识的产生、发展、传播和应用密切相关的有组织的活动。为核算科技投入的需要，科技活动可分为科学研究与试验发展（R&D）、科学研究与试验发展成果应用及相关的科技服务三类活动。

科学研究与试验发展：指在科学技术领域，为增加知识总量以及运用这些知识去创造新的应用而进行的系统的创造性的活动，包括基础研究、应用研究、试验发展三类活动。

基础研究：指为了获得关于现象和可观察事实的基本原理的新知识（揭示客观事物的本质、运动规律，获得新发现、新学说）而进行的实验性或理论性研究，它不以任何专门或特定的应用或使用为目的。其成果以科学论文和科学著作为主要形式。

应用研究：指为获得新知识而进行的创造性研究，主要针对某一特定的目的或目标。应用研究是为了确定基础研究成果可能的用途，或是为达到预定的目标探索应采取的新方法（原理性）或新途径。其成果形式以科学论文、专著、原理性模型或发明专利为主。

试验发展：指利用从基础研究、应用研究和实际经验中所获得的现有知识，为产生新的产品、材料和装置，建立新的工艺、系统和服务，以及为了对已产生和建立的上述各项做实质性的改进而进行的系统性工作。其成果形式主要是专利、专有技术、新产品原型或样机样件等。

科学研究与试验发展成果应用：指为使试验发展阶段产生的新产品、材料和装置，建立的新工艺、系统和服务以及做实质性改进后的上述各项能够投入生产或实际应用，为了解决所存在的技术问题而进行的系统性的工作。这类活动的成果形式大多是可供生产和实际操作的带有技术和工艺参数的图纸、技术标准和操作规范。

科技服务：指与科学研究与实验发展有关，并有助于科学技术知识的产生、传播和应用的活动。

从业人员年平均人数：从业人员是指在从事劳动并取得劳动报酬或经营收入的全部劳动力。从业人员年平均人数是指在报告期内平均每天拥有的从业人员数。

科学家和工程师：指具有高、中级技术职称（职务）的人员和无高、中级技术职称（职务）的大学本科及以上学历的人员。

专业技术人员：指从事专业技术工作的人员以及从事专业技术管理工作且在1983年以前审定了专业技术职称或在1984年以后聘任了专业技术职务的人员。

工程技术人员：指负担工程技术和工程技术管理工作并具有工程技术能力的人员。

从业人员劳动报酬：指工业企业在报告期内直接支付给本企业全部从业人员的劳动报酬总额，包括职工工资总额和企业其他从业人员劳动报酬两部分。

工业总产值：指以货币表现的工业企业在报告期内生产的工业产品总量，包括本年生产成品价值，对外加工费收入，自制半成品、在制品期末期初差额价值。

产品销售收入：指工业企业销售产成品、自制半成品的收入和提供工业性劳务等取得的收入总额。

产品销售利润：指企业销售收入扣除其成本、费用、税金后的余额。

利润总额： 指企业在生产经营过程中各种收入扣除各种消耗后的盈余，反映企业在报告期内实现的盈亏总额（亏损以“–”表示），包括企业的营业利润、补贴收入、各种投资净收益和营业外收支净额。

年末固定资产原价： 指企业在建造、购置、安装、改建、扩建、技术改造固定资产时实际支出的全部货币总额。

生产经营用机器设备原价： 指企业在年末拥有的直接服务于企业生产、经营过程的各种机器设备的原价。

微电子控制机器设备原价： 指企业在年末拥有的、利用微电子技术（包括电子计算机、集成电路等）对生产过程进行控制、观察测量、测试等生产机器设备的原价。

科技活动人员： 指企业在报告年度直接从事（或参与）科技活动以及专门从事科技活动管理和为科技活动提供直接服务的人员。累计从事科技活动的时间占制度工作时间 10%（不含）以下的人员不统计。

科技活动全时人员： 指企业科技活动人员中在报告年度实际从事科技活动的时间占制度工作时间 90%（含）以上的人员。

科技活动非全时人员： 指企业科技活动人员中在报告年度实际从事科技活动的时间占制度工作时间在 10%（含）~ 90%（不含）的人员。

研究与试验发展人员： 指企业科技活动人员中从事基础研究、应用研究和试验发展三类活动的人员。

科技活动经费筹集总额： 指企业在报告年度从各种渠道筹集到的计划用于科技活动的经费，包括企业资金、金融机构贷款、政府资金、事业单位资金、国外资金、其他资金等。

企业资金： 指报告年度本企业从自有资金中提取或接受在国内注册的其他企业委托获得的计划用于科研和技术开发活动的经费，不包括来自政府有关部门、金融机构以及国外的计划用于科技活动的经费。

金融机构贷款： 指企业从各类金融机构获得的用于科技活动的贷款。

政府资金： 指企业从各级政府部门获得的计划用于科技活动的经费，包括科技专项费、科研基建费和贷款等。

国外资金： 指本企业从中国以外的企业、大学、国际组织、民间组织、金融机构及外国政府获得的计划用于科技活动的经费，不包括从在国内注册的外资企业获得的计划用于科技活动的经费。

其他资金： 指科技活动执行单位从上述渠道以外获得的计划用于科技活动的经费，如来自民间非营利机构的资助和个人捐赠等。

科技活动经费支出总额： 指企业在报告年度实际支出的全部科技活动费用，包括列入技术开发的经费支出以及技措技改等资金实际用于科技活动的支出，不包括生产性支出和归还贷款支出。科技活动经费支出总额分为内部支出和外部支出。

科技活动经费内部支出： 指企业在报告年度用于内部开展科技活动实际支出的费用，包括外协加工费，不包括委托研制或合作研制而支付外单位的经费。

科技活动人员劳务费： 指以货币或实物形式直接或间接支付给科技活动人员的劳动报酬及各种费用，包括各种形式的工资、补助工资、津贴、价格补贴、奖金、福利、失业保险、养老保险、医疗保险、工伤保险、人民助学金等。为科技活动提供间接服务人员的劳务费计入其他支出。

固定资产购建： 指企业在报告年度为开展科技活动，使用非基本建设资金进行固定资产购置，以及使用基本建设费进行新建、改建、扩建、购置、安装科研用固定资产以及进行科研设备改造及大修理等的实际支出。

设备购置： 指在报告期内为进行科技活动而购置的科研仪器设备、图书资料、实验材料和标本以及其他设备的支出。

研究与试验发展经费支出： 指报告年度在企业科技活动经费内部支出中用于基础研究、应用研究和试验发展三类项目以及这三类项目的管理和服务费用的支出。

基础研究支出： 指报告年度在企业科技活动经费内部支出中用于基础研究项目以及这类项目的管理和服务费用的支出。

应用研究支出： 指报告年度在企业科技活动经费内部支出中用于应用研究项目以及这类项目的管理和服务费用的支出。

试验发展支出： 指报告年度在企业科技活动经费内部支出中用于试验发展项目以及这类项目的管理和服务费用的支出。

科技活动经费外部支出： 指企业在报告年度委托其他单位或与其他单位合作开展科技活动而支付给其他单位的经费，不包括外协加工费。

新产品： 指采用新技术原理、新设计构思研制、生产的全新产品，或在结构、材质、工艺等某一方面比原有产品有明显改进，从而显著提高了产品性能或扩大了使用功能的产品。

新产品产值： 指报告年度本企业生产的新产品的价值。

新产品销售收入： 指报告年度本企业销售新产品实现的销售收入。

新产品出口收入： 指报告年度本企业将新产品出售给外贸部门和直接出售给外商所实现的销售收入。

全部科技项目数： 指企业在报告年度当年立项并开展研制工作和以前年份立项仍继续进行研制的科技项目数，包括当年完成和年内研制工作已告失败的科技项目，但不包括委托外单位进行研制的科技项目。

研究与试验发展项目数： 指企业在报告年度进行的全部科技项目中属于研究与试验发展的项目数。

专利申请数： 指企业在报告年度内向专利行政部门提出专利申请并被受理的件数。

发明专利申请数： 指企业在报告年度内向专利行政部门提出发明专利申请并被受理的件数。

拥有发明专利数： 指企业作为专利权人在报告年度拥有的、经国内外专利行政部门授权且在有效期内的发明专利件数。

技术改造经费支出： 指本企业在报告年度进行技术改造而发生的费用支出。在技术改造经费支出中，属于研究与试验发展的经费支出，除了包含在技术改造经费支出中，还要计入企业研究与试验发展经费支出中。

技术引进经费支出： 指企业在报告年度用于购买国外技术，包括产品设计、工艺流程、图纸、配方、专利等技术资料的费用支出，以及购买关键设备、仪器、样机和样件等的费用支出。

引进设计、图纸、工艺、配方、专利的支出： 指企业在报告年度内用于购买国外产品设计、工艺流程、配方、专利、技术诀窍等的费用支出。

消化吸收的经费支出： 指本企业在报告年度对国外引进项目进行消化吸收所支付的经费总额。

购买国内技术经费支出： 指本企业在报告年度购买国内其他单位科技成果的经费支出。

享受各级政府对科技的减免税： 指各级政府为了鼓励增加科技投入、促进高新技术产品开发、发展高新技术产业等而减负的各种税金总额。